空间非局部时滞微分系统的动力学行为

袁月定　著

西北工业大学出版社
西安

【内容简介】 本书初步介绍了空间非局部时滞微分系统动力学行为的部分最新进展,主要包括单调、拟单调、混拟单调或者非混拟单调的空间非局部时滞微分系统解的存在性、有界性,非常数平衡态的存在性、唯一性、局部稳定性、全局吸引性、全局渐近稳定性以及全局吸引子的存在性等内容。

本书可作为应用数学或相关专业的研究生及博士后的参考用书,也可供相关研究领域具有微分方程定性理论与动力系统理论知识背景的科研人员及工程技术人员参考。

图书在版编目(CIP)数据

空间非局部时滞微分系统的动力学行为/袁月定著
.—西安:西北工业大学出版社,2019.1
ISBN 978-7-5612-6384-6

Ⅰ.①空… Ⅱ.①袁… Ⅲ.①时滞系统–微分方程–研究 Ⅳ.①O175

中国版本图书馆 CIP 数据核字(2019)第 017734 号

KONGJIAN FEIJUBU SHIZHI WEIFENXITONG DE DONGLIXUE XINGWEI

空间非局部时滞微分系统的动力学行为

责任编辑:卢颖慧		策划编辑:李　萌	
责任校对:朱辰浩		装帧设计:李　飞	

出版发行:西北工业大学出版社
通信地址:西安市友谊西路 127 号　　邮编:710072
电　　话:(029)88491757,88493844
网　　址:www.nwpup.com
印　刷　者:陕西金德佳印务有限公司
开　　本:787 mm×1 092 mm　　1/16
印　　张:11.375
字　　数:270 千字
版　　次:2019 年 1 月第 1 版　　2019 年 1 月第 1 次印刷
定　　价:55.00 元

前　言

空间局部时滞微分方程是微分方程领域的一个非常重要的分支,有着十分广泛的应用,涉及许多学科。然而,这类方程只能反映客观现象在空间上的局部效应。事实上,在现实世界中,空间非局部作用是普遍存在的。例如,对一个生物种群而言,它们一般都会在一个较大空间范围内活动而不仅仅限于一个较小范围,这就导致了空间非局部作用的发生。近几年来,在空气动力学、化学反应动力学、种群生态学和疾病传播学等领域,人们建立了许多描述空间非局部作用的时滞微分方程,称之为空间非局部时滞微分系统。然而,空间非局部性导致了动力学行为的本质变化。例如,空间非局部性可以导致系统不满足通常的最大值原理,也可以导致系统解的拓扑结构发生本质变化等。因此,对空间非局部时滞微分系统的动力学行为展开研究,既有广泛的应用要求,又有重要的理论与实践意义,是一项颇具挑战性的工作。本书主要应用算子半群理论、耗散系统理论、线性算子的扰动理论、偏泛函微分方程理论、时滞微分方程的常数变易方法、上下解方法和波动方法等理论方法研究空间非局部时滞微分系统的动力学行为。全书共分为 10 章,主要内容如下。

第 1 章主要介绍空间非局部时滞微分系统的历史背景、研究现状、最新进展及本书的主要研究工作与创新之处。

第 2 章介绍一类较一般的空间非局部时滞微分系统的动力学行为,主要讨论拟单调增加和混拟单调两种情形。对于拟单调增加情形,由于非局部和时滞的同时出现,导致系统一般都不满足经典的最大值原理。为克服这种困难,本书首先将最大值原理推广,然后,运用推广的最大值原理证明系统最大解和最小解均具有某种单调性,进而,获得系统平衡态的全局吸引性。对于混拟单调的情形,本书首先通过引入放松变量,将系统转化为一个更高维数的拟单调增加系统,再通过对照前后两个系统的迭代过程并运用拟单调增加情形的结果,获得系统在混拟单调情形下仍然可得其平衡态的全局吸引性。

第 3 章阐述一类具有潜伏期和空间非局部影响的传染病模型的动力学行为。通过运用算子半群理论和耗散理论,获得模型解的存在唯一性和有界性、全局吸引子的存在性以及初边值问题的持久性;通过运用第 2 章的结果,获得模型常数平衡态的全局吸引性;通过对相应特征方程的精细分析,获得模型常数平衡态的全局渐近稳定性,并给出了传染病是否流行的一个阈值。该模型是针对目前传染病流行中有人为介入的情形,其模型和研究结果都是新的。

第 4~6 章考虑一类有界区域上空间非局部时滞种群模型的动力学行为。为克服非单调困难,本书发展一个与单调动力系统方法不同的全新研究思路,即通过上下解方法和对热核的精细分析，获得方程正平衡态的存在唯一性，通过运用改进的波动方法，获得正平衡态的全局吸引性，通过特征值方法和第 2 章的结果，获得平衡态的稳定性。所获结果包含并推广多篇参考文献的结果，在一定程度上解决了 Zhao 在 Canad. Appl. Math. Quart. 上提出的一个公开问题。

第 7 章考虑一类非单调时滞反应扩散方程，且该方程的反应项可以是空间非局部的，获得方程正平衡态的存在性、不存在性、唯一性和全局吸引性。为了克服非单调困难，本书发展一种全新的研究思路，即综合运用上下解方法、时滞微分方程的常数变易法以及对积分核的仔细估计这一研究思路。该研究思路使本书获得方程唯一正平衡态的全局吸引性的一些充分条件。

第 8 章考虑一类无界区域上具有年龄结构的非局部种群模型。通过运用波动方法和紧开拓扑方法，获得一个阈值型结果，并建立模型正平衡态的全局吸引性。其主要结果推广了现有非局部种群模型的相关研究结果。

第 9 章考虑一类非局部时滞反应扩散方程解的存在性与稳定性，特别强调单调迭代方法在这类方程解的稳定性研究中的意义，并得到一个有趣的结果，即凡是通过运用单调迭代方法获得的平衡态都是稳定的，且所有稳定平衡态都可以由单调迭代方法得到。

第 10 章是全书的总结和对未来研究工作的展望。

本书的出版得到国家自然科学基金项目（No. 11561068）和中国博士后科学基金项目（No. 2016M592442）的资助，以及广州大学郭志明教授和中南大学陈海波教授的悉心指导，并得到江西宜春学院的同事们以及西北工业大学出版社李萌编辑的帮助，谨此致谢。

由于笔者水平有限，书中必有不足之处，恳请广大读者批评指正。

袁月定

2018 年 6 月于江西宜春学院

目　　录

第 1 章　绪　　论

1.1　研究背景

在自然科学和工程技术的研究中，许多客观现象都可用连续可微动力系统来描述，一般都假定事物每个时刻发展变化的规律只与当时的状态有关，而与过去的历史无关，就一阶微分动力系统

$$\frac{\mathrm{d}x(t)}{\mathrm{d}t} = f(t, x(t)), \quad x(0) = x_0 \tag{1.1.1}$$

而言，它描述的量 x 在时刻 t 的变化率是仅仅依赖于 t 和 $x(t)$ 本身，而不依赖于 x 在时刻 t 以前的值。

然而，事实告诉我们，许多事物的变化规律不仅依赖于当时的状态，而且还取决于该时刻以前的状态。在这种情况下，传统的连续微分动力系统就不能很好地描述客观事物了，代之而起的就是时滞微分系统。事实上，在缜密的考察之下便会发现，除了理想的情况以外，动力系统总是存在滞后现象。例如，在人口动力学中，著名的 Wright 模型就是一个具有确定时滞的 Logistic 方程，其中时滞表示妊娠所需时间或者未成年者成年所需时间；在种群生态学的食饵–捕食模型中，捕食种群数量 (或密度) 不会因为捕食行为立即增加，而需要经过消化吸收及怀孕 (或孵化) 等过程才能将捕食行为转化为其种群数量 (或密度) 的增加量，相应的数学模型自然是一个时滞微分系统；在流行病传播理论中，已感染者不可能立即痊愈，而需要一个治疗与恢复期；此外，有些流行病具有潜伏期，易感染者与已感染者接触后不会立即变为已感染者，这些因素都将导致相应数学模型中含有时滞；而在传输线理论中，传输线将信号和能量从一个地方传送到另一个地方时，通常都有一个时间滞后等等 (参见文献 [9, 13, 83, 84, 92])。因此，用传统的连续可微动力系统去描述事物状态只是一种较为粗糙的近似，而时滞微分系统则能够更为精确地反映许多客观过程的动态。正是由于这个原因，时滞微分方程已经发展成为微分方程领域的一个十分重要的分支，有着非常广泛的应用，涉及许多学科中的许多领域，如，人口理论、医学问题、生物学、经济问题、自动控制理论、物理学等许多方面 (参见文献 [6–9, 12, 13, 18, 21, 28, 40, 42, 44, 52, 73, 74, 77, 83, 84, 90, 92, 111, 113, 134, 152, 172] 及其参考文献)。

此外，学者们在对客观现象的研究中也发现，研究对象所在的空间通常是不均匀的，而这种不均匀性直接导致了研究对象在不同空间位置之间的移动。例如，在化学反应动力学中，溶液在容器中各个位置的温度和浓度是不同的；在空气动力学中，气体在各个点

的密度和温度通常不相同；而在种群生态学中，各个位置的种群数量和食物资源也有较大区别。所以研究客观对象随时间的变化规律，不能忽略空间的非齐次性。科学实验表明，在一个空间均匀的较小环境中 (此时种群的扩散可以不加考虑)，一个食饵–捕食系统可能很快灭绝。但在一个较大的不均匀空间中，这种系统中的种群可以共存较长时间 (参见文献 [46])。这说明忽略空间因素对种群行为的影响，将很难得到较准确的种群数量变化规律。类似地，在传染病传播过程中，空间扩散有时起决定性作用 (对某些传染病来说，对已经感染的个体进行隔离就是为了减弱空间扩散的影响)。

很长时间以来，在研究人口动力学、空间生态学及疾病传播学等领域的数学模型中已经充分考虑了时滞或空间扩散因素。但是，直到 20 世纪 70 年代，才开始将时间滞后因素和空间扩散因素结合起来进行研究，进而便得到了时滞反应扩散方程。例如，扩散形式的 Nicholson 的 Blowflies 模型就是一个如下形式的时滞反应扩散方程：

$$\frac{\partial w(t,x)}{\partial t} = D\frac{\partial^2 w(t,x)}{\partial x^2} - dw(t,x) + \varepsilon b(w(t-\tau,x)) \tag{1.1.2}$$

其中，$w(t,x)$ 表示成年种群在 t 时刻 x 处的总量；D 和 d 分别表示成年种群的扩散系数和死亡率；τ 表示种群个体成年所需时间；ε 表示未成年个体的存活率，即未成年个体能成长为成年个体的概率；$b(w) = pwe^{-qw}$ 为出生函数，p 和 q 均为正常数 (参见文献 [154])。许多著名学者，如 Murray, Gopalsamy, Martin, Smith, Yamada, Yoshida, Britton, Wu, 翁佩萱，马世旺，李万同，王智诚和王其如等，对时滞反应扩散方程及更一般的偏泛函微分方程产生了浓厚兴趣，并建立了较完善的相应数学理论 (参见文献 [68, 78–80, 126, 131, 133, 148])。

值得注意的是，上述扩散形式的 Nicholson 的 Blowflies 模型没有考虑未成年种群的空间扩散。但有时事实正好相反，比如，某些海洋浮游生物，可能未成年时移动，而到了成年后则不再移动 (参见文献 [158] 或者 [147])。因此，合理的模型应该考虑所有年龄段的空间扩散，并且扩散系数可能也不相同。此时导致的系统则为如下形式的非局部时滞反应扩散方程：

$$\frac{\partial w(t,x)}{\partial t} = D\frac{\partial^2 w(t,x)}{\partial x^2} - dw(t,x) + \varepsilon \int_{-\infty}^{+\infty} f_\alpha(x,y)b(w(t-\tau,y))\mathrm{d}y, \ t \geqslant 0, \ x \in \mathbf{R} \tag{1.1.3}$$

或者

$$\frac{\partial w(t,x)}{\partial t} = D\frac{\partial^2 w(t,x)}{\partial x^2} - dw(t,x) + \varepsilon \int_{0}^{L} k_\alpha(x,y)b(w(t-\tau,y))\mathrm{d}y, \ t \geqslant 0, \ x \in (0,L) \tag{1.1.4}$$

其中，$f_\alpha(x,y)$ 和 $k_\alpha(x,y)$ 均表示在 $t-\tau$ 时刻于 y 处出生的种群个体在 t 时刻迁移至 x 处的概率，$\alpha = \int_{0}^{\tau} D(a)\mathrm{d}a$，$D(a)$ 表示年龄为 a 的未成年种群的扩散系数 (参见文献 [66, 118, 158])。当未成年种群移动而成年种群不移动时，相应模型成为

$$\frac{\partial w(t,x)}{\partial t} = -dw(t,x) + \varepsilon \int_{-\infty}^{+\infty} f_\alpha(x,y)b(w(t-\tau,y))\mathrm{d}y, \ t \geqslant 0, \ x \in \mathbf{R} \tag{1.1.5}$$

或者

$$\frac{\partial w(t,x)}{\partial t} = -dw(t,x) + \varepsilon \int_0^L k_\alpha(x,y) b(w(t-\tau,y)) \mathrm{d}y, \ t \geqslant 0, \ x \in (0,L) \qquad (1.1.6)$$

类似地，在具有潜伏期的传染病模型中，应该考虑已感染个体 (包括已感染但尚未发病 (也就是处于潜伏期) 的个体和已经被感染并发病的个体) 的空间扩散对传染病流行的影响。这样，便导致如下非局部时滞微分系统 (参见文献 [36,59–61])。

$$\left.\begin{array}{l} \dfrac{\partial S(t,x)}{\partial t} = D_S \dfrac{\partial^2 S(t,x)}{\partial x^2} + \mu - dS(t,x) - rI(t,x)S(t,x) \\[3mm] \dfrac{\partial I(t,x)}{\partial t} = D_I \dfrac{\partial^2 I(t,x)}{\partial x^2} - \beta I(t,x) + \varepsilon \int_0^L k(\alpha,x,y)I(t-\tau,y)S(t-\tau,y)\mathrm{d}y \end{array}\right\} \qquad (1.1.7)$$

或者

$$\left.\begin{array}{l} \dfrac{\partial S(t,x)}{\partial t} = D_S \dfrac{\partial^2 S(t,x)}{\partial x^2} + \mu - dS(t,x) - rI(t,x)S(t,x) \\[3mm] \dfrac{\partial I(t,x)}{\partial t} = D_I \dfrac{\partial^2 I(t,x)}{\partial x^2} - \beta I(t,x) + \varepsilon \int_{-\infty}^{+\infty} k(\alpha,x,y)I(t-\tau,y)S(t-\tau,y)\mathrm{d}y \end{array}\right\}$$
$$(1.1.8)$$

然而，随着社会的发展和科技水平的提高，传染病流行中的人为控制越来越频繁。特别是在传染病大流行中 (如 2003 年的 SARS)，人们 (特别是政府) 将有效隔离已发病患者直到完全康复 (他们将不能移动，不再是传染源)。当考虑这种情形时，相应模型成为

$$\left.\begin{array}{l} \dfrac{\partial S(t,x)}{\partial t} = D_S \dfrac{\partial^2 S(t,x)}{\partial x^2} + \mu - dS(t,x) - rI(t,x)S(t,x) \\[3mm] \dfrac{\partial I(t,x)}{\partial t} = -\beta I(t,x) + \varepsilon \int_0^L k(\alpha,x,y)I(t-\tau,y)S(t-\tau,y)\mathrm{d}y \end{array}\right\} \qquad (1.1.9)$$

或者

$$\left.\begin{array}{l} \dfrac{\partial S(t,x)}{\partial t} = D_S \dfrac{\partial^2 S(t,x)}{\partial x^2} + \mu - dS(t,x) - rI(t,x)S(t,x) \\[3mm] \dfrac{\partial I(t,x)}{\partial t} = -\beta I(t,x) + \varepsilon \int_{-\infty}^{+\infty} k(\alpha,x,y)I(t-\tau,y)S(t-\tau,y)\mathrm{d}y \end{array}\right\} \qquad (1.1.10)$$

事实上，早在 20 世纪 80 年代初，一些学者已经对具有非局部时滞效应的反应扩散方程进行了深刻的研究，他们极富远见的研究成果和思想方法对后来的研究者具有重要的启发性。例如，Pozio[100] 和 Yamada[153] 分别在 1980 年和 1984 年研究了如下具有时滞和非局部扩散效应的食饵–捕食模型：

$$\left.\begin{array}{l} \dfrac{\partial u_1(t,x)}{\partial t} = \mu_1 \Delta u_1(t,x) + u_1(t,x)[a_1 - b_1 u_1(t,x) - c_1 g_1(x,u_{2,t})] \\[3mm] \dfrac{\partial u_2(t,x)}{\partial t} = \mu_2 \Delta u_2(t,x) + u_2(t,x)[-a_2 - b_2 u_2(t,x) + c_2 g_2(x,u_{1,t})] \end{array}\right\} \qquad (1.1.11)$$

其中

$$g_i(x,v) = \int_{-\infty}^0 \int_\Omega G_i(x,y,\theta)v(\theta,y)\mathrm{d}y\mathrm{d}\theta, \ i=1,2$$

　　Redlinger[104] 于 1984 年还研究了更为一般的方程,并建立了对时滞方程极为重要的比较原理。尽管如此,此后十多年的时间里,该领域的研究进展并不明显。

　　直到 2000 年以后,随着越来越多的这类模型出现在种群生态学等领域,对这类方程的研究已经吸引了众多学者的关注。Wu, Gourley, Thieme, Smith, Zhao, Zou, Ruan, 蒋继发,李万同,肖冬梅,翁佩萱,马世旺,王其如,王智诚,梁兴和易泰山等国内外学者得到一系列具有重要价值的研究成果 (参见文献 [32, 33, 48, 60, 64, 65, 67, 81, 82, 107, 118, 122, 125, 127–130, 132, 135–146, 158, 173])。

　　非局部时滞反应扩散方程具有十分丰富的动力学性质。当所涉及区域是有界区域时,通常可以研究该方程的各种初边值问题的性态。例如,Dirichlet(或 Neumann 或 Robin) 边界条件下平衡态 (非负解或正解) 的存在唯一性、稳定性、吸引域、初边值问题的持久性 (Robust 持久性)、全局吸引子的存在性以及线性与非线性特征值问题等。当区域无界时,除了上述问题外,还可以研究其行波解的存在性、唯一性、稳定性、最小波速与渐近波速的关系以及波形等问题。

　　目前,关于非局部时滞反应扩散方程的各种动力学性质已经形成了一些基本的理论和方法。特别地,在有界区域情形下,对 Neumann 边界条件下方程解的渐近性态已经有了系统的研究,形成了较为完善的理论和方法,对于具有非线性单调反馈的方程以及合作竞争系统,其 Dirichlet 边值问题解的动力学性质也已基本解决。在无界区域情形下,对单稳和双稳系统的行波解特别是波前解的研究已形成较为系统的理论和方法,详细研究进展见 Gourley 和 Wu 的综述文章 (参见文献 [32, 33]) 以及文献 [151, 171]。但就目前研究现状来看,这类方程解的其他理论还处于起步阶段,存在大量的问题需要研究。例如,一般来说,非线性项反馈是非单调的,此时有界区域上 Dirichlet 边值问题解的性质几乎是空白,平衡态的存在唯一性至今尚未解决。正如 Zhao 在文献 [171] 中指出的,非单调情形下 Dirichlet 边值问题解的存在唯一性是一个尚未解决的具有挑战性的公开问题,因此,更无法讨论平衡态的稳定性和系统的全局吸引子。非合作竞争系统的 Dirichlet 边值问题同样没有解决。事实上,由于非单调反馈非线性项以及非合作竞争系统 (比如食饵–捕食系统) 所对应的时滞方程产生的解半流不具有单调性,所以不能直接利用单调动力系统方法进行研究;而其平衡态对应的非局部椭圆方程也不满足极值原理,所以研究一般的时滞微分方程和反应扩散方程的方法都失效了,经典的变分方法和比较原理也不适用于这种情形。

　　另一方面,关于非局部时滞反应扩散方程的研究结果大部分针对空间变量是一维情形,此时对应的生物意义是种群的扩散沿着直线进行。事实上,大量种群扩散是在一个平面或空间区域内进行的,所以在上述方程中要求空间变量是二维或三维向量,则更符合实际情况。但这样一来,这类方程将变得更为复杂,因为其平衡态满足的方程是一个非局部椭圆偏微分方程,而不是非局部常微分方程。

　　综上所述,对非局部时滞反应扩散方程式 (1.1.3)~式 (1.1.10) 在非单调反馈和高维空间情形下的动力学行为展开研究，既有广泛的应用背景，又有重要的理论与实践意义，是一项颇具有挑战性的工作。

1.2 研究进展

近年来，由于非局部时滞微分方程的广泛应用，越来越多的学者开始研究这类方程，特别是空间非局部时滞微分方程 (参见文献 [32, 33, 36, 48, 59–61, 67, 81, 100, 104, 107, 118, 122, 125, 129, 146, 153, 158] 及其参考文献)。但对如下一类较一般的空间非局部时滞微分系统：

$$\left.\begin{aligned}
\frac{\partial u_i}{\partial t} - L_i u_i &= f_i(x, \boldsymbol{u}(t,x), \boldsymbol{u}_\tau(t,x)) + \\
&\quad \int_\Omega g_i(x, y, \boldsymbol{u}(t,y), \boldsymbol{u}_\tau(t,y)) \mathrm{d}y, t > 0, x \in \Omega, \\
B_i u_i &= h_i(t,x), \quad t > 0, \ x \in \partial\Omega, \\
u_i(t,x) &= \phi_i(t,x), \quad t \in [-\tau_i, 0], x \in \Omega, \\
i &= 1, 2, \cdots, m
\end{aligned}\right\} \tag{1.2.1}$$

动力学行为的研究却几乎是空白。对于 $g_i \equiv 0$ 的空间局部情形，其研究结果参见文献 [98, 156]。为此，本书第 2 章研究系统式 (1.2.1) 在拟单调和混拟单调两种情形下的动力学行为，并获得了该系统平衡态全局吸引的一个充分条件。

在具有潜伏期的传染病的传播中，染病患者的移动往往导致非局部影响。原因在于，在某区域内，个体在某地染病后，可能到另一地才发病而成为传染病患者，同时，已发病患者的移动也可能将传染病传染给处于不同地点的易感人群而出现新的传染病患者。为了研究这种非局部影响，Li 和 Zou[59,61] 推导并分析了某些空间离散环境下的数学模型，即所谓斑块模型。同时，Li 和 Zou [60] 也研究了连续情形。文献 [60] 中的模型为整个空间 **R** 上的非局部反应扩散方程，并且该文主要考虑了传染病空间传播行波解的存在性。在现实世界中，多数种群的栖息地为有界区域，这就导致具有潜伏期的传染病将仅仅在有界栖息区域中传播。于是，郭志明，Wang 和 Zou[36] 考虑了这种情况，推导并分析了一类具有固定潜伏期的非局部传染病模型，得到了该模型全局动力学的一个阈值结果。然而，随着社会的发展和科技水平的提高，传染病流行中的人为控制越来越频繁。特别是在传染病大流行中 (如 2003 年的 SARS)，人们 (特别是政府) 将有效隔离已发病患者直到完全康复 (他们将不能移动，不再是传染源)。为此，本书第 3 章考虑了这种情形下传染病的传播规律，并运用第 2 章的结果得到了该情形下传染病是否流行的一个阈值。

众所周知，生物种群在某一时刻可以迁移到这里，而在另一时刻又可以迁移到那里，还可以从一个比较小的区域分散到一个比较大的区域。为了探讨这种空间扩散和时滞对生物种群行为的影响，许多学者开始研究具有时滞和空间非局部反应扩散效应的种群模型 (例如参见文献 [33, 37, 48, 66, 67, 81, 118, 122, 129, 146, 151, 158, 159, 171] 及那里的相关文献)，并且 So, Wu 和 Zou 在文献 [118] 中推导并研究的如下空间非局部时滞反应扩散

模型

$$\frac{\partial w(t,x)}{\partial t} = D\frac{\partial^2 w(t,x)}{\partial x^2} - dw(t,x) + \varepsilon \int_{-\infty}^{+\infty} k(\alpha,x,y)b(w(t-\tau,y))\mathrm{d}y, \ t \geqslant 0, \ x \in \mathbf{R}$$

$$(1.2.2)$$

就是其中之一。文献 [118] 对模型式 (1.2.2) 的波前解进行了研究。最近，易泰山，Chen 和 Wu 在文献 [159] 中运用易泰山和 Zou 在文献 [158] 中的紧开拓扑方法，证明了该模型正常数平衡态的全局吸引性。另外，注意到在自然界中也有这样的种群：未成年个体不扩散，而成年个体扩散，比如鸟类就是如此。对于这样的种群，则可以用模型式 (1.2.2) 中取 $\alpha = 0$ 时的特别情形来描述。此外，也注意到自然界中还存在未成年个体扩散而成年个体不扩散的种群，比如海洋中某些浮游生物就是这样 (参见文献 [147] 或者 [158])。由这些种群的生命圈可以看出，它们的数量显然能用模型式 (1.2.2) 中取 $D = 0$ 时的方程来描述。易泰山和 Zou 在文献 [158] 中通过运用紧开拓扑方法获得了这种情形下模型正平衡态全局吸引的一个充分条件。在现实世界中，种群所栖息的区域都是有界的。于是，文献 [66] 考虑了种群栖息地为一个有界区域的情形，比如区域为一个有限区间 $[0,\pi]$。他们获得了类似式 (1.2.2) 的模型并进行了数值研究。紧接着，Xu 和 Zhao 在文献 [151] 中研究了如下一类有界域上较一般的非局部时滞种群模型：

$$\left.\begin{array}{l}\dfrac{\partial w(t,x)}{\partial t} = D\Delta w(t,x) - f(w(t,x)) + \varepsilon \displaystyle\int_{\overline{\Omega}} k(\alpha,x,y)b(w(t-\tau,y))\mathrm{d}y, \ t \geqslant 0, \ x \in \Omega \\ Bw(t,x) = 0, \ t \geqslant 0, \ x \in \partial\Omega \end{array}\right\}$$

$$(1.2.3)$$

其中，$f(w)$ 为成年种群的死亡函数；Δ 为 $\mathbf{R}^m$ 上的拉普拉斯算子；Ω 为 $\mathbf{R}^m$ 中的一个有界开区域；$Bw = w$ 或者 $\dfrac{\partial w}{\partial \boldsymbol{n}} + \delta w$, $\delta \in C^{1+\theta}(\partial\Omega,\mathbf{R})$, $\theta > 0$, $\partial/\partial \boldsymbol{n}$ 表示对边界 $\partial\Omega$ 的外法方向 $\boldsymbol{n}$ 的导数；而 $k(\alpha,x,y)$ 为偏微分算子 $\partial_\alpha - \Delta_x$ 对应边界条件 $Bw = 0$ 的基本解。

为了弄清模型式 (1.2.3) 的全局动力学，一个中心问题就是研究其平衡态的存在唯一性与全局稳定性。当出生函数 $b(w)$ 在 $(0,+\infty)$ 上单调增加时，单调动力系统这个强有力的理论工具能应用于该问题，并且文献 [151] 已经取得了部分结果。然而，由于拥挤效应，出生率在种群数量 w 足够大时通常是衰减的。因此，更为常见的假设是，当种群数量 w 较大时，出生函数 $b(w)$ 是单调递减的，比如 Nicholson 绿头苍蝇模型中的出生函数 $b(w) = pwe^{-qw}$ 和最常用的 Logistic 模型中的出生函数 $b(w) = pw(q-w)$ 就是如此，其中 $p,q > 0$(参见文献 [38])。对于这种非单调情形，单调动力系统理论方法几乎失效，研究变得更为困难。于是，Zhao 在文[171] 中运用 Thieme 和 Zhao 在文献 [122] 中的波动方法，证明了在 Neumann 边界条件下成年种群和未成年种群都扩散时的该模型正常数平衡态的全局吸引性。最近，郭志明, 杨志春和 Zou 又分析了该模型在一个有限区间上对应 Dirichlet 边界条件下成年种群和未成年种群都扩散时的情形，并通过运用上下解方法和对积分核的估计，获得了存在唯一正平衡态的一些充分条件 (参见文献 [37])。同时，易泰山和 Zou[161] 研究了一般区域上对应 Dirichlet 边界条件下成年种群和未成年种群都扩散时的情形，并运用一个比较技巧和动力系统方法获得了正平衡态的存在唯一性和全局吸引性。然而，唯一正平衡态的稳定性问题仍未解决。因此，尽管已经经历了学者们十余年的努力，但对于非单调情形下的这个中心问题仍是一个尚未解决的具有挑战性的公开问题。为此，本书将分五章 (第 4、5、6、7、8 章) 来研究该中心问题。通过运用上下解方法、波动方法、紧开拓扑方法、时滞微分方程的常数变易方法以及对非局部项中核函数的精细分析，获得模型式 (1.2.3) 在非单调情形下其平凡解和正平衡态全局渐近稳定性的一些充分条件。

1.3 主要研究工作与意义

本书主要研究空间非局部时滞微分系统的动力学行为。全文共分为十章，主要内容安排如下。

第 1 章主要介绍空间非局部时滞微分系统的研究背景、研究现状、最新进展以及本书的主要研究工作与创新之处。

第 2 章考虑如下一类空间非局部时滞微分系统

$$
\left.
\begin{aligned}
&\frac{\partial u_i}{\partial t} - L_i u_i = f_i(x, \boldsymbol{u}(t,x), \boldsymbol{u}_\tau(t,x)) + \\
&\qquad \int_\Omega g_i(x, y, \boldsymbol{u}(t,y), \boldsymbol{u}_\tau(t,y)) \mathrm{d}y, t > 0, x \in \Omega \\
&B_i u_i = h_i(t,x), \quad t > 0, \ x \in \partial\Omega \\
&u_i(t,x) = \phi_i(t,x), \quad t \in [-\tau_i, 0], x \in \Omega \\
&i = 1, 2, \cdots, m
\end{aligned}
\right\}
\tag{1.3.1}
$$

的动力学行为。主要讨论两种情形：拟单调增加的情形和混拟单调的情形。对于拟单调增加的情形，为了克服非局部和时滞带来的困难，我们首先将通常的最大值原理推广，然后运用推广的最大值原理证明系统式 (1.3.1) 的最大解和最小解均具有某种单调性，进而获得系统式 (1.3.1) 的平衡态的全局吸引性。对于混拟单调的情形，我们首先通过引进放松变量，将系统式 (1.3.1) 化为一个更高维数的拟单调增加系统，再通过对照前后两个系统的迭代过程并运用拟单调增加情形的结果，获得系统式 (1.3.1) 在混拟单调情形下仍然可得其平衡态的全局吸引性。

第 3 章考虑如下一类具有潜伏期和非局部影响的传染病模型

$$
\left.
\begin{aligned}
&\frac{\partial u_1(t,x)}{\partial t} = D\Delta u_1(t,x) + \mu - d u_1(t,x) - r u_2(t,x) u_1(t,x), \quad t > 0, \ x \in \Omega \\
&\frac{\partial u_2(t,x)}{\partial t} = -\beta u_2(t,x) + \varepsilon \int_\Omega k(\alpha, x, y) u_1(t-\tau, y) u_2(t-\tau, y) \mathrm{d}y, \quad t > 0, \ x \in \Omega \\
&\frac{\partial u_1(t,x)}{\partial \boldsymbol{n}} = 0, \quad \frac{\partial u_2(t,x)}{\partial \boldsymbol{n}} = 0, \quad t > 0, \ x \in \partial\Omega \\
&u_1(t,x) = \phi_1(t,x), \quad u_2(t,x) = \phi_2(t,x), \quad t \in [-\tau, 0], \ x \in \Omega
\end{aligned}
\right\}
\tag{1.3.2}
$$

的动力学行为，其中 $k(\alpha, x, y)$ 为偏微分算子 $\partial_\alpha - \Delta_x$ 对应 Neumann 边界条件的基本解。我们首先介绍该问题的研究意义、研究现状以及模型的一个完整推导。紧接着，通过运用算子半群理论和耗散理论，获得模型解的存在唯一性和有界性、全局吸引子的存在性以及初边值问题的持久性；通过运用第 2 章定理 2.4.1，获得模型常数平衡态的全局吸引性；通过对相应特征方程的精细分析，获得模型常数平衡态的全局渐近稳定性，并给出模型传染病流行的一个阈值。

第 4~6 章主要考虑如下一类有界域上空间非局部时滞种群模型：

$$\left.\begin{array}{l} \dfrac{\partial w(t,x)}{\partial t} = D\Delta w(t,x) - f(w(t,x)) + \varepsilon \int_{\overline{\Omega}} k(\alpha,x,y)b(w(t-\tau,y))\mathrm{d}y, t \geqslant 0, x \in \Omega \\ Bw(t,x) = 0, t \geqslant 0, x \in \partial\Omega \end{array}\right\}$$

(1.3.3)

的动力学行为。其中，第 4 章考虑在模型式 (1.3.3) 中取 $D = 0$ 的情形，第 5 章考虑在模型式 (1.3.3) 中取 $f(w) = dw$ 和 $D > 0$ 的情形，第 6 章主要考虑在模型式 (1.3.3) 中取 $Bw = \dfrac{\partial w}{\partial \boldsymbol{n}}$ 和 $D > 0$ 的情形，并将常数 α 放宽到非负。

第 4 章首先介绍了该模型的研究背景、研究现状与研究意义。紧接着，为了克服出生函数的非单调性，单纯运用单调动力系统理论方法来研究模型式 (1.3.3) 的全局动力学将很困难。于是，通过改进文献 [37] 中发展的一个方法，证明模型式 (1.3.3) 的正平衡态的存在唯一性。值得一提的是，当 $D = 0$ 时，用改进的方法证明了模型式 (1.3.3) 的正平衡态的存在唯一性的最大困难来自于核函数正性的估计，为此，本章发展一个方法，通过对核函数的精细分析，获得了其正性估计 (见引理 4.2.2)。其次，为了克服出生函数的这种非单调性，我们改进文献 [171] 中的波动方法，使其不仅适用于 Neumann 边界条件，也适用于 Dirichlet 边界条件。通过运用这种改进的波动方法，获得非常数平衡态的全局吸引性。另外，由于成年种群不扩散 (即模型中的 $D = 0$) 所导致的解半流紧性的缺失，从而获得模型式 (1.3.3) 的全局吸引子的存在性也将很困难。于是，为了克服这种非紧性困难，我们通过引入所谓渐近光滑的概念，证明了模型式 (1.3.3) 全局吸引子的存在性 (见引理 4.3.2)。最后，通过对相应特征方程的精细分析和运用第 2 章定理 2.3.1，获得平凡解和唯一正平衡态的全局渐近稳定性，并通过两个例子说明本章结果的可行性。

第 5 章紧接第 4 章的工作。由于 $D > 0$，即扩散项存在，不仅导致其解半流是紧的，而且对核函数正性的估计也较上一章容易 (见定理 5.3.1 和引理 5.2.2)。因此，通过运用上一章改进的方法，获得模型式 (1.3.3) 的正平衡态的存在唯一性的一个较好的结果。该结果不仅推广了文献 [37,161] 的结果，而且放宽了参数条件。然而，扩散项中的 Laplace 算子不具有单调性，而改进的波动方法恰恰需要其单调性。为了克服这种非单调性，我们进一步改进第 4 章中改进的波动方法，使其不依赖于这种单调性 (见定理 5.4.1)，进而，获得了模型式 (1.3.3) 的正平衡态的全局吸引性。最后，通过对相应特征方程的精细分析和运用第 2 章定理 2.3.1，获得平凡解和唯一正平衡态的全局渐近稳定性，并通过四个例子说明本章结果的可行性。值得一提的是，由本章结果可以看出，非局部项对方程解的拓扑结构有质的影响。即，当模型式 (1.3.3) 中的 α 为充分小的正数时，模型式 (1.3.3) 的正平衡态的存在唯一性以及局部稳定性可以依然保持，但全局吸引性可以不保持。因此，模型式 (1.3.3) 在 $\alpha = 0$ 附近可以有非常复杂的拓扑结构。

第 6 章紧接第 4、第 5 章的工作。由于扩散项的存在和死亡函数的非线性性，导致模型解的适当表达式不易获得，而运用文献 [171] 中的波动方法恰恰需要模型解的适当表达式。为此，我们通过待定系数法给出了模型解的一个适当表达式 (见引理 6.3.2)，并运用这个表达式和波动方法，获得了模型正常数平衡态的全局吸引性。最后，通过运用特征值方法，获得了模型平凡解和正常数平衡态的稳定性。

第 7 章考虑如下一类非单调时滞反应扩散方程

$$
\left.\begin{aligned}
&\frac{\partial u(t,x)}{\partial t} = d\Delta u(t,x) - g(u(t,x)) + \int_{\overline{\Omega}} \rho(\eta,x,y) f(u(t-\tau,y)) \mathrm{d}y, \ t>0, \ x \in \Omega \\
&Bu(t,x) = 0, \ t>0, \ x \in \partial\Omega \\
&u(\theta,x) = \varphi(\theta,x), \ \theta \in [-\tau,0], \ x \in \Omega
\end{aligned}\right\}
\tag{1.3.4}
$$

解的渐近行为，获得方程式 (1.3.4) 正平衡态的存在性、不存在性、唯一性和全局吸引性。显然，方程式 (1.3.4) 的反应项可以是空间非局部的。为了克服非单调困难，本章发展了一种新方法，即综合运用上下解方法、时滞微分方程的常数变易法以及对积分核的仔细估计，获得方程式 (1.3.4) 唯一正平衡态的全局吸引性的一些充分条件。

第 8 章考虑如下一类无界区域上具有年龄结构的非局部种群模型

$$
\left.\begin{aligned}
&\frac{\partial w(t,x)}{\partial t} = d\Delta w(t,x) - f(w(t,x)) + \\
&\qquad \int_{\mathbf{R}^N} k(\alpha,x,y) b(w(t-\tau,y)) \mathrm{d}y, \ t>0, \ x \in \mathbf{R}^N \\
&w(t,x) = \varphi(t,x) \geqslant 0, \qquad t \in [-\tau,0], \ x \in \mathbf{R}^N
\end{aligned}\right\}
\tag{1.3.5}
$$

解的渐近行为。通过运用波动方法和紧开拓扑方法，获得一个阈值型结果，并建立了模型式 (1.3.5) 正平衡态的全局吸引性。其主要结果可推广文献 [158] 和 [159] 的相关结果。

第 9 章考虑如下一类空间非局部时滞反应扩散方程：

$$
\left.\begin{aligned}
&\frac{\partial w(t,x)}{\partial t} = Lw(t,x) + f(x,w(t,x),w(t-\tau,x)) + \\
&\qquad \int_{\Omega} g(x,y,w(t-\tau,y)) \mathrm{d}y, \ t>0, \ x \in \Omega \\
&Bw(t,x) = 0, \ t>0, \ x \in \partial\Omega, \\
&w(t,x) = \phi(t,x), \ t \in [-\tau,0], \ x \in \Omega
\end{aligned}\right\}
\tag{1.3.6}
$$

解的存在性与稳定性。特别强调单调迭代方法在这类方程解的稳定性研究中的意义。并得到了一个很有趣的结果，即凡是通过运用单调迭代方法获得的方程式 (1.3.6) 的平衡态都是稳定的，且所有方程式 (1.3.6) 的稳定平衡态都可以由单调迭代方法得到。

第 10 章是全书的总结和对未来研究工作的展望。

本书的主要创新之处在于如下四个方面：

其一，据我们所知，对一般空间非局部时滞微分系统式 (1.3.1) 的全局吸引性问题还没有被研究过，本书给出第一个研究结果。同时，本书也指出，即使是一些特殊的空间非局部时滞微分方程，其非常数平衡态的稳定性 (即使是局部稳定性) 的研究也是十分困难的。原因在于，特征值方法对这种平衡态是完全失效的，而其他方法也不容易获得其稳定性结果。如：Lyapunov 方法在理论上可以获得稳定性结果，但对非局部时滞微分方程，适当的 Lyapunov 函数的构造是一件困难的事情；同样，不动点定理也可用来证明稳定性，但适当紧集的选取同样困难，等等。正由于这个原因，目前文献对非常数平衡态稳定性的研究中，一般只是给出全局吸引性结果，而稳定性结果，则几乎是空白。然而，本书定理 2.3.1 已指出，如果系统式 (1.3.1) 是拟单调增加的，则运用上下解方法获得的平衡态一定是稳定的。因此，本书定理 2.3.1 给出了一个获得空间非局部时滞微分系统的非常数平衡态的稳定性的方法。

其二，在系统式 (1.3.1) 的平衡态的全局吸引性的研究中，主要困难来自于由于非局部项和时滞的出现导致通常的最大值原理失效。为此，本书第 2 章首先给出了一个推广的最大值原理 (即引理 2.3.2)，结合运用引进放松变量方法克服这一困难。由此可见，最大值原理的相应推广是一个值得研究的问题。

其三，就应用来说，本书给出两个应用。一个是传染病模型式 (见式 (1.3.2))，另一个是单种群模型式 (见式 (1.3.3))。前者是针对目前传染病流行中有人为介入的情形，其模型和研究结果都是新的。后者是紧接 Xu, Zhao[151], Zhao[171], 郭志明，杨志春和 Zou[37] 以及易泰山和 Zou[161] 的工作。为了克服非单调困难，本书发展一个与单调动力系统方法不同的全新研究思路，即，通过上下解方法和对热核的精细分析，获得方程式 (1.3.3) 的正平衡态的存在唯一性，通过改进的波动方法获得平衡态的全局吸引性，通过特征值方法和第 2 章定理 2.3.1，获得平衡态的稳定性。所获结果包含并可推广文献 [37,151,161,171] 的结果，可在一定程度上解决了 Zhao 在 Canad. Appl. Math. Quart. 上提出的一个公开问题。

其四，在方程式 (1.3.4) 平衡态的全局吸引性的研究中，困难主要来自于方程的非单调性。为此，本书发展一种全新的证明思路，即综合运用上下解方法、时滞微分方程的常数变易法以及对积分核的精细分析。这种新思路克服了方程的非单调性，使本书获得方程式 (1.3.4) 平衡态的全局吸引性。因此，本书获得了一种新的研究空间非局部时滞微分方程平衡态的全局吸引性的方法。

1.4　预备知识

本节除了介绍本书将要使用的一些基本记号外，还将给出两个基本预备知识：一个是热核的基本性质，另一个是稳定性与特征值。为此，先介绍热核的基本性质。

记 $\mathbf{R}$，$\mathbf{R}^+$ 及 $\mathbf{R}^m$ 分别表示实数集、非负实数集和 m 维实欧氏空间。Ω 表示 $\mathbf{R}^m$ 上的有界区域。$\partial\Omega$ 和 $\overline{\Omega}$ 分别表示 Ω 的边界和闭包。$C(\overline{\Omega})$(或 $C^2(\Omega)$) 表示由所有定义在 $\overline{\Omega}$ 上的连续函数 (或由所有定义在 Ω 上的具有 2 阶连续导数的函数) 构成的序 Banach 空间，其范数 $\|\cdot\|$ 为上确界范数，序为通常自然序，即，对任意 $w_1, w_2 \in C(\overline{\Omega})$(或 $C^2(\Omega)$)，均有 $w_1 \leqslant w_2$ 当且仅当对任意 $x \in \overline{\Omega}$(或 Ω)，均有 $w_1(x) \leqslant w_2(x)$。$L^2(\overline{\Omega})$ 表示由所有定

义在 $\overline{\Omega}$ 上的平方可积函数构成的 Hilbert 空间，其内积 $\langle \cdot, \cdot \rangle$ 定义为

$$\langle \varphi, \psi \rangle = \int_{\Omega} \varphi(x)\psi(x)\mathrm{d}x, \quad \forall \varphi, \psi \in L^2(\overline{\Omega}) \tag{1.4.1}$$

又记 Δ 为 $\mathbf{R}^m$ 上的 Laplace 算子。$Bw = w$ 或 $\dfrac{\partial w}{\partial \boldsymbol{n}}$，其中 $\dfrac{\partial}{\partial \boldsymbol{n}}$ 表示对边界 $\partial\Omega$ 的外法方向 $\boldsymbol{n}$ 的导数。再记偏微分算子 $\partial_\alpha - \Delta_x$ 对应边界条件 $Bw = 0$ 的基本解 (热核)$k(\alpha, x, y)$ 为

$$k(\alpha, x, y) = \begin{cases} \displaystyle\sum_{n=1}^{+\infty} \mathrm{e}^{-\lambda_n \alpha} \varphi_n(x)\varphi_n(y), & \text{如果 } \alpha > 0 \\ \delta(x - y), & \text{如果 } \alpha = 0 \end{cases} \tag{1.4.2}$$

这里，$\lambda_n(n = 1, 2, \cdots)$ 是线性算子 $-\Delta$ 对应齐次 Dirichlet(或者 Neumann) 边界条件的特征值，且满足：$0 < \lambda_1 < \lambda_2 \leqslant \cdots \leqslant \lambda_n \leqslant \cdots$ (或者 $0 = \lambda_1 < \lambda_2 \leqslant \cdots \leqslant \lambda_n \leqslant \cdots$) 和 $\lim\limits_{n\to\infty} \lambda_n = +\infty$；而 φ_n 是对应 λ_n 的特征向量，且满足：$\{\varphi_n\}_{n=1}^{+\infty}$ 构成空间 $L^2(\overline{\Omega})$ 的一个完全规范正交基，对任意 $x \in \Omega$，均有 $\varphi_1(x) > 0$；$\delta(x)$ 是 $\mathbf{R}^m$ 上的 Dirac 函数 (参见文献 [24, 171])。

引理 1.4.1 [62] 对任意正整数 n，均有

$$\sum_{i=1}^{n} \lambda_i \geqslant Cn^{1+\frac{2}{m}}$$

其中，C 为仅依赖于空间维数 m 和函数定义域 Ω 的正常数。

引理 1.4.2 对任意 $\alpha > 0$，级数 $\displaystyle\sum_{n=1}^{+\infty} \mathrm{e}^{-\lambda_n \alpha}$ 都是绝对收敛的。

证明 由引理 1.4.1 和 $0 \leqslant \lambda_1 < \lambda_2 \leqslant \cdots \leqslant \lambda_n \leqslant \cdots$ 知，必存在正整数 n_0 使得

$$\mathrm{e}^{-\lambda_n \alpha} \leqslant \exp\left[-\frac{\alpha}{n} \sum_{i=1}^{n} \lambda_i \right] \leqslant \exp\left[-\alpha C n^{\frac{2}{m}} \right] < \frac{1}{n^2}, \quad \forall n > n_0$$

成立。由此即得级数 $\displaystyle\sum_{n=1}^{+\infty} \mathrm{e}^{-\lambda_n \alpha}$ 的绝对收敛性。引理 1.4.2 证毕。

引理 1.4.3 对任意 $\alpha > 0$，均有

(i) $Bk(\alpha, x, y) \mid_{x \in \partial\Omega} = Bk(\alpha, x, y) \mid_{y \in \partial\Omega} = 0$；

(ii) 对任意 $x, y \in \Omega$，均有 $0 < k(\alpha, x, y) \leqslant C^*$，其中 C^* 为一个仅依赖于空间维数 m 和函数定义域 Ω 的正常数；

(iii) 对任意 $x \in \Omega$，均有 $\mid \varphi_n(x) \mid \leqslant \sqrt{C^*} \exp\left[\dfrac{1}{2}\lambda_n \alpha \right]$，其中 $n = 1, 2, \cdots$；

(iv) 如果 $Bw = \dfrac{\partial w}{\partial \boldsymbol{n}}$，则对所有 $x \in \Omega$，均有 $\displaystyle\int_{\Omega} k(\alpha, x, y)\mathrm{d}y = 1$。

证明 (i) 的证明是直接的，从而略去。由于 $k(\alpha, x, y)$ 是热方程 $\left(\Delta_x - \dfrac{\partial}{\partial \alpha}\right) u(x, \alpha) = 0$ 的一个热核。

(ii) 的结论便可由文献 [155] 中的引理 3.2.1 和定理 4.4.6 获得。

(iii) 可由 $\mathrm{e}^{-\lambda_n \alpha}(\varphi_n(x))^2 \leqslant k(\alpha, x, x) \leqslant C^*$, $\forall x \in \Omega$, $n = 1, 2, \cdots$ 得到。

(iv) 如果 $Bw = \dfrac{\partial w}{\partial \boldsymbol{n}}$, 则有 $\lambda_1 = 0$, $\varphi_1(x) \equiv \sqrt{1/\mathrm{mes}(\Omega)}$ 以及 $\displaystyle\int_\Omega \varphi_n(x)\mathrm{d}x = 0$, $n = 2, 3, \cdots$, 其中, $\mathrm{mes}(\Omega)$ 表示 Ω 的测度, 从而, 对所有 $x \in \Omega$, 均有 $\displaystyle\int_\Omega k(\alpha, x, y)\mathrm{d}y = 1$。

引理 1.4.3 证毕。

引理 1.4.4 如果

$$\sum_{n=1}^{+\infty} h_i(\lambda_n)\varphi_n(x)\varphi_n(y) > 0, \qquad \forall x, y \in \Omega \tag{1.4.3}$$

并且绝对一致收敛。其中, $i = 1, 2$, 并且 h_1 和 h_2 是两个函数, 则

$$\sum_{n=1}^{+\infty} h_1(\lambda_n)h_2(\lambda_n)\varphi_n(x)\varphi_n(y) > 0, \qquad \forall x, y \in \Omega \tag{1.4.4}$$

证明 由 (1.4.3), 有

$$\sum_{n=1}^{+\infty} h_1(\lambda_n)h_2(\lambda_n)\varphi_n(x)\varphi_n(y) =$$
$$\int_{\overline{\Omega}} \left(\sum_{n=1}^{+\infty} h_1(\lambda_n)\varphi_n(x)\varphi_n(u)\right)\left(\sum_{m=1}^{+\infty} h_2(\lambda_m)\varphi_m(u)\varphi_m(y)\right)\mathrm{d}u > 0,$$
$$\forall x, y \in \Omega$$

引理 1.4.4 证毕。

接下来，介绍稳定性与特征值。令 X 是一个给定的 Banach 空间，其范数为 $\|\cdot\|_X$。记 τ 为给定非负常数，$C = C([-\tau, 0]; X)$ 为由所有定义在 $[-\tau, 0]$ 上的连续 X-值函数构成的 Banach 空间，其范数 $\|\cdot\|_C$ 为上确界范数。对任意实数 $a \leqslant b$, $t \in [a, b]$ 以及任意连续函数 $u: [a-\tau, b] \to X$, u_t 表示空间 C 的一个元素，且对任意 $\theta \in [-\tau, 0]$, 均有 $u_t(\theta) = u(t+\theta)$。又令 $F: C \to X$ 为连续函数，$\{T(t)\}_{t \geqslant 0}$ 为定义在 X 上的 C_0-半群，其生成元为 A。于是，对于抽象积分方程

$$\left.\begin{array}{l} w(t) = T(t)\phi(0) + \displaystyle\int_0^t T(t-s)F(w_s)\mathrm{d}s, \quad t \geqslant 0 \\[2mm] w_0 = \phi \in C \end{array}\right\} \tag{1.4.5}$$

可有如下定义 (例如参见文献 [148] 中的注 2.1.3)。

定义 1.4.1 设 $w = w^*$ 是抽象方程式 (1.4.5) 的一个平衡态。如果对任意 $\varepsilon > 0$，存在 $\delta > 0$，当 $\|\phi - w^*\|_C < \delta$ 时，对任意 $t \geqslant 0$，方程式 (1.4.5) 的解 $w(t, \phi)$ 均满足 $\|w(t, \phi) - w^*\|_X < \varepsilon$，则称 $w = w^*$ 是稳定的。如果 $w = w^*$ 不是稳定的，则称它是不稳定的。如果 $w = w^*$ 是稳定的，并且存在 $\delta_0 > 0$，当 $\|\phi - w^*\|_C < \delta_0$ 时，方程式 (1.4.5) 的解 $w(t, \phi)$ 均满足 $\lim\limits_{t \to +\infty} \|w(t, \phi) - w^*\|_X = 0$，则称 $w = w^*$ 是渐近稳定的。如果 $w = w^*$ 是稳定的，并且对任意 $\phi \in C$，方程式 (1.4.5) 的解 $w(t, \phi)$ 均满足 $\lim\limits_{t \to +\infty} \|w(t, \phi) - w^*\|_X = 0$，则称 $w = w^*$ 是全局渐近稳定的。

进一步，令方程式 (1.4.5) 在平衡态 $w = w^*$ 处的线性化方程为如下抽象积分方程：

$$\left. \begin{aligned} w(t) &= T(t)\phi(0) + \int_0^t T(t-s)G(w_s)\mathrm{d}s, \quad t \geqslant 0 \\ w_0 &= \phi \in C \end{aligned} \right\} \tag{1.4.6}$$

其中，$G : C \to X$ 为有界线性算子。对每一个复数 λ，定义 X-值线性算子 $\Theta(\lambda)$ 为

$$\Theta(\lambda)u = Au - \lambda u + G(\mathrm{e}^{\lambda \cdot}u), \quad u \in \mathrm{Dom}(A) \tag{1.4.7}$$

其中，$\mathrm{e}^{\lambda \cdot}u \in C$ 定义为 (注意，这里的 C 表示其复化的情形)

$$(\mathrm{e}^{\lambda \cdot}u)(\theta) = \mathrm{e}^{\lambda\theta}u, \quad \theta \in [-\tau, 0]$$

如果存在 $u \in \mathrm{Dom}(A)/\{0\}$ 满足特征方程 $\Theta(\lambda)u = 0$，则称 λ 为方程式 (1.4.6) 的一个特征值 (例如参见文献 [148])。

第 2 章　一类非局部时滞微分系统的动力学行为

时滞微分方程是微分方程领域的一个十分重要的分支，有着非常广泛的应用，涉及许多学科中的许多领域，如，人口理论、医学问题、生物学、经济问题、自动控制理论、物理学等。因此，对于局部时滞耦合微分系统的研究成果已经非常丰富 (参见文献 [97, 98, 156] 及其参考文献)。然而，对于非局部时滞微分系统的研究成果却很少，而空间非局部时滞微分系统的成果则更少。为此，本章将研究一类非常广泛的空间非局部时滞微分系统，其结果推广了文献 [97, 98, 108, 156] 中相应结果。

2.1　引言

近年来，由于非局部时滞微分方程的广泛应用，越来越多的学者开始研究这类方程，特别是空间非局部时滞微分方程 (参见文献 [32, 33, 36, 48, 59–61, 67, 81, 100, 104, 107, 118, 122, 125, 129, 146, 153, 158] 及其参考文献)。为此，本章将研究如下一类空间非局部时滞微分系统：

$$\left.\begin{array}{l} \dfrac{\partial u_i}{\partial t} - L_i u_i = f_i(x, \boldsymbol{u}(t,x), \boldsymbol{u}_\tau(t,x)) + \\[2mm] \qquad\quad \displaystyle\int_\Omega g_i(x, y, \boldsymbol{u}(t,y), \boldsymbol{u}_\tau(t,y)) \mathrm{d}y, t > 0, x \in \Omega \\[2mm] B_i u_i = h_i(t,x), \quad t > 0, \ x \in \partial\Omega \\[1mm] u_i(t,x) = \phi_i(t,x), \quad t \in [-\tau_i, 0], x \in \Omega \\[1mm] i = 1, 2, \cdots, n \end{array}\right\} \tag{2.1.1}$$

其平衡态 (驻定解) 满足边值问题

$$\left.\begin{array}{l} -L_i u_i = f_i(x, \boldsymbol{u}(x), \boldsymbol{u}(x)) + \displaystyle\int_\Omega g_i(x, y, \boldsymbol{u}(y), \boldsymbol{u}(y)) \mathrm{d}y, \ x \in \Omega \\[2mm] B_i u_i = h_i(x), \ x \in \partial\Omega \\[1mm] i = 1, 2, \cdots, n \end{array}\right\} \tag{2.1.2}$$

其中，$\boldsymbol{u}(x) = (u_1(x), \cdots, u_n(x))$，$\boldsymbol{u}(t,x) = (u_1(t,x), \cdots, u_n(t,x))$，$\boldsymbol{u}_\tau(t,x) = (u_1(t - \tau_1, x), \cdots, u_n(t - \tau_n, x))$，$\tau_i (i = 1, \cdots, n)$ 是正常数，Ω 是 $\mathbf{R}^m$ 上的有界区域，$\partial\Omega$ 光滑

$(\partial\Omega \in C^{2+\alpha})$，并且

$$L_i \equiv \sum_{j,k=1}^{m} a_{jk}^{(i)}(x) \frac{\partial^2}{\partial x_j \partial x_k} + \sum_{j=1}^{m} b_j^{(i)}(x) \frac{\partial}{\partial x_j}$$

是 Ω 上的一致椭圆算子或零算子 (如果 L_i 是零算子，则无相应边界条件)，其边界条件为

$$B_i u_i = \alpha_i^* \frac{\partial u_i}{\partial \boldsymbol{n}} + \beta_i^*(x) u_i,$$

其中，$\boldsymbol{n}$ 是 $\partial\Omega$ 上的单位外法向量，$\alpha_i^* \geqslant 0$，$\beta_i^*(x) \geqslant 0$ 以及对任意 $x \in \partial\Omega$，均有 $\alpha_i^* + \beta_i^*(x) > 0$。

本章的主要工作是受文献 [97,98] 的启发，运用最大值原理和上下解方法，研究系统式 (2.1.1) 的平衡态的全局吸引性。本章是这样安排的：在 2.2 节中介绍本章研究所需的一些记号、定义、迭代方法和基本结论。拟单调增加的情形将在 2.3 节考虑。在第 2.3 节中，首先将通常的最大值原理推广。然后，运用推广的最大值原理证明了系统式 (2.1.1) 的最大解和最小解均具有某种单调性。进而，获得了系统式 (2.1.1) 的平衡态的全局吸引性。第 2.4 节考虑混拟单调情形。首先通过引入放松变量，将系统式 (2.1.1) 化为一个更高维数的拟单调增加系统。然后，通过对照前后两个系统的迭代过程并运用前一节的结果，获得了系统式 (2.1.1) 在混拟单调情形下仍然可得其平衡态的全局吸引性。

2.2 预备知识

设 $\overline{\Omega}$ 是 Ω 的闭包。对任意有限正常数 T 以及 $i = 1, 2, \cdots, n$，我们又设

$$D_T = (0, T] \times \Omega, \quad S_T = (0, T] \times \partial\Omega, \quad \overline{D}_T = [0, T] \times \overline{\Omega}$$

$$Q_0^{(i)} = [-\tau_i, 0] \times \Omega, \quad \overline{Q}_T^{(i)} = [-\tau_i, T] \times \overline{\Omega}$$

$$Q_0 = Q_0^{(1)} \times \cdots \times Q_0^{(n)}, \quad \overline{Q}_T = \overline{Q}_T^{(1)} \times \cdots \times \overline{Q}_T^{(n)}$$

另外，$C^\alpha(D_T)$ 表示在 D_T 上的指数为 $\alpha \in (0, 1)$ 的 Holder 连续函数集合；$C^{1,2}(D_T)$ 表示在 D_T 上关于 $t \in (0, T]$ 一阶连续可微及关于 $x \in \Omega$ 二阶连续可微的函数集合。上述向量函数 (n 维) 空间分别用 $\mathcal{C}^\alpha(D_T)$ 和 $\mathcal{C}^{1,2}(D_T)$ 表示。另外的函数空间和区域可以用类似的记号表示。在本章中，我们假设：对每个 $i = 1, 2, \cdots, n$，L_i 的系数 $b_j^{(i)}$ 以及 $a_{jk}^{(i)}$ 的一阶偏导数均属于 $C^{1+\alpha}(\overline{\Omega})$，边界系数 β_i^* 均属于 $C^{1+\alpha}(\partial\Omega)$，$\alpha_i^*$ 为常数，或者为零 (Dirichlet 边界条件)，或者为 1(Neumann 边界条件或者 Robin 边界条件)。我们也假设 h_i 和 ϕ_i 分别在 S_T 和 $Q_0^{(i)}$ 上 Holder 连续。此外，我们还假设函数 $f_i(x, \boldsymbol{u}, \boldsymbol{v})(g_i(x, y, \boldsymbol{u}, \boldsymbol{v}))$ 在 $\overline{\Omega} \times \Lambda \times \Lambda$ 上对 x(在 $\overline{\Omega} \times \overline{\Omega} \times \Lambda \times \Lambda$ 上对 x, y) 是 Holder 连续的，而对 $\boldsymbol{u}$ 和 $\boldsymbol{v}$ 是连续可微的，其中 Λ 是空间 $\mathcal{X} \equiv \mathcal{C}(\overline{D}_T) \bigcap \mathcal{C}^{1,2}(D_T)$ 上的某序区间。

在本书中，我们总是用 $[\boldsymbol{u}]_a$ 表示在向量 $\boldsymbol{u}$ 中选取 a 个分量构成的新向量。于是，对每个 $i(i = 1, 2, \cdots, n)$，可以将向量 $\boldsymbol{u}$ 的分量分成三部分，第一部分是 u_i，第二部分是 $[\boldsymbol{u}]_{a_i}$，第三部分是 $[\boldsymbol{u}]_{b_i}$，从而，向量 $\boldsymbol{u}$ 可记为 $\boldsymbol{u} \equiv (u_i, [\boldsymbol{u}]_{a_i}, [\boldsymbol{u}]_{b_i})$。类似地，也可以将

向量 $\boldsymbol{v}$ 的分量分成两部分, 第一部分是 $[\boldsymbol{v}]_{c_i}$, 第二部分是 $[\boldsymbol{v}]_{d_i}$, 从而, 向量 $\boldsymbol{v}$ 可记为 $\boldsymbol{v} \equiv ([\boldsymbol{v}]_{c_i}, [\boldsymbol{v}]_{d_i})$。于是, 可记

$$H_i(\cdot, \boldsymbol{u}, \boldsymbol{v}, \boldsymbol{w}, \boldsymbol{z}) \equiv f_i(\cdot, \boldsymbol{u}, \boldsymbol{v}) + \int_\Omega g_i(\cdot, y, \boldsymbol{w}(y), \boldsymbol{z}(y)) \mathrm{d}y$$

$$\boldsymbol{u} \equiv (u_i, [\boldsymbol{u}]_{a_i}, [\boldsymbol{u}]_{b_i}), \quad \boldsymbol{v} \equiv ([\boldsymbol{v}]_{c_i}, [\boldsymbol{v}]_{d_i}), \quad \boldsymbol{w} \equiv ([\boldsymbol{w}]_{\alpha_i}, [\boldsymbol{w}]_{\beta_i}), \quad \boldsymbol{z} \equiv ([\boldsymbol{z}]_{\gamma_i}, [\boldsymbol{z}]_{\delta_i})$$

以及

$$\boldsymbol{H}(\cdot, \boldsymbol{u}, \boldsymbol{v}, \boldsymbol{w}, \boldsymbol{z}) \equiv (H_1(\cdot, \boldsymbol{u}, \boldsymbol{v}, \boldsymbol{w}, \boldsymbol{z}), \cdots, H_m(\cdot, \boldsymbol{u}, \boldsymbol{v}, \boldsymbol{w}, \boldsymbol{z}))$$

其中, a_i, b_i, c_i, d_i, α_i, β_i, γ_i 和 δ_i 均为非负整数。显然, $a_i + b_i = n - 1$, $c_i + d_i = \alpha_i + \beta_i = \gamma_i + \delta_i = n$。从而, 有如下定义。

定义 2.2.1 如果对每个 $i(i = 1, 2, \cdots, n)$, 均存在非负整数 a_i, b_i, c_i, d_i, α_i, β_i, γ_i 和 δ_i 使得 $a_i + b_i = n - 1$, $c_i + d_i = n$, $\alpha_i + \beta_i = n$, $\gamma_i + \delta_i = n$, 并且在序区间 Λ 上, 对每个 $\boldsymbol{u} \equiv (u_i, [\boldsymbol{u}]_{a_i}, [\boldsymbol{u}]_{b_i})$, $\boldsymbol{v} \equiv ([\boldsymbol{v}]_{c_i}, [\boldsymbol{v}]_{d_i})$, $\boldsymbol{w} \equiv ([\boldsymbol{w}]_{\alpha_i}, [\boldsymbol{w}]_{\beta_i})$ 和 $\boldsymbol{z} \equiv ([\boldsymbol{z}]_{\gamma_i}, [\boldsymbol{z}]_{\delta_i})$, $H_i(\cdot, \boldsymbol{u}, \boldsymbol{v}, \boldsymbol{w}, \boldsymbol{z})$ 关于 $[\boldsymbol{u}]_{a_i}$, $[\boldsymbol{v}]_{c_i}$, $[\boldsymbol{w}]_{\alpha_i}$ 和 $[\boldsymbol{z}]_{\gamma_i}$ 单调增加, 而对 $[\boldsymbol{u}]_{b_i}$, $[\boldsymbol{v}]_{d_i}$, $[\boldsymbol{w}]_{\beta_i}$ 和 $[\boldsymbol{z}]_{\delta_i}$ 单调减少, 则称向量函数 $\boldsymbol{H}(\cdot, \boldsymbol{u}, \boldsymbol{v}, \boldsymbol{w}, \boldsymbol{z})$ 在 Λ 上是混拟单调的。特别地, 如果对每个 $i(i = 1, 2, \cdots, n)$, 均有 $b_i = d_i = \beta_i = \delta_i = 0$, 则称向量函数 $\boldsymbol{H}(\cdot, \boldsymbol{u}, \boldsymbol{v}, \boldsymbol{w}, \boldsymbol{z})$ 在 Λ 上是拟单调增加的。此外, 如果向量函数 $\boldsymbol{H}(\cdot, \boldsymbol{u}, \boldsymbol{v}, \boldsymbol{w}, \boldsymbol{z})$ 在 Λ 上不是混拟单调的, 则称它是非拟单调的。

为了具体给出系统式 (2.1.1) 在上述定义 2.2.1 中的集合 Λ, 我们记系统式 (2.1.1) 为如下形式:

$$\left.\begin{aligned}
\frac{\partial u_i}{\partial t} - L_i u_i &= f_i(x, u_i, [\boldsymbol{u}]_{a_i}, [\boldsymbol{u}]_{b_i}, [\boldsymbol{u}_\tau]_{c_i}, [\boldsymbol{u}_\tau]_{d_i}) + \\
&\quad \int_\Omega g_i(x, y, [\boldsymbol{u}]_{\alpha_i}, [\boldsymbol{u}]_{\beta_i}, [\boldsymbol{u}_\tau]_{\gamma_i}, [\boldsymbol{u}_\tau]_{\delta_i}) \mathrm{d}y, \quad (t, x) \in D_T \\
B_i u_i &= h_i(t, x), \quad (t, x) \in S_T \\
u_i(t, x) &= \phi_i(t, x), \quad (t, x) \in Q_0^{(i)} \\
i &= 1, 2, \cdots, n
\end{aligned}\right\} \tag{2.2.1}$$

其中

$$f_i(x, u_i, [\boldsymbol{u}]_{a_i}, [\boldsymbol{u}]_{b_i}, [\boldsymbol{u}_\tau]_{c_i}, [\boldsymbol{u}_\tau]_{d_i}) =$$
$$f_i(x, u_i(t, x), [\boldsymbol{u}(t, x)]_{a_i}, [\boldsymbol{u}(t, x)]_{b_i}, [\boldsymbol{u}_\tau(t, x)]_{c_i}, [\boldsymbol{u}_\tau(t, x)]_{d_i})$$

以及

$$\int_\Omega g_i(x, y, [\boldsymbol{u}]_{\alpha_i}, [\boldsymbol{u}]_{\beta_i}, [\boldsymbol{u}_\tau]_{\gamma_i}, [\boldsymbol{u}_\tau]_{\delta_i}) \mathrm{d}y =$$
$$\int_\Omega g_i(x, y, [\boldsymbol{u}(t, y)]_{\alpha_i}, [\boldsymbol{u}(t, y)]_{\beta_i}, [\boldsymbol{u}(t, y)_\tau]_{\gamma_i}, [\boldsymbol{u}(t, y)_\tau]_{\delta_i}) \mathrm{d}y$$

于是, 向量函数 $\boldsymbol{H}(\cdot, \boldsymbol{u}, \boldsymbol{u}_\tau, \boldsymbol{u}, \boldsymbol{u}_\tau)$ 的混拟单调性引出了如下定义。

定义 2.2.2　如果在 $\mathcal{C}^{1,2}(D_T) \bigcap \mathcal{C}(\overline{D}_T)$ 中的函数 $\widetilde{\boldsymbol{u}} \equiv (\widetilde{u}_1, \cdots, \widetilde{u}_n)$ 和 $\widehat{\boldsymbol{u}} \equiv (\widehat{u}_1, \cdots, \widehat{u}_n)$ 满足

$$\widetilde{\boldsymbol{u}}(t,x) \geqslant \widehat{\boldsymbol{u}}(t,x), \quad (t,x) \in \overline{D}_T$$

以及

$$\left. \begin{aligned}
&\frac{\partial \widetilde{u}_i}{\partial t} - L_i \widetilde{u}_i \geqslant f_i(x, \widetilde{u}_i, [\widehat{\boldsymbol{u}}]_{a_i}, [\widehat{\boldsymbol{u}}]_{b_i}, [\widetilde{\boldsymbol{u}}_\tau]_{c_i}, [\widehat{\boldsymbol{u}}_\tau]_{d_i}) + \\
&\qquad \int_\Omega g_i(x, y, [\widetilde{\boldsymbol{u}}]_{\alpha_i}, [\widehat{\boldsymbol{u}}]_{\beta_i}, [\widetilde{\boldsymbol{u}}_\tau]_{\gamma_i}, [\widehat{\boldsymbol{u}}_\tau]_{\delta_i}) \mathrm{d}y, \quad (t,x) \in D_T \\
&\frac{\partial \widehat{u}_i}{\partial t} - L_i \widehat{u}_i \leqslant f_i(x, \widehat{u}_i, [\widehat{\boldsymbol{u}}]_{a_i}, [\widetilde{\boldsymbol{u}}]_{b_i}, [\widehat{\boldsymbol{u}}_\tau]_{c_i}, [\widetilde{\boldsymbol{u}}_\tau]_{d_i}) + \\
&\qquad \int_\Omega g_i(x, y, [\widehat{\boldsymbol{u}}]_{\alpha_i}, [\widetilde{\boldsymbol{u}}]_{\beta_i}, [\widehat{\boldsymbol{u}}_\tau]_{\gamma_i}, [\widetilde{\boldsymbol{u}}_\tau]_{\delta_i}) \mathrm{d}y, \quad (t,x) \in D_T \\
&B_i \widetilde{u}_i \geqslant h_i(t,x) \geqslant B_i \widehat{u}_i, \quad (t,x) \in S_T \\
&\widetilde{u}_i(t,x) \geqslant \phi_i(t,x) \geqslant \widehat{u}_i(t,x), \quad (t,x) \in Q_0^{(i)} \\
&i = 1, 2, \cdots, n
\end{aligned} \right\} \quad (2.2.2)$$

则称这两个函数分别为系统式 (2.2.1) 的耦合上下解。

显然，由定义 2.2.2 可以看出，上下解一般是耦合的，系统式 (2.2.1) 的一个解不一定是上解，也不一定是下解。然而，如果向量函数 $\boldsymbol{H}(\cdot, \boldsymbol{u}, \boldsymbol{u}_\tau, \boldsymbol{u}, \boldsymbol{u}_\tau)$ 是拟单调增加的，则上下解不是耦合的，并且系统式 (2.2.1) 的每一个解都同时是上解和下解。为了区分这种情况，我们把 $\widetilde{\boldsymbol{u}}$ 和 $\widehat{\boldsymbol{u}}$ 视为序上解和序下解。对于一对给定耦合 (或序) 上下解 $\widetilde{\boldsymbol{u}}$ 和 $\widehat{\boldsymbol{u}}$，记

$$\langle \widehat{\boldsymbol{u}}, \ \widetilde{\boldsymbol{u}} \rangle \equiv \{ \boldsymbol{u} \in \mathcal{C}(\overline{D}_T) \mid \widehat{\boldsymbol{u}} \leqslant \boldsymbol{u} \leqslant \widetilde{\boldsymbol{u}} \} \quad (2.2.3)$$

并对函数 $\boldsymbol{H}$ 作如下基本假设：

(H.2.2.1) 函数 $\boldsymbol{H}(\cdot, \boldsymbol{u}, \boldsymbol{u}_\tau, \boldsymbol{u}, \boldsymbol{u}_\tau)$ 是 $\mathcal{C}^1$ 的，并且在 $\Lambda \equiv \langle \widehat{\boldsymbol{u}}, \ \widetilde{\boldsymbol{u}} \rangle$ 上具有混拟单调性。

上述基本假设意味着对每个 $i(= 1, 2, \cdots, n)$，均存在常数 $K_{1,i} \geqslant 0$ 和 $K_{2,i} \geqslant 0$，当 $\boldsymbol{u}, \boldsymbol{v}, \boldsymbol{u}_\tau, \boldsymbol{v}_\tau \in \langle \widehat{\boldsymbol{u}}, \ \widetilde{\boldsymbol{u}} \rangle$ 时，恒有

$$\left. \begin{aligned}
&\mid f_i(x, \boldsymbol{u}, \boldsymbol{u}_\tau) - f_i(x, \boldsymbol{v}, \boldsymbol{v}_\tau) \mid \leqslant K_{1,i}(\mid \boldsymbol{u} - \boldsymbol{v} \mid + \mid \boldsymbol{u}_\tau - \boldsymbol{v}_\tau \mid) \\
&\mid g_i(x, y, \boldsymbol{u}, \boldsymbol{u}_\tau) - g_i(x, \boldsymbol{v}, \boldsymbol{v}_\tau) \mid \leqslant K_{2,i}(\mid \boldsymbol{u} - \boldsymbol{v} \mid + \mid \boldsymbol{u}_\tau - \boldsymbol{v}_\tau \mid)
\end{aligned} \right\} \quad (2.2.4)$$

其中 $\mid \cdot \mid$ 表示

$$\mid \boldsymbol{w} \mid = \mid w_1 \mid + \cdots + \mid w_n \mid, \quad \forall \boldsymbol{w} = (w_1, \cdots, w_n) \in \mathbf{R}^n$$

于是，由文献 [97] 中的定理 4.1 和定理 4.2，可得如下存在唯一性定理。

定理 2.2.1　设 $\widetilde{\boldsymbol{u}}, \widehat{\boldsymbol{u}}$ 为系统式 (2.1.1) 的一对耦合上下解，并且基本假设 (H2.2.1) 成立，则系统式 (2.1.1) 在 $\langle \widehat{\boldsymbol{u}}, \ \widetilde{\boldsymbol{u}} \rangle$ 内有唯一解 $\boldsymbol{u}^*$。此外，还存在序列 $\{\overline{\boldsymbol{u}}^{(k)}\}$ 和 $\{\underline{\boldsymbol{u}}^{(k)}\}$，当 $k \to \infty$ 时，它们分别从上方和下方单调收敛于 $\boldsymbol{u}^*$。

为了研究系统式 (2.2.1) 的解的渐近行为, 我们将通过引入适当函数把系统式 (2.1.1) 化为一个 $2n$ 维系统。事实上, 引入函数 $\boldsymbol{v} \equiv \boldsymbol{M} - \boldsymbol{u}$, 其中 $\boldsymbol{M} \equiv (M_1, \cdots, M_n)$ 是一个正常数向量, 且满足

$$M_i \geqslant \widetilde{u}_i(t, x), \quad \forall (t, x) \in \overline{D}_T, i = 1, 2, \cdots, n$$

从而, 我们可以定义如下函数:

$$\left.\begin{array}{l}
F_i(x, \boldsymbol{u}, \boldsymbol{v}, \boldsymbol{u}_\tau, \boldsymbol{v}_\tau) \equiv f_i(x, u_i, [\boldsymbol{u}]_{a_i}, [\boldsymbol{M} - \boldsymbol{v}]_{b_i}, [\boldsymbol{u}_\tau]_{c_i}, [\boldsymbol{M} - \boldsymbol{v}_\tau]_{d_i}) \\
F_{n+i}(x, \boldsymbol{u}, \boldsymbol{v}, \boldsymbol{u}_\tau, \boldsymbol{v}_\tau) \equiv -f_i(x, M_i - v_i, [\boldsymbol{M} - \boldsymbol{v}]_{a_i}, [\boldsymbol{u}]_{b_i}, [\boldsymbol{M} - \boldsymbol{v}_\tau]_{c_i}, [\boldsymbol{u}_\tau]_{d_i}) \\
G_i(x, y, \boldsymbol{u}, \boldsymbol{v}, \boldsymbol{u}_\tau, \boldsymbol{v}_\tau) \equiv g_i(x, y, [\boldsymbol{u}]_{\alpha_i}, [\boldsymbol{M} - \boldsymbol{v}]_{\beta_i}, [\boldsymbol{u}_\tau]_{\gamma_i}, [\boldsymbol{M} - \boldsymbol{v}_\tau]_{\delta_i}) \\
G_{n+i}(x, y, \boldsymbol{u}, \boldsymbol{v}, \boldsymbol{u}_\tau, \boldsymbol{v}_\tau) \equiv -g_i(x, y, [\boldsymbol{M} - \boldsymbol{v}]_{\alpha_i}, [\boldsymbol{u}]_{\beta_i}, [\boldsymbol{M} - \boldsymbol{v}_\tau]_{\gamma_i}, [\boldsymbol{u}_\tau]_{\delta_i}) \\
h_{n+i}(t, x) \equiv M_i \beta_i(x) - h_i(t, x) \\
\phi_{n+i}(t, x) \equiv M_i - \phi_i(t, x), \quad i = 1, 2, \cdots, n
\end{array}\right\} \quad (2.2.5)$$

于是, 系统式 (2.2.1) 化为如下 $2n$ 维系统:

$$\left.\begin{array}{l}
\dfrac{\partial u_i}{\partial t} - L_i u_i = F_i(x, \boldsymbol{u}, \boldsymbol{v}, \boldsymbol{u}_\tau, \boldsymbol{v}_\tau) + \displaystyle\int_\Omega G_i(x, y, \boldsymbol{u}, \boldsymbol{v}, \boldsymbol{u}_\tau, \boldsymbol{v}_\tau) \mathrm{d}y, \ (t, x) \in D_T \\
\dfrac{\partial v_i}{\partial t} - L_i v_i = F_{n+i}(x, \boldsymbol{u}, \boldsymbol{v}, \boldsymbol{u}_\tau, \boldsymbol{v}_\tau) + \displaystyle\int_\Omega G_{n+i}(x, y, \boldsymbol{u}, \boldsymbol{v}, \boldsymbol{u}_\tau, \boldsymbol{v}_\tau) \mathrm{d}y, \ (t, x) \in D_T \\
B_i u_i(t, x) = h_i(t, x), \quad B_i v_i(t, x) = h_{n+i}(t, x), \quad (t, x) \in S_T \\
u_i(t, x) = \phi_i(t, x), \quad v_i(t, x) = \phi_{n+i}(t, x), \quad (t, x) \in Q_0^{(i)} \\
i = 1, 2, \cdots, n
\end{array}\right\}$$

$$(2.2.6)$$

接下来, 将首先证明 $2n$ 维向量函数

$$\boldsymbol{\Gamma}(\cdot, \boldsymbol{w}, \boldsymbol{w}_\tau, \boldsymbol{w}, \boldsymbol{w}_\tau) \equiv \boldsymbol{F}(\cdot, \boldsymbol{w}, \boldsymbol{w}_\tau) + \int_\Omega \boldsymbol{G}(\cdot, y, \boldsymbol{w}, \boldsymbol{w}_\tau) \mathrm{d}y \qquad (2.2.7)$$

在 $\langle \widehat{\boldsymbol{w}}, \widetilde{\boldsymbol{w}} \rangle$ 上是拟单调增加的, 其中

$$\boldsymbol{w} \equiv (\boldsymbol{u}, \boldsymbol{v}) \equiv (u_1, \cdots, u_n, v_1, \cdots, v_n)$$

$$\boldsymbol{F}(\cdot, \boldsymbol{w}, \boldsymbol{w}_\tau) \equiv (F_1(\cdot, \boldsymbol{w}, \boldsymbol{w}_\tau), \cdots, F_{2n}(\cdot, \boldsymbol{w}, \boldsymbol{w}_\tau))$$

$$\boldsymbol{G}(\cdot, y, \boldsymbol{w}, \boldsymbol{w}_\tau) \equiv (G_1(\cdot, y, \boldsymbol{w}, \boldsymbol{w}_\tau), \cdots, G_{2n}(\cdot, y, \boldsymbol{w}, \boldsymbol{w}_\tau))$$

$$\boldsymbol{\Gamma}(\cdot, \boldsymbol{z}_1, \boldsymbol{z}_2, \boldsymbol{z}_3, \boldsymbol{z}_4) \equiv \boldsymbol{F}(\cdot, \boldsymbol{z}_1, \boldsymbol{z}_2) + \int_\Omega \boldsymbol{G}(\cdot, y, \boldsymbol{z}_3, \boldsymbol{z}_4) \mathrm{d}y$$

以及

$$\langle \widehat{\boldsymbol{w}}, \widetilde{\boldsymbol{w}} \rangle \equiv \left\{ (\boldsymbol{u}, \boldsymbol{v}) \in \mathcal{C}(\overline{D}_T) \times \mathcal{C}(\overline{D}_T) \mid \widehat{\boldsymbol{u}} \leqslant \boldsymbol{u} \leqslant \widetilde{\boldsymbol{u}}, \boldsymbol{M} - \widetilde{\boldsymbol{u}} \leqslant \boldsymbol{v} \leqslant \boldsymbol{M} - \widehat{\boldsymbol{u}} \right\} \qquad (2.2.8)$$

引理 2.2.1　如果向量函数 $\boldsymbol{H}(\cdot,\boldsymbol{u},\boldsymbol{u}_\tau,\boldsymbol{u},\boldsymbol{u}_\tau)$ 满足基本假设 (H2.2.1)，并且 $\widetilde{\boldsymbol{w}} \equiv (\widetilde{\boldsymbol{u}},\widetilde{\boldsymbol{v}})$，$\widehat{\boldsymbol{w}} \equiv (\widehat{\boldsymbol{u}},\widehat{\boldsymbol{v}})$，其中 $\widetilde{\boldsymbol{v}} = \boldsymbol{M} - \widehat{\boldsymbol{u}}$，$\widehat{\boldsymbol{v}} = \boldsymbol{M} - \widetilde{\boldsymbol{u}}$，则向量函数 $\boldsymbol{\Gamma}(\cdot,\boldsymbol{w},\boldsymbol{w}_\tau,\boldsymbol{w},\boldsymbol{w}_\tau)$ 在 $\langle\widehat{\boldsymbol{w}},\ \widetilde{\boldsymbol{w}}\rangle$ 上是拟单调增加的。

证明　由式 (2.2.8) 知，当 $\boldsymbol{w} \equiv (\boldsymbol{u},\boldsymbol{v}) \in \langle\widehat{\boldsymbol{w}},\ \widetilde{\boldsymbol{w}}\rangle$ 时，必有 $\boldsymbol{u},\boldsymbol{M} - \boldsymbol{v} \in \langle\widehat{\boldsymbol{u}},\ \widetilde{\boldsymbol{u}}\rangle$。从而，由式 (2.2.5) 和基本假设 (H2.2.1) 知，对每个 $i(=1,2,\cdots,2n)$，函数 G_i 对于 $2n$ 维向量 $(\boldsymbol{u},\boldsymbol{v})$ 和 $(\boldsymbol{u}_\tau,\boldsymbol{v}_\tau)$ 的每一个分量均单调增加，而对于函数 F_i，除分量 u_i 以外，对于其他分量均单调增加。因此，由定义 2.2.1，向量函数 $\boldsymbol{\Gamma}(\cdot,\boldsymbol{w},\boldsymbol{w}_\tau,\boldsymbol{w},\boldsymbol{w}_\tau)$ 在 $\langle\widehat{\boldsymbol{w}},\ \widetilde{\boldsymbol{w}}\rangle$ 上是拟单调增加的。

现在来证明这两对上下解 $(\widetilde{\boldsymbol{u}},\widehat{\boldsymbol{u}})$ 和 $(\widetilde{\boldsymbol{w}},\widehat{\boldsymbol{w}})$ 的等价性。

引理 2.2.2　$\widetilde{\boldsymbol{w}} \equiv (\widetilde{\boldsymbol{u}},\boldsymbol{M} - \widehat{\boldsymbol{u}})$ 和 $\widehat{\boldsymbol{w}} \equiv (\widehat{\boldsymbol{u}},\boldsymbol{M} - \widetilde{\boldsymbol{u}})$ 为系统式 (2.2.6) 的序上下解的充要条件为：$\widetilde{\boldsymbol{u}}$ 和 $\widehat{\boldsymbol{u}}$ 为系统 (2.2.1) 的耦合上下解。

证明　设 $\widetilde{\boldsymbol{u}} \equiv (\widetilde{u}_1,\cdots,\widetilde{u}_n)$ 和 $\widehat{\boldsymbol{u}} \equiv (\widehat{u}_1,\cdots,\widehat{u}_n)$ 是系统式 (2.2.1) 的耦合上下解。则由式 (2.2.2)，式 (2.2.5) 和 $\boldsymbol{H}(\cdot,\boldsymbol{u},\boldsymbol{u}_\tau,\boldsymbol{u},\boldsymbol{u}_\tau)$ 的混拟单调性知，函数 $\widetilde{\boldsymbol{w}} \equiv (\widetilde{\boldsymbol{u}},\widetilde{\boldsymbol{v}})$ 满足

$$
\left.
\begin{aligned}
&\frac{\partial \widetilde{u}_i}{\partial t} - L_i\widetilde{u}_i \geqslant f_i(x,\widetilde{u}_i,[\widetilde{\boldsymbol{u}}]_{a_i},[\boldsymbol{M} - \widetilde{\boldsymbol{v}}]_{b_i},[\widetilde{\boldsymbol{u}}_\tau]_{c_i},[\boldsymbol{M} - \widetilde{\boldsymbol{v}}_\tau]_{d_i})+\\
&\qquad\qquad \int_\Omega g_i(x,y,[\widetilde{\boldsymbol{u}}]_{\alpha_i},[\boldsymbol{M} - \widetilde{\boldsymbol{v}}]_{\beta_i},[\widetilde{\boldsymbol{u}}_\tau]_{\gamma_i},[\boldsymbol{M} - \widetilde{\boldsymbol{v}}_\tau]_{\delta_i})\mathrm{d}y =\\
&\qquad\qquad F_i(x,\widetilde{\boldsymbol{u}},\widetilde{\boldsymbol{v}},\widetilde{\boldsymbol{u}}_\tau,\widetilde{\boldsymbol{v}}_\tau) + \int_\Omega G_i(x,y,\widetilde{\boldsymbol{u}},\widetilde{\boldsymbol{v}},\widetilde{\boldsymbol{u}}_\tau,\widetilde{\boldsymbol{v}}_\tau)\mathrm{d}y,\ (t,x) \in D_T\\
&\frac{\partial \widetilde{v}_i}{\partial t} - L_i\widetilde{v}_i \geqslant -f_i(x,M_i - \widetilde{v}_i,[\boldsymbol{M} - \widetilde{\boldsymbol{v}}]_{a_i},[\widetilde{\boldsymbol{u}}]_{b_i},[\boldsymbol{M} - \widetilde{\boldsymbol{v}}_\tau]_{c_i},[\widetilde{\boldsymbol{u}}_\tau]_{d_i})-\\
&\qquad\qquad \int_\Omega g_i(x,y,[\boldsymbol{M} - \widetilde{\boldsymbol{v}}]_{\alpha_i},[\widetilde{\boldsymbol{u}}]_{\beta_i},[\boldsymbol{M} - \widetilde{\boldsymbol{v}}_\tau]_{\gamma_i},[\widetilde{\boldsymbol{u}}_\tau]_{\delta_i})\mathrm{d}y =\\
&\qquad\qquad F_{n+i}(x,\widetilde{\boldsymbol{u}},\widetilde{\boldsymbol{v}},\widetilde{\boldsymbol{u}}_\tau,\widetilde{\boldsymbol{v}}_\tau) + \int_\Omega G_{n+i}(x,y,\widetilde{\boldsymbol{u}},\widetilde{\boldsymbol{v}},\widetilde{\boldsymbol{u}}_\tau,\widetilde{\boldsymbol{v}}_\tau)\mathrm{d}y,\ (t,x) \in D_T\\
&B_i\widetilde{u}_i(t,x) \geqslant h_i(t,x),\ B_i\widetilde{v}_i(t,x) = M_i\beta_i(x) - B\widehat{u}_i(t,x) \geqslant h_{n+i}(t,x),\ (t,x) \in S_T\\
&\widetilde{u}_i(t,x) \geqslant \phi_i(t,x),\ \widetilde{v}_i(t,x) = M_i - \widehat{u}_i(t,x) \geqslant \phi_{n+i}(t,x),\ (t,x) \in Q_0^{(i)}\\
&i = 1,2,\cdots,n
\end{aligned}
\right\}
$$

$$(2.2.9)$$

其中，$\widetilde{\boldsymbol{v}} \equiv (\widetilde{v}_1,\cdots,\widetilde{v}_n)$，$\widetilde{v}_i = M_i - \widehat{u}_i$。于是，由式 (2.2.7) 及 $\boldsymbol{\Gamma}(\cdot,\boldsymbol{w},\boldsymbol{w}_\tau,\boldsymbol{w},\boldsymbol{w}_\tau)$ 的拟单调性，上述不等式意味着 $\widetilde{\boldsymbol{w}}$ 是系统式 (2.2.6) 的上解。同理可得，$\widehat{\boldsymbol{w}} \equiv (\widehat{\boldsymbol{u}},\ \boldsymbol{M} - \widetilde{\boldsymbol{u}})$ 是系统式 (2.2.6) 的下解。此外，$\widetilde{\boldsymbol{u}} \geqslant \widehat{\boldsymbol{u}}$ 意味着 $\widetilde{\boldsymbol{w}} \geqslant \widehat{\boldsymbol{w}}$。从而，函数 $\widetilde{\boldsymbol{w}}$ 和 $\widehat{\boldsymbol{w}}$ 为系统式 (2.2.6) 的序上下解。

反之，如果 $\widetilde{\boldsymbol{w}}$ 和 $\widehat{\boldsymbol{w}}$ 为系统式 (2.2.6) 的序上下解，则由定义知，函数 $\widetilde{\boldsymbol{u}} \equiv (\widetilde{u}_1,\cdots,\widetilde{u}_n)$ 和 $\widetilde{\boldsymbol{v}} \equiv (\widetilde{v}_1,\cdots,\widetilde{v}_n)$ 满足式 (2.2.9)，其中 $\widetilde{v}_i = M_i - \widehat{u}_i$。类似地，如果式 (2.2.9) 中的所有不等号反向，则函数 $\widehat{\boldsymbol{u}} \equiv (\widehat{u}_1,\cdots,\widehat{u}_n)$ 和 $\widehat{\boldsymbol{v}} \equiv (\widehat{v}_1,\cdots,\widehat{v}_n)$ 满足式 (2.2.9)，其中 $\widehat{v}_i = M_i - \widetilde{u}_i$。这意味着函数 $\widetilde{\boldsymbol{u}}$ 和 $\widehat{\boldsymbol{u}}$ 满足式 (2.2.2)。因此，它们是系统式 (2.2.1) 的耦合上下解。

由引理 2.2.1，引理 2.2.2 和定理 2.2.1，可得系统式 (2.2.1) 和系统式 (2.2.6) 的如下等价关系。

定理 2.2.2 如果定理 2.2.1 的条件全部满足，则函数 $\boldsymbol{u}^*$ 为系统 (2.2.1) 在 $\langle \widehat{\boldsymbol{u}}, \widetilde{\boldsymbol{u}} \rangle$ 上的唯一解的充要条件为：$(\boldsymbol{u}, \boldsymbol{v}) \equiv (\boldsymbol{u}^*, \boldsymbol{M} - \boldsymbol{u}^*)$ 为系统式 (2.2.6) 在 $\langle \widehat{\boldsymbol{w}}, \widetilde{\boldsymbol{w}} \rangle$ 上的唯一解，其中 $\langle \widehat{\boldsymbol{w}}, \widetilde{\boldsymbol{w}} \rangle$ 由式 (2.2.8) 给出。

证明 显然，如果函数 $\boldsymbol{u}^*$ 为系统式 (2.2.1) 的解，则 $(\boldsymbol{u}, \boldsymbol{v}) \equiv (\boldsymbol{u}^*, \boldsymbol{M} - \boldsymbol{u}^*)$ 为系统式 (2.2.6) 的解。并且式 (2.2.6) 的解的唯一性保证了 $(\boldsymbol{u}^*, \boldsymbol{M} - \boldsymbol{u}^*)$ 是 $\langle \widehat{\boldsymbol{w}}, \widetilde{\boldsymbol{w}} \rangle$ 上的唯一解。反之，如果 $(\boldsymbol{u}, \boldsymbol{v})$ 是式 (2.2.6) 在 $\langle \widehat{\boldsymbol{w}}, \widetilde{\boldsymbol{w}} \rangle$ 上的解，则由 $(\boldsymbol{u}^*, \boldsymbol{M} - \boldsymbol{u}^*)$ 也是解，式 (2.2.6) 的解的唯一性意味着 $(\boldsymbol{u}, \boldsymbol{v}) = (\boldsymbol{u}^*, \boldsymbol{M} - \boldsymbol{u}^*)$。这就证明了 $\boldsymbol{u} = \boldsymbol{u}^*, \boldsymbol{v} = \boldsymbol{M} - \boldsymbol{u}^*$，并且 $\boldsymbol{u}^*$ 是式 (2.2.1) 的唯一解。

2.3 拟单调增加情形

由定理 2.2.2 可知，系统式 (2.2.1) 的动力学性质可以由一个拟单调增加系统式 (2.2.6) 的解的行为来决定。因此，本节的主要目标是研究拟单调增加系统的解的行为。为此，考虑如下 N 维耦合系统：

$$\left.\begin{aligned}
&\frac{\partial w_i}{\partial t} - L_i w_i = F_i(x, \boldsymbol{w}, \boldsymbol{w}_\tau) + \int_\Omega G_i(x, y, \boldsymbol{w}, \boldsymbol{w}_\tau)\mathrm{d}y, \quad t > 0, x \in \Omega \\
&B_i w_i = h_i(t, x), \quad t > 0, \ x \in \partial\Omega \\
&w_i(t, x) = \phi_i(t, x), \quad t \in [-\tau_i, 0], x \in \Omega \\
&i = 1, 2, \cdots, N
\end{aligned}\right\} \quad (2.3.1)$$

其平衡态满足边值问题

$$\left.\begin{aligned}
&-L_i w_i = F_i(x, \boldsymbol{w}, \boldsymbol{w}) + \int_\Omega G_i(x, y, \boldsymbol{w}, \boldsymbol{w})\mathrm{d}y, \quad x \in \Omega \\
&B_i w_i = h_i(x), \quad x \in \partial\Omega \\
&i = 1, 2, \cdots, N
\end{aligned}\right\} \quad (2.3.2)$$

其中，$\boldsymbol{w} \equiv (w_1, \cdots, w_N)$，$F_i(x, \boldsymbol{w}, \boldsymbol{w}_\tau) \equiv F_i(x, \boldsymbol{w}(t, x), \boldsymbol{w}_\tau(t, x))$，$G_i(x, y, \boldsymbol{w}, \boldsymbol{w}_\tau) \equiv G_i(x, y, \boldsymbol{w}(t, y), \boldsymbol{w}_\tau(t, y))$。显然，系统式 (2.2.6) 是在系统式 (2.3.1) 中取 $N = 2n$，$\boldsymbol{w} = (\boldsymbol{u}, \boldsymbol{v})$ 以及

$$\left.\begin{aligned}
&L_{n+i} = L_i, \quad B_{n+i} = B_i, \quad h_{n+i}(t, x) = M_i \beta_i(x) - h_i(t, x) \\
&\phi_{n+i}(t, x) = M_i - \phi_i(t, x), \quad i = 1, 2, \cdots, N
\end{aligned}\right\} \quad (2.3.3)$$

的特殊情形。

在本节中，总是假设边值问题式 (2.3.2) 至少存在一对序上下解 $\widetilde{\boldsymbol{w}}_s \equiv (\widetilde{w}_1, \cdots, \widetilde{w}_N)$ 和 $\widehat{\boldsymbol{w}}_s \equiv (\widehat{w}_1, \cdots, \widehat{w}_N)$，并且 N 维向量函数

$$\boldsymbol{\Gamma}(x, \boldsymbol{w}, \boldsymbol{w}_\tau, \boldsymbol{w}, \boldsymbol{w}_\tau) \equiv \boldsymbol{F}(x, \boldsymbol{w}, \boldsymbol{w}_\tau) + \int_\Omega \boldsymbol{G}(x, y, \boldsymbol{w}, \boldsymbol{w}_\tau)\mathrm{d}y$$

在 $\langle \widehat{\boldsymbol{w}}_s, \widetilde{\boldsymbol{w}}_s \rangle$ 上是拟单调增加的，其中

$$\boldsymbol{F}(x, \boldsymbol{w}, \boldsymbol{w}_\tau) \equiv (F_1(x, \boldsymbol{w}, \boldsymbol{w}_\tau), \cdots, F_N(x, \boldsymbol{w}, \boldsymbol{w}_\tau))$$

$$\boldsymbol{G}(x, y, \boldsymbol{w}, \boldsymbol{w}_\tau) \equiv (G_1(x, y, \boldsymbol{w}, \boldsymbol{w}_\tau), \cdots, G_N(x, y, \boldsymbol{w}, \boldsymbol{w}_\tau))$$

$$\boldsymbol{\Gamma}(x, \boldsymbol{z}_1, \boldsymbol{z}_2, \boldsymbol{z}_3, \boldsymbol{z}_4) \equiv \boldsymbol{F}(x, \boldsymbol{z}_1, \boldsymbol{z}_2) + \int_\Omega \boldsymbol{G}(\cdot, y, \boldsymbol{z}_3, \boldsymbol{z}_4)\mathrm{d}y$$

以及

$$\langle \widehat{\boldsymbol{w}}_s, \widetilde{\boldsymbol{w}}_s \rangle \equiv \left\{ \boldsymbol{w} \in \mathcal{C}(\overline{\Omega}) \mid \widehat{\boldsymbol{w}}_s \leqslant \boldsymbol{w} \leqslant \widetilde{\boldsymbol{w}}_s \right\}$$

此外，这里还值得注意的是，边值问题式 (2.3.2) 的序上下解 $\widetilde{\boldsymbol{w}}_s \equiv (\widetilde{w}_1, \cdots, \widetilde{w}_N)$ 和 $\widehat{\boldsymbol{w}}_s \equiv (\widehat{w}_1, \cdots, \widehat{w}_N)$ 是由如下定义给出的。

定义 2.3.1　如果函数 $\boldsymbol{w}$ 满足

$$\left.\begin{array}{l} -L_i w_i \geqslant F_i(x, \boldsymbol{w}, \boldsymbol{w}) + \displaystyle\int_\Omega G_i(x, y, \boldsymbol{w}, \boldsymbol{w})\mathrm{d}y, \quad x \in \Omega \\[2mm] B_i w_i \geqslant h_i(x), \quad x \in \partial\Omega \\[2mm] i = 1, 2, \cdots, N \end{array}\right\} \tag{2.3.4}$$

则称 $\boldsymbol{w}$ 为边值问题式 (2.3.2) 的一个序上解。如果式 (2.3.4) 中不等号全部反向，则称 $\boldsymbol{w}$ 为边值问题式 (2.3.2) 的一个序下解。

众所周知，任意给定一对序上下解 $\widetilde{\boldsymbol{w}}_s$ 和 $\widehat{\boldsymbol{w}}_s$，则边值问题式 (2.3.2) 在序区间 $\langle \widehat{\boldsymbol{w}}_s, \widetilde{\boldsymbol{w}}_s \rangle$ 中必有最大解 $\overline{\boldsymbol{w}}_s$ 和最小解 $\underline{\boldsymbol{w}}_s$ (参见文献 [56])。由定义 2.3.1 和 2.2.2 易知，如果 $\boldsymbol{\phi} \equiv (\phi_1, \cdots, \phi_N)$，$\widehat{w}_i(x) \leqslant \phi_i(t, x) \leqslant \widetilde{w}_i(x)$，$(t, x) \in Q_0^{(i)}$，$i = 1, 2, \cdots, N$，则 $\widetilde{\boldsymbol{w}}_s$ 和 $\widehat{\boldsymbol{w}}_s$ 是系统式 (2.3.1) 的一对序上下解。再由定理 2.2.1 以及 T 的任意性知，系统式 (2.3.1) 有唯一解 $\boldsymbol{w}(t, x)$ 使得

$$\widehat{\boldsymbol{w}}_s(x) \leqslant \boldsymbol{w}(t, x) \leqslant \widetilde{\boldsymbol{w}}_s(x), \quad \forall t > 0, \ x \in \overline{\Omega} \tag{2.3.5}$$

记 $\overline{\boldsymbol{w}}(t, x)$ 和 $\underline{\boldsymbol{w}}(t, x)$ 为系统式 (2.3.1) 分别取初值 $\boldsymbol{\phi}(t, x) = \widetilde{\boldsymbol{w}}_s(x)$ 和 $\boldsymbol{\phi}(t, x) = \widehat{\boldsymbol{w}}_s(x)$，$\forall(t, x) \in Q_0$ 时的解。于是，接下来的目标是证明：当 $t \to \infty$ 时，$\overline{\boldsymbol{w}}(t, x)$ 和 $\underline{\boldsymbol{w}}(t, x)$ 分别单调收敛于上述最大解 $\overline{\boldsymbol{w}}_s$ 和最小解 $\underline{\boldsymbol{w}}_s$。为此，我们首先需要证明如下两个引理。

引理 2.3.1　设 $b_{ij} \equiv b_{ij}(t, x)$ 在 $(t, x) \in \overline{D}_T$ 上连续，$\beta_{ij} \equiv \beta_{ij}(t, x, y)$ 在 $(t, x, y) \in \overline{D}_T \times \overline{\Omega}$ 上连续，并且 $b_{ij} \geqslant 0 (i \neq j)$，$\beta_{ij} \geqslant 0$，其中 $i, j = 1, 2, \cdots, N$。如果函数 $\boldsymbol{z} \equiv (z_1, \cdots, z_N) \in \mathcal{C}^{1,2}(D_T) \bigcap \mathcal{C}(\overline{D}_T)$ 满足

$$\left.\begin{array}{l} \dfrac{\partial z_i}{\partial t} - L_i z_i \geqslant \displaystyle\sum_{j=1}^N b_{ij} z_j(t, x) + \sum_{j=1}^N \int_\Omega \beta_{ij} z_j(t, y)\mathrm{d}y, \quad (t, x) \in D_T \\[4mm] B_i z_i(t, x) \geqslant 0, \quad (t, x) \in S_T \\[2mm] z_i(0, x) \geqslant 0, \quad x \in \Omega \\[2mm] i = 1, 2, \cdots, N \end{array}\right\} \tag{2.3.6}$$

则 $\boldsymbol{z}(t, x) \geqslant 0$，$\forall(t, x) \in \overline{D}_T$。

证明 取充分大的正常数 β 使得

$$\beta - \sum_{j=1}^{N} b_{ij} + \sum_{j=1}^{N} \int_{\Omega} \beta_{ij} \mathrm{d}y > 0 \quad (t,x) \in D_T \tag{2.3.7}$$

对任意正常数 ε，令

$$w_i = z_i + \varepsilon \mathrm{e}^{\beta t}, \quad i = 1, 2, \cdots, N \tag{2.3.8}$$

于是，由式 (2.3.6) 和式 (2.3.7)，有

$$\left.\begin{aligned}
&\frac{\partial w_i}{\partial t} - L_i w_i > \sum_{j=1}^{N} b_{ij} w_j(t,x) + \sum_{j=1}^{N} \int_{\Omega} \beta_{ij} w_j(t,y) \mathrm{d}y, \quad (t,x) \in D_T \\
&B_i w_i(t,x) \geqslant 0, \quad (t,x) \in S_T \\
&w_i(0,x) > 0, \quad x \in \Omega \\
&i = 1, 2, \cdots, N
\end{aligned}\right\} \tag{2.3.9}$$

现在证明 $w_i(t,x) > 0$, $\forall (t,x) \in \overline{D}_T$, $i = 1, 2, \cdots, N$。为此，反设存在 t 的最大值 $\overline{t} \in (0,T]$ 使得当 $t < \overline{t}$ 时，对任意 $x \in \Omega$, $i = 1, 2, \cdots, N$, 均有 $w_i(t,x) > 0$。于是，由 w_i 的连续性，有 $w_j(\overline{t},x) \geqslant 0$, $j = 1, 2, \cdots, N$, 且存在某个 i_0 以及某点 $(\overline{t}, \overline{x}) \in D_T$ 使得 $w_{i_0}(\overline{t}, \overline{x}) = 0$。再由 $w_j(t,x) \geqslant 0$, $\forall t \leqslant \overline{t}$, $x \in \Omega$, $j = 1, 2, \cdots, N$ 知

$$\left[\frac{\partial w_{i_0}}{\partial t}(t,x) - L_{i_0} w_{i_0}(t,x)\right]\Bigg|_{(t,x)=(\overline{t},\overline{x})} \leqslant 0$$

但

$$\left[\sum_{j=1}^{N} b_{i_0 j} w_j(t,x) + \sum_{j=1}^{N} \int_{\Omega} \beta_{i_0 j} w_j(t,y) \mathrm{d}y\right]\Bigg|_{(t,x)=(\overline{t},\overline{x})} \geqslant 0$$

与式 (2.3.9) 矛盾。因此，$w_i(t,x) > 0$, $\forall (t,x) \in \overline{D}_T$, $i = 1, 2, \cdots, N$。于是，由式 (2.3.8)，即得 $z_i(t,x) > -\varepsilon \mathrm{e}^{\beta t}$, $\forall (t,x) \in \overline{D}_T$, $i = 1, 2, \cdots, N$。从而，再由 ε 的任意性知，$z_i(t,x) \geqslant 0$, $\forall (t,x) \in \overline{D}_T$, $i = 1, 2, \cdots, N$。

引理 2.3.2 设 b_{ij}, β_{ij} 同引理 2.3.1，并且 $c_{ij} \equiv c_{ij}(t,x)$ 在 $(t,x) \in \overline{D}_T$ 上连续非负，$\gamma_{ij} \equiv \gamma_{ij}(t,x,y)$ 在 $(t,x,y) \in \overline{D}_T \times \overline{\Omega}$ 上连续非负，其中 $i,j = 1, 2, \cdots, N$。如果函数 $\boldsymbol{z} \equiv (z_1, \cdots, z_N) \in \mathcal{C}^{1,2}(D_T) \bigcap \mathcal{C}(\overline{D}_T)$ 满足

$$\left.\begin{aligned}
&\frac{\partial z_i}{\partial t} - L_i z_i \geqslant \sum_{j=1}^{N} b_{ij} z_j(t,x) + \sum_{j=1}^{N} c_{ij} z_j(t - \tau_j, x) + \sum_{j=1}^{N} \int_{\Omega} \beta_{ij} z_j(t,y) \mathrm{d}y + \\
&\qquad\qquad \sum_{j=1}^{N} \int_{\Omega} \gamma_{ij} z_j(t - \tau_j, y) \mathrm{d}y \quad (t,x) \in D_T \\
&B_i z_i(t,x) \geqslant 0, \quad (t,x) \in S_T \\
&z_i(t,x) \geqslant 0, \quad (t,x) \in Q_0^{(i)} \\
&i = 1, 2, \cdots, N
\end{aligned}\right\} \tag{2.3.10}$$

则 $\boldsymbol{z}(t,x) \geqslant 0$, $\forall (t,x) \in \overline{D}_T$。

证明 记 $\tau^* = \min\{\tau_1, \tau_2, \cdots, \tau_N\}$，则 $\tau^* > 0$。从而，由式 (2.3.10) 的最后一个不等式知

$$z_j(t - \tau_j, x) \geqslant 0, \quad \forall t \in [0, \tau^*], \quad x \in \Omega, \quad j = 1, 2, \cdots, N$$

于是，由 $c_{ij} \geqslant 0$，$\gamma_{ij} \geqslant 0$ 和式 (2.3.10)，则有

$$\left.\begin{aligned}
&\frac{\partial z_i}{\partial t} - L_i z_i \geqslant \sum_{j=1}^N b_{ij} z_j(t,x) + \sum_{j=1}^N \int_\Omega \beta_{ij} z_j(t,y)\mathrm{d}y, \ (t,x) \in [0,\tau^*] \times \Omega \\
&B_i z_i(t,x) \geqslant 0, \ (t,x) \in [0,\tau^*] \times \partial\Omega \\
&z_i(0,x) \geqslant 0, \ x \in \Omega \\
&i = 1, 2, \cdots, N
\end{aligned}\right\} \tag{2.3.11}$$

对式 (2.3.11) 应用引理 2.3.1，得 $\boldsymbol{z}(t,x) \geqslant 0$, $\forall (t,x) \in [0,\tau^*] \times \overline{\Omega}$。因此

$$z_j(t - \tau_j, x) \geqslant 0, \quad \forall t \in [0, 2\tau^*], \quad x \in \Omega, \quad j = 1, 2, \cdots, N$$

于是，由 $c_{ij} \geqslant 0$，$\gamma_{ij} \geqslant 0$ 和式 (2.3.10) 知，如果把式 (2.3.11) 中的 $[0,\tau^*]$ 换成 $[0,2\tau^*]$，则式 (2.3.11) 中的不等式依然成立。再次对式 (2.3.11) 应用引理 2.3.1，便得 $\boldsymbol{z}(t,x) \geqslant 0$, $\forall (t,x) \in [0,2\tau^*] \times \overline{\Omega}$。继续这一个过程，易得 $\boldsymbol{z}(t,x) \geqslant 0$, $\forall (t,x) \in [0, k\tau^*] \times \overline{\Omega}$, $k = 1, 2, \cdots$。故，$\boldsymbol{z}(t,x) \geqslant 0$, $\forall (t,x) \in \overline{D}_T$。

于是，应用引理 2.3.2，则有系统式 (2.3.1) 的解 $\overline{\boldsymbol{w}}$ 和 $\underline{\boldsymbol{w}}$ 的如下单调性质。

引理 2.3.3 对任意常数 $\delta > 0$，系统式 (2.3.1) 的解 $\overline{\boldsymbol{w}}(t,x)$ 和 $\underline{\boldsymbol{w}}(t,x)$ 均满足如下单调性质：

$$\widehat{\boldsymbol{w}}_s(x) \leqslant \underline{\boldsymbol{w}}(t,x) \leqslant \underline{\boldsymbol{w}}(t+\delta,x) \leqslant \overline{\boldsymbol{w}}(t+\delta,x) \leqslant \overline{\boldsymbol{w}}(t,x) \leqslant \widetilde{\boldsymbol{w}}_s(x), \quad \forall t > 0, \ x \in \overline{\Omega} \tag{2.3.12}$$

证明 记 $\boldsymbol{z}(t,x) = \underline{\boldsymbol{w}}(t+\delta,x) - \underline{\boldsymbol{w}}(t,x)$，则由式 (2.3.1) 和中值定理，$\boldsymbol{z} \equiv (z_1, \cdots, z_N)$ 满足

$$\left.\begin{aligned}
\frac{\partial z_i}{\partial t} - L_i z_i &= F_i(x, \underline{\boldsymbol{w}}(t+\delta,x), \underline{\boldsymbol{w}}_\tau(t+\delta,x) - F_i(x, \underline{\boldsymbol{w}}(t,x), \underline{\boldsymbol{w}}_\tau(t,x)) + \\
&\quad \int_\Omega [G_i(x, y, \underline{\boldsymbol{w}}(t+\delta,y), \underline{\boldsymbol{w}}_\tau(t+\delta,y) - \\
&\quad G_i(x, y, \underline{\boldsymbol{w}}(t,y), \underline{\boldsymbol{w}}_\tau(t,y)))]\mathrm{d}y = \\
&\quad \sum_{j=1}^N b_{ij} z_j(t,x) + \sum_{j=1}^N c_{ij} z_j(t-\tau_j, x) + \sum_{j=1}^N \int_\Omega \beta_{ij} z_j(t,y)\mathrm{d}y + \\
&\quad \sum_{j=1}^N \int_\Omega \gamma_{ij} z_j(t-\tau_j, y)\mathrm{d}y \ (t,x) \in D_T \\
B_i z_i(t,x) &= h_i(t,x) - h_i(t,x) = 0, \ (t,x) \in S_T \\
z_i(t,x) &= \underline{w}_i(t+\delta,x) - \phi_i(t,x) = \underline{w}_i(t+\delta,x) - \widehat{w}_i(x), \ (t,x) \in Q_0^{(i)} \\
i &= 1, 2, \cdots, N
\end{aligned}\right\}$$

$$\tag{2.3.13}$$

其中，$\boldsymbol{w}_\tau = (w_{\tau 1}, \cdots, w_{\tau N})$，$b_{ij} = \dfrac{\partial F_i}{\partial w_j}(x, \boldsymbol{\xi}^{(i)}(t, x))$，$c_{ij} = \dfrac{\partial F_i}{\partial w_{\tau j}}(x, \boldsymbol{\xi}^{(i)}(t, x))$，$\beta_{ij} =$
$\dfrac{\partial G_i}{\partial w_j}(x, y, \boldsymbol{\zeta}^{(i)}(t, y))$，$\gamma_{ij} = \dfrac{\partial G_i}{\partial w_{\tau j}}(x, y, \boldsymbol{\zeta}^{(i)}(t, y))$，$\boldsymbol{\xi}^{(i)}$，$\boldsymbol{\zeta}^{(i)} \in \langle \widehat{\boldsymbol{w}}_s, \ \widetilde{\boldsymbol{w}}_s \rangle \times \langle \widehat{\boldsymbol{w}}_s, \ \widetilde{\boldsymbol{w}}_s \rangle$，$i, j =$
$1, 2, \cdots, N$。由式 (2.3.5) 知，$\underline{w}_i(t+\delta, x) \geqslant \widehat{w}_i(x)$，$i = 1, 2, \cdots, N$。由向量函数 $\boldsymbol{\Gamma}(\cdot, \boldsymbol{w}, \boldsymbol{w}_\tau,$
$\boldsymbol{w}, \boldsymbol{w}_\tau)$ 的拟单调性知，对任意 $i, j(= 1, 2, \cdots, N)$，均有

$$\frac{\partial F_i}{\partial w_j}(x, \boldsymbol{\xi}^{(i)}(t, x)) \geqslant 0, \quad i \neq j$$

以及

$$\frac{\partial F_i}{\partial w_{\tau j}}(x, \boldsymbol{\xi}^{(i)}(t, x)) \geqslant 0, \ \frac{\partial G_i}{\partial w_j}(x, y, \boldsymbol{\zeta}^{(i)}(t, y)) \geqslant 0, \ \frac{\partial G_i}{\partial w_{\tau j}}(x, y, \boldsymbol{\zeta}^{(i)}(t, y)) \geqslant 0$$

于是，对式 (2.3.13) 应用引理 2.3.2，得 $\boldsymbol{z}(t, x) \geqslant 0$，$\forall (t, x) \in \overline{D}_T$。从而，由 T 的任意性，得 $\boldsymbol{z}(t, x) \geqslant 0$，$\forall t > 0$，$x \in \overline{\Omega}$。即 $\underline{\boldsymbol{w}}(t, x) \leqslant \underline{\boldsymbol{w}}(t+\delta, x)$，$\forall t > 0$，$x \in \overline{\Omega}$。同理可得 $\overline{\boldsymbol{w}}(t + \delta, x) \leqslant \overline{\boldsymbol{w}}(t, x)$ 和 $\underline{\boldsymbol{w}}(t, x) \leqslant \overline{\boldsymbol{w}}(t, x)$，$\forall t > 0$，$x \in \overline{\Omega}$。因此，再由式 (2.3.5) 便得式 (2.3.12)。

从而，基于单调性质式 (2.3.12)，可得如下单调收敛定理。

定理 2.3.1 设 $\widetilde{\boldsymbol{w}}_s(x)$，$\widehat{\boldsymbol{w}}_s(x)$ 为边值问题式 (2.3.2) 的一对上下解，$\overline{\boldsymbol{w}}(t, x)$ 和 $\underline{\boldsymbol{w}}(t, x)$ 分别为系统式 (2.3.1) 取初值 $\phi(t, x) = \widetilde{\boldsymbol{w}}_s(x)$ 和 $\phi(t, x) = \widehat{\boldsymbol{w}}_s(x)$ 的解。如果向量函数 $\boldsymbol{\Gamma}(\cdot, \boldsymbol{w}, \boldsymbol{w}_\tau, \boldsymbol{w}, \boldsymbol{w}_\tau)$ 在 $\langle \widehat{\boldsymbol{w}}_s, \ \widetilde{\boldsymbol{w}}_s \rangle$ 上是拟单调增加的，则当 $t \to \infty$ 时，$\overline{\boldsymbol{w}}(t, x)$ 从上方单调收敛于边值问题式 (2.3.2) 的最大解 $\overline{\boldsymbol{w}}_s(x)$，而 $\underline{\boldsymbol{w}}(t, x)$ 则从下方单调收敛于边值问题式 (2.3.2) 的最小解 $\underline{\boldsymbol{w}}_s(x)$。此外，如果初值函数 $\phi(t, x)$ 满足

$$\widehat{\boldsymbol{w}}_s(x) \leqslant \phi(t, x) \leqslant \widetilde{\boldsymbol{w}}_s(x), \quad (t, x) \in Q_0$$

则系统式 (2.3.1) 对应该初值的解 $\boldsymbol{w}(t, x)$ 满足

$$\underline{\boldsymbol{w}}(t, x) \leqslant \boldsymbol{w}(t, x) \leqslant \overline{\boldsymbol{w}}(t, x), \quad \forall t > 0, \ x \in \overline{\Omega} \tag{2.3.14}$$

证明 由单调性质式 (2.3.12) 可得，极限

$$\lim_{t \to \infty} \overline{\boldsymbol{w}}(t, x) = \overline{\boldsymbol{w}}^*(x), \quad \lim_{t \to \infty} \underline{\boldsymbol{w}}(t, x) = \underline{\boldsymbol{w}}^*(x) \tag{2.3.15}$$

存在，并且满足

$$\underline{\boldsymbol{w}}(t, x) \leqslant \underline{\boldsymbol{w}}^*(x) \leqslant \overline{\boldsymbol{w}}^*(x) \leqslant \overline{\boldsymbol{w}}(t, x), \quad \forall t > 0, \ x \in \overline{\Omega}$$

于是，应用类似文献 [96] 的讨论可得，$\overline{\boldsymbol{w}}^*(x)$ 和 $\underline{\boldsymbol{w}}^*(x)$ 恰为边值问题式 (2.3.2) 的两个解。为了证明 $\overline{\boldsymbol{w}}^*(x)$ 和 $\underline{\boldsymbol{w}}^*(x)$ 分别为边值问题式 (2.3.2) 在 $\langle \widehat{\boldsymbol{w}}_s, \ \widetilde{\boldsymbol{w}}_s \rangle$ 上的最大解和最小解，我们考虑函数 $\boldsymbol{z}(t, x) \equiv \overline{\boldsymbol{w}}(t, x) - \overline{\boldsymbol{w}}_s(x)$，其中 $\overline{\boldsymbol{w}}_s(x)$ 为边值问题式 (2.3.2) 在 $\langle \widehat{\boldsymbol{w}}_s, \ \widetilde{\boldsymbol{w}}_s \rangle$ 上的最大解。

由系统式 (2.3.1) 和边值问题式 (2.3.2) 易知，存在适当的 $\xi^{(i)}$, $\zeta^{(i)} \in \langle \widehat{\boldsymbol{w}}_s, \widetilde{\boldsymbol{w}}_s \rangle \times \langle \widehat{\boldsymbol{w}}_s, \widetilde{\boldsymbol{w}}_s \rangle$, $(i = 1, 2, \cdots, N)$ 使得 $\boldsymbol{z} \equiv (z_1, \cdots, z_N)$ 满足非局部时滞微分方程式 (2.3.13)。从而，初值条件 $\boldsymbol{z}(t,x) = \overline{\boldsymbol{w}}_s(x) - \overline{\boldsymbol{w}}_s(x) \geqslant 0$, $\forall (t,x) \in Q_0$ 和引理 2.3.2 意味着 $\boldsymbol{z}(t,x) \geqslant 0$, $\forall (t,x) \in \overline{D}_T$。再由 T 的任意性知，$\overline{\boldsymbol{w}}(t,x) \geqslant \overline{\boldsymbol{w}}_s(x)$, $\forall t > 0$, $x \in \overline{\Omega}$。取 $t \to \infty$，并由式 (2.3.15) 即得 $\overline{\boldsymbol{w}}^*(x) \geqslant \overline{\boldsymbol{w}}_s(x)$, $x \in \Omega$。另一方面，由于 $\boldsymbol{w}^* \in \langle \widehat{\boldsymbol{w}}_s, \widetilde{\boldsymbol{w}}_s \rangle$, $\overline{\boldsymbol{w}}_s(x)$ 的最大性意味着 $\overline{\boldsymbol{w}}^* \leqslant \overline{\boldsymbol{w}}_s$。这就证明了 $\overline{\boldsymbol{w}}^* = \overline{\boldsymbol{w}}_s$。因此，$\overline{\boldsymbol{w}}^*$ 是边值问题式 (2.3.2) 在 $\langle \widehat{\boldsymbol{w}}_s, \widetilde{\boldsymbol{w}}_s \rangle$ 上的最大解。同理可证，$\underline{\boldsymbol{w}}^* = \underline{\boldsymbol{w}}_s$ 是边值问题式 (2.3.2) 在 $\langle \widehat{\boldsymbol{w}}_s, \widetilde{\boldsymbol{w}}_s \rangle$ 上的最小解。

最后，由向量函数 $\boldsymbol{\Gamma}(\cdot, \boldsymbol{w}, \boldsymbol{w}_\tau, \boldsymbol{w}, \boldsymbol{w}_\tau)$ 在 $\langle \widehat{\boldsymbol{w}}_s, \widetilde{\boldsymbol{w}}_s \rangle$ 上的拟单调性知，当 $\widehat{\boldsymbol{w}}_s(x) \leqslant \phi(t,x) \leqslant \widetilde{\boldsymbol{w}}_s(x)$, $(t,x) \in Q_0$ 时，$\overline{\boldsymbol{w}}(t,x)$ 和 $\underline{\boldsymbol{w}}(t,x)$ 为系统式 (2.3.1) 的一对序上下解。再由定理 2.2.1 便得式 (2.3.14)。

2.4 混拟单调情形

本节总是假设系统式 (2.1.1) 是混拟单调的，即向量函数 $\boldsymbol{H}(\cdot, \boldsymbol{u}, \boldsymbol{u}, \boldsymbol{u}, \boldsymbol{u})$ 是混拟单调的。为了研究系统式 (2.1.1) 在这种情形下的渐近行为，首先记其对应边值问题式 (2.1.2) 为如下形式：

$$\left.\begin{aligned}
-L_i u_i &= f_i(x, u_i, [\boldsymbol{u}_s]_{a_i}, [\boldsymbol{u}_s]_{b_i}, [\boldsymbol{u}_s]_{c_i}, [\boldsymbol{u}_s]_{d_i}) + \\
&\quad \int_\Omega g_i(x, y, [\boldsymbol{u}_s]_{\alpha_i}, [\boldsymbol{u}_s]_{\beta_i}, [\boldsymbol{u}_s]_{\gamma_i}, [\boldsymbol{u}_s]_{\delta_i}) \mathrm{d}y, \quad x \in \Omega \\
B_i u_i &= h_i(x), \quad x \in \partial\Omega \\
i &= 1, 2, \cdots, n
\end{aligned}\right\} \tag{2.4.1}$$

其中，$\boldsymbol{u}_s \equiv (u_1, \cdots, u_n)$

$$f_i(x, u_i, [\boldsymbol{u}_s]_{a_i}, [\boldsymbol{u}_s]_{b_i}, [\boldsymbol{u}_s]_{c_i}, [\boldsymbol{u}_s]_{d_i}) =$$
$$f_i(x, u_i(x), [\boldsymbol{u}_s(x)]_{a_i}, [\boldsymbol{u}_s(x)]_{b_i}, [\boldsymbol{u}_s(x)]_{c_i}, [\boldsymbol{u}_s(x)]_{d_i})$$

以及

$$\int_\Omega g_i(x, y, [\boldsymbol{u}_s]_{\alpha_i}, [\boldsymbol{u}_s]_{\beta_i}, [\boldsymbol{u}_s]_{\gamma_i}, [\boldsymbol{u}_s]_{\delta_i}) \mathrm{d}y =$$
$$\int_\Omega g_i(x, y, [\boldsymbol{u}_s(y)]_{\alpha_i}, [\boldsymbol{u}_s(y)]_{\beta_i}, [\boldsymbol{u}_s(y)]_{\gamma_i}, [\boldsymbol{u}_s(y)]_{\delta_i}) \mathrm{d}y$$

于是，向量函数 $\boldsymbol{H}(\cdot, \boldsymbol{u}, \boldsymbol{u}, \boldsymbol{u}, \boldsymbol{u})$ 的混拟单调性引出了如下定义。

定义 2.4.1 如果 $\mathcal{C}^{1,2}(D_T) \bigcap \mathcal{C}(\overline{D}_T)$ 中的向量函数 $\widetilde{\boldsymbol{u}}_s \equiv (\widetilde{u}_1, \cdots, \widetilde{u}_n)$ 和 $\widehat{\boldsymbol{u}}_s \equiv (\widehat{u}_1, \cdots, \widehat{u}_n)$ 满足 $\widetilde{\boldsymbol{u}}_s \geqslant \widehat{\boldsymbol{u}}_s$ 以及

$$-L_i\widetilde{u}_i \geqslant f_i(x,\widetilde{u}_i,[\widehat{\boldsymbol{u}}_s]_{a_i},[\widehat{\boldsymbol{u}}_s]_{b_i},[\widetilde{\boldsymbol{u}}_s]_{c_i},[\widehat{\boldsymbol{u}}_s]_{d_i})+$$

$$\int_\Omega g_i(x,y,[\widetilde{\boldsymbol{u}}_s]_{\alpha_i},[\widehat{\boldsymbol{u}}_s]_{\beta_i},[\widetilde{\boldsymbol{u}}_s]_{\gamma_i},[\widehat{\boldsymbol{u}}_s]_{\delta_i})\mathrm{d}y, \quad x\in\Omega$$

$$-L_i\widehat{u}_i \leqslant f_i(x,\widehat{u}_i,[\widehat{\boldsymbol{u}}_s]_{a_i},[\widetilde{\boldsymbol{u}}_s]_{b_i},[\widehat{\boldsymbol{u}}_s]_{c_i},[\widetilde{\boldsymbol{u}}_s]_{d_i})+$$

$$\int_\Omega g_i(x,y,[\widehat{\boldsymbol{u}}_s]_{\alpha_i},[\widetilde{\boldsymbol{u}}_s]_{\beta_i},[\widehat{\boldsymbol{u}}_s]_{\gamma_i},[\widetilde{\boldsymbol{u}}_s]_{\delta_i})\mathrm{d}y, \quad x\in\Omega$$

$$B_i\widetilde{u}_i \geqslant h_i(x) \geqslant B_i\widehat{u}_i, \quad x\in\partial\Omega$$

$$i=1,2,\cdots,n$$

$$(2.4.2)$$

则称这两个函数分别为边值问题式 (2.4.1) 的耦合上下解。

注意, 上述定义与通常边值问题的上下解的定义 (即定义 2.3.1) 稍有不同。然而, 如果向量函数 $\boldsymbol{H}(\cdot,\boldsymbol{u},\boldsymbol{u},\boldsymbol{u},\boldsymbol{u})$ 是拟单调增加的 (即 $b_i=d_i=\beta_i=\delta_i=0,\ i=1,2,\cdots,n$), 则定义 2.4.1 与通常边值问题的上下解的定义是一致的 (参见文献 [96])。此外, 如果 $b_i=d_i=\beta_i=\delta_i=0,\ i=1,2,\cdots,n$, 则 $\widetilde{\boldsymbol{u}}_s$ 和 $\widehat{\boldsymbol{u}}_s$ 不是耦合的, 从而, 我们可以视它们为序上下解。对于一对给定的耦合 (或序) 上下解 $\widetilde{\boldsymbol{u}}_s$ 和 $\widehat{\boldsymbol{u}}_s$, 记

$$\langle\widehat{\boldsymbol{u}}_s,\ \widetilde{\boldsymbol{u}}_s\rangle \equiv \{\boldsymbol{u}\in\mathcal{C}(\overline{\Omega})\mid \widehat{\boldsymbol{u}}_s \leqslant \boldsymbol{u}\leqslant\widetilde{\boldsymbol{u}}_s\} \tag{2.4.3}$$

并且由式 (2.4.2) 易知, 如果 $\widehat{\boldsymbol{u}}_s(x) \leqslant \phi(t,x) \leqslant \widetilde{\boldsymbol{u}}_s(x),\ (t,x)\in Q_0$, 则 $\widetilde{\boldsymbol{u}}_s$ 和 $\widehat{\boldsymbol{u}}_s$ 也是系统式 (2.2.1) 的上下解。因此, 由定理 2.2.1 知, 序区间 $\langle\widehat{\boldsymbol{u}}_s,\ \widetilde{\boldsymbol{u}}_s\rangle$ 是系统式 (2.2.1) 的不变集。

为了进一步研究系统式 (2.2.1) 的渐近行为, 我们作迭代序列 $\{\overline{\boldsymbol{u}}_s^{(k)}\}_{k=0}^\infty \equiv \{(\overline{u}_1^{(k)},\cdots,\overline{u}_n^{(k)})\}_{k=0}^\infty$ 和 $\{\underline{\boldsymbol{u}}_s^{(k)}\}_{k=0}^\infty \equiv \{(\underline{u}_1^{(k)},\cdots,\underline{u}_n^{(k)})\}_{k=0}^\infty$: 取初始迭代函数 $\overline{\boldsymbol{u}}_s^{(0)}=\widetilde{\boldsymbol{u}}_s$ 和 $\underline{\boldsymbol{u}}_s^{(0)}=\widehat{\boldsymbol{u}}_s$, 按方式

$$-L_i\overline{u}_i^{(k)}+K_{1,i}\overline{u}_i^{(k)} = f_i^*(x,\overline{u}_i^{(k-1)},[\overline{\boldsymbol{u}}_s^{(k-1)}]_{a_i},[\underline{\boldsymbol{u}}_s^{(k-1)}]_{b_i},[\overline{\boldsymbol{u}}_s^{(k-1)}]_{c_i},[\underline{\boldsymbol{u}}_s^{(k-1)}]_{d_i})+$$

$$\int_\Omega g_i(x,y,[\overline{\boldsymbol{u}}_s^{(k-1)}]_{\alpha_i},[\underline{\boldsymbol{u}}_s^{(k-1)}]_{\beta_i},[\overline{\boldsymbol{u}}_s^{(k-1)}]_{\gamma_i},[\underline{\boldsymbol{u}}_s^{(k-1)}]_{\delta_i})\mathrm{d}y, \quad x\in\Omega$$

$$-L_i\underline{u}_i^{(k)}+K_{1,i}\underline{u}_i^{(k)} = f_i^*(x,\underline{u}_i^{(k-1)},[\underline{\boldsymbol{u}}_s^{(k-1)}]_{a_i},[\overline{\boldsymbol{u}}_s^{(k-1)}]_{b_i},[\underline{\boldsymbol{u}}_s^{(k-1)}]_{c_i},[\overline{\boldsymbol{u}}_s^{(k-1)}]_{d_i})+$$

$$\int_\Omega g_i(x,y,[\underline{\boldsymbol{u}}_s^{(k-1)}]_{\alpha_i},[\overline{\boldsymbol{u}}_s^{(k-1)}]_{\beta_i},[\underline{\boldsymbol{u}}_s^{(k-1)}]_{\gamma_i},[\overline{\boldsymbol{u}}_s^{(k-1)}]_{\delta_i})\mathrm{d}y, \quad x\in\Omega$$

$$B_i\overline{u}_i^{(k)}=B_i\underline{u}_i^{(k)}=h_i(x), \quad x\in\partial\Omega$$

$$i=1,2,\cdots,n$$

$$(2.4.4)$$

进行迭代, 其中 $f_i^*(x,\boldsymbol{u},\boldsymbol{u})=K_{1,i}u_i+f_i(x,\boldsymbol{u},\boldsymbol{u})$, $K_{1,i}$ 是式 (2.2.4) 中的 Lipschitz 常数。于是, 类似文献 [96] 的讨论可知, 序列 $\{\overline{\boldsymbol{u}}_s^{(k)}\}_{k=0}^\infty$ 和 $\{\underline{\boldsymbol{u}}_s^{(k)}\}_{k=0}^\infty$ 具有如下单调性质:

$$\widehat{\boldsymbol{u}}_s \leqslant \underline{\boldsymbol{u}}_s^{(k)} \leqslant \underline{\boldsymbol{u}}_s^{(k+1)} \leqslant \overline{\boldsymbol{u}}_s^{(k+1)} \leqslant \overline{\boldsymbol{u}}_s^{(k)} \leqslant \widetilde{\boldsymbol{u}}_s, \quad k=1,2,\cdots \tag{2.4.5}$$

从而, 极限

$$\lim_{k\to\infty}\overline{\boldsymbol{u}}_s^{(k)}=\overline{\boldsymbol{u}}_s, \quad \lim_{k\to\infty}\underline{\boldsymbol{u}}_s^{(k)}=\underline{\boldsymbol{u}}_s \tag{2.4.6}$$

存在，并且满足

$$\left.\begin{aligned}
-L_i\overline{u}_i &= f_i(x,\overline{u}_i,[\overline{\boldsymbol{u}}_s]_{a_i},[\underline{\boldsymbol{u}}_s]_{b_i},[\overline{\boldsymbol{u}}_s]_{c_i},[\underline{\boldsymbol{u}}_s]_{d_i})+ \\
&\quad \int_\Omega g_i(x,y,[\overline{\boldsymbol{u}}_s]_{\alpha_i},[\underline{\boldsymbol{u}}_s]_{\beta_i},[\overline{\boldsymbol{u}}_s]_{\gamma_i},[\underline{\boldsymbol{u}}_s]_{\delta_i})\mathrm{d}y,\quad x\in\Omega \\
-L_i\underline{u}_i &= f_i(x,\underline{u}_i,[\underline{\boldsymbol{u}}_s]_{a_i},[\overline{\boldsymbol{u}}_s]_{b_i},[\underline{\boldsymbol{u}}_s]_{c_i},[\overline{\boldsymbol{u}}_s]_{d_i})+ \\
&\quad \int_\Omega g_i(x,y,[\underline{\boldsymbol{u}}_s]_{\alpha_i},[\overline{\boldsymbol{u}}_s]_{\beta_i},[\underline{\boldsymbol{u}}_s]_{\gamma_i},[\overline{\boldsymbol{u}}_s]_{\delta_i})\mathrm{d}y,\quad x\in\Omega \\
B_i\overline{u}_i &= B_i\underline{u}_i = h_i(x),\quad x\in\partial\Omega \\
i &= 1,2,\cdots,n
\end{aligned}\right\} \quad (2.4.7)$$

我们称极限 $\overline{\boldsymbol{u}}_s$ 和 $\underline{\boldsymbol{u}}_s$ 为边值问题式 (2.4.1) 在 $\langle\widehat{\boldsymbol{u}}_s,\ \widetilde{\boldsymbol{u}}_s\rangle$ 上的拟解。注意，拟解一般不是真实解。然而，如果 $\boldsymbol{H}(\cdot,\boldsymbol{u},\boldsymbol{u},\boldsymbol{u},\boldsymbol{u})$ 在 $\langle\widehat{\boldsymbol{u}}_s,\ \widetilde{\boldsymbol{u}}_s\rangle$ 上拟单调增加，则 $\overline{\boldsymbol{u}}_s$ 和 $\underline{\boldsymbol{u}}_s$ 都是边值问题式 (2.4.1) 的真实解。事实上，它们分别为边值问题式 (2.4.1) 在 $\langle\widehat{\boldsymbol{u}}_s,\ \widetilde{\boldsymbol{u}}_s\rangle$ 上的最大解和最小解 (参见文献 [96] 中定理 8.10.1~8.10.3 的讨论)。

接下来，我们的目标是证明：对任意初值函数 $\boldsymbol{\phi}\in\langle\widehat{\boldsymbol{u}}_s,\ \widetilde{\boldsymbol{u}}_s\rangle$，系统式 (2.2.1) 对应该初值的解 $\boldsymbol{u}$ 不仅满足 $\boldsymbol{u}\in\langle\widehat{\boldsymbol{u}}_s,\ \widetilde{\boldsymbol{u}}_s\rangle$，而且满足 $\lim\limits_{t\to\infty}\boldsymbol{u}(t,x)\in\langle\underline{\boldsymbol{u}}_s,\ \overline{\boldsymbol{u}}_s\rangle$，其中

$$\langle\underline{\boldsymbol{u}}_s,\ \overline{\boldsymbol{u}}_s\rangle \equiv \{\boldsymbol{u}\in\mathcal{C}(\overline{\Omega})\,\big|\,\underline{\boldsymbol{u}}_s\leqslant\boldsymbol{u}\leqslant\overline{\boldsymbol{u}}_s\} \quad (2.4.8)$$

为此，我们将边值问题式 (2.4.1) 化为如下 $2n$ 维系统：

$$\left.\begin{aligned}
-L_iu_i &= f_i(x,u_i,[\boldsymbol{u}_s]_{a_i},[\boldsymbol{M}-\boldsymbol{v}_s]_{b_i},[\boldsymbol{u}_s]_{c_i},[\boldsymbol{M}-\boldsymbol{v}_s]_{d_i})+ \\
&\quad \int_\Omega g_i(x,y,[\boldsymbol{u}_s]_{\alpha_i},[\boldsymbol{M}-\boldsymbol{v}_s]_{\beta_i},[\boldsymbol{u}_s]_{\gamma_i},[\boldsymbol{M}-\boldsymbol{v}_s]_{\delta_i})\mathrm{d}y,\quad x\in\Omega \\
-L_iv_i &= -f_i(x,M_i-v_i,[\boldsymbol{M}-\boldsymbol{v}_s]_{a_i},[\boldsymbol{u}_s]_{b_i},[\boldsymbol{M}-\boldsymbol{v}_s]_{c_i},[\boldsymbol{u}_s]_{d_i})- \\
&\quad \int_\Omega g_i(x,y,[\boldsymbol{M}-\boldsymbol{v}_s]_{\alpha_i},[\boldsymbol{u}_s]_{\beta_i},[\boldsymbol{M}-\boldsymbol{v}_s]_{\gamma_i},[\boldsymbol{u}_s]_{\delta_i})\mathrm{d}y,\quad x\in\Omega \\
B_iu_i(x) &= h_i(x),\quad B_iv_i(x) = M_i\beta_i(x)-h_i(x),\quad x\in\partial\Omega \\
i &= 1,2,\cdots,n
\end{aligned}\right\} \quad (2.4.9)$$

显然，上述系统是系统式 (2.2.6) 的对应边值问题。由引理 2.2.1，系统式 (2.4.9) 右端的反应函数在 $\langle\widehat{\boldsymbol{u}}_s,\ \widetilde{\boldsymbol{u}}_s\rangle$ 上拟单调增加。于是，这种拟单调性将使我们获得类似引理 2.2.2 的如下结果。

引理 2.4.1　$\widetilde{\boldsymbol{w}}_s \equiv (\widetilde{\boldsymbol{u}}_s,\boldsymbol{M}-\widehat{\boldsymbol{u}}_s)$ 和 $\widehat{\boldsymbol{w}}_s \equiv (\widehat{\boldsymbol{u}}_s,\boldsymbol{M}-\widetilde{\boldsymbol{u}}_s)$ 为系统式 (2.4.9) 的序上下解的充要条件为：$\widetilde{\boldsymbol{u}}_s$ 和 $\widehat{\boldsymbol{u}}_s$ 为系统式 (2.4.1) 的耦合上下解。

证明完全类似于引理 2.2.2，这里略去。

由引理 2.4.1 和文献 [96] 中的定理 8.10.1 知，当系统式 (2.4.1) 有一对耦合上下解 $\widetilde{\boldsymbol{u}}_s$ 和 $\widehat{\boldsymbol{u}}_s$ 时，系统式 (2.4.9) 在 $\langle\widehat{\boldsymbol{w}}_s,\ \widetilde{\boldsymbol{w}}_s\rangle$ 上必有最大解 $\overline{\boldsymbol{w}}_s \equiv (\overline{\boldsymbol{u}}_s,\overline{\boldsymbol{v}}_s)$ 和最小解

$\underline{\boldsymbol{w}}_s \equiv (\underline{\boldsymbol{u}}_s, \boldsymbol{v}_s)$。下面的引理将建立系统式 (2.4.1) 的拟解与系统式 (2.4.9) 的最大最小解之间的一种等价关系。

引理 2.4.2 设 $\widetilde{\boldsymbol{u}}_s$ 和 $\widehat{\boldsymbol{u}}_s$ 为系统式 (2.4.1) 的一对耦合上下解。又设 $\widetilde{\boldsymbol{w}}_s \equiv (\widetilde{\boldsymbol{u}}_s, \boldsymbol{M} - \widehat{\boldsymbol{u}}_s)$, $\widehat{\boldsymbol{w}}_s \equiv (\widehat{\boldsymbol{u}}_s, \boldsymbol{M} - \widetilde{\boldsymbol{u}}_s)$, 则式 (2.4.6) 中极限 $\overline{\boldsymbol{u}}_s$, $\underline{\boldsymbol{u}}_s$ 为系统式 (2.4.1) 在 $\langle \widehat{\boldsymbol{u}}_s, \widetilde{\boldsymbol{u}}_s \rangle$ 上的拟解的充要条件为: $(\overline{\boldsymbol{u}}_s, \boldsymbol{M} - \underline{\boldsymbol{u}}_s)$ 和 $(\underline{\boldsymbol{u}}_s, \boldsymbol{M} - \overline{\boldsymbol{u}}_s)$ 为系统式 (2.4.9) 在 $\langle \widehat{\boldsymbol{w}}_s, \widetilde{\boldsymbol{w}}_s \rangle$ 上的最大解和最小解。

证明 假设 $\overline{\boldsymbol{u}}_s$, $\underline{\boldsymbol{u}}_s$ 为系统式 (2.4.1) 在 $\langle \widehat{\boldsymbol{u}}_s, \widetilde{\boldsymbol{u}}_s \rangle$ 上的拟解, 并作迭代序列 $\{\boldsymbol{w}_s^{(k)}\}_{k=0}^{\infty} \equiv \{(\boldsymbol{u}_s^{(k)}, \boldsymbol{v}_s^{(k)})\}_{k=0}^{\infty}$。而该序列是按如下方式:

$$
\left.
\begin{aligned}
&-L_i u_i^{(k)} + K_{1,i} u_i^{(k)} = \\
&f_i^*(x, u_i^{(k-1)}, [\boldsymbol{u}_s^{(k-1)}]_{a_i}, [\boldsymbol{M} - \boldsymbol{v}_s^{(k-1)}]_{b_i}, [\boldsymbol{u}_s^{(k-1)}]_{c_i}, [\boldsymbol{M} - \boldsymbol{v}_s^{(k-1)}]_{d_i}) + \\
&\int_\Omega g_i(x, y, [\boldsymbol{u}_s^{(k-1)}]_{\alpha_i}, [\boldsymbol{M} - \boldsymbol{v}_s^{(k-1)}]_{\beta_i}, [\boldsymbol{u}_s^{(k-1)}]_{\gamma_i}, [\boldsymbol{M} - \boldsymbol{v}_s^{(k-1)}]_{\delta_i}) \mathrm{d}y, \ x \in \Omega \\
&-L_i v_i^{(k)} + K_{1,i} v_i^{(k)} = \\
&-f_i^*(x, M_i - v_i^{(k-1)}, [\boldsymbol{M} - \boldsymbol{v}_s^{(k-1)}]_{a_i}, [\boldsymbol{u}_s^{(k-1)}]_{b_i}, [\boldsymbol{M} - \boldsymbol{v}_s^{(k-1)}]_{c_i}, [\boldsymbol{u}_s^{(k-1)}]_{d_i}) - \\
&\int_\Omega g_i(x, y, [\boldsymbol{M} - \boldsymbol{v}_s^{(k-1)}]_{\alpha_i}, [\boldsymbol{u}_s^{(k-1)}]_{\beta_i}, [\boldsymbol{M} - \boldsymbol{v}_s^{(k-1)}]_{\gamma_i}, [\boldsymbol{u}_s^{(k-1)}]_{\delta_i}) \mathrm{d}y, \ x \in \Omega \\
&B_i u_i^{(k)}(x) = h_i(x), \ B_i v_i^{(k)}(x) = M_i \beta_i(x) - h_i(x), \ x \in \partial\Omega \\
&i = 1, 2, \cdots, n
\end{aligned}
\right\}
$$

$$(2.4.10)$$

进行迭代的。于是, 由引理 2.4.1, $\widetilde{\boldsymbol{w}}_s$ 和 $\widehat{\boldsymbol{w}}_s$ 为系统式 (2.4.9) 的序上下解。从而, 如果取 $\boldsymbol{w}_s^{(0)} = \widetilde{\boldsymbol{w}}_s$, 则按式 (2.4.10) 进行迭代的序列 $\{\boldsymbol{w}_s^{(k)}\}_{k=0}^{\infty}$ 将从上方单调收敛于系统式 (2.4.9) 在 $\langle \widehat{\boldsymbol{w}}_s, \widetilde{\boldsymbol{w}}_s \rangle$ 上的最大解 $(\overline{\boldsymbol{u}}_s^*, \overline{\boldsymbol{v}}_s^*)$。同样, 如果取 $\boldsymbol{w}_s^{(0)} = \widehat{\boldsymbol{w}}_s$, 则按式 (2.4.10) 进行迭代的序列 $\{\boldsymbol{w}_s^{(k)}\}_{k=0}^{\infty}$ 将从下方单调收敛于系统式 (2.4.9) 在 $\langle \widehat{\boldsymbol{w}}_s, \widetilde{\boldsymbol{w}}_s \rangle$ 上的最小解 $(\underline{\boldsymbol{u}}_s^*, \underline{\boldsymbol{v}}_s^*)$(参见文献 [96])。分别用 $\{(\overline{\boldsymbol{u}}_e^{(k)}, \overline{\boldsymbol{v}}_e^{(k)})\}_{k=0}^{\infty}$ 和 $\{(\underline{\boldsymbol{u}}_e^{(k)}, \underline{\boldsymbol{v}}_e^{(k)})\}_{k=0}^{\infty}$ 表示这两个迭代序列。注意到 $\overline{\boldsymbol{u}}_s^{(0)} = \widetilde{\boldsymbol{u}}_s$, $\underline{\boldsymbol{u}}_s^{(0)} = \widehat{\boldsymbol{u}}_s$ 以及式 (2.4.10) 中序列的唯一性, 比较迭代过程式 (2.4.4) 和迭代过程式 (2.4.10) 可知

$$\overline{\boldsymbol{u}}_e^{(k)} = \overline{\boldsymbol{u}}_s^{(k)}, \ \underline{\boldsymbol{u}}_e^{(k)} = \underline{\boldsymbol{u}}_s^{(k)}, \ \overline{\boldsymbol{v}}_e^{(k)} = \boldsymbol{M} - \underline{\boldsymbol{u}}_s^{(k)}, \ \underline{\boldsymbol{v}}_e^{(k)} = \boldsymbol{M} - \overline{\boldsymbol{u}}_s^{(k)}, \ k = 1, 2, \cdots \quad (2.4.11)$$

这意味着两个迭代过程等价。因此, 由

$$\lim_{k\to\infty} \overline{\boldsymbol{u}}_s^{(k)} = \overline{\boldsymbol{u}}_s, \quad \lim_{k\to\infty} \underline{\boldsymbol{u}}_s^{(k)} = \underline{\boldsymbol{u}}_s \quad (2.4.12)$$

知

$$
\left.
\begin{aligned}
(\overline{\boldsymbol{u}}_s^*, \overline{\boldsymbol{v}}_s^*) &\equiv \lim_{k\to\infty} (\overline{\boldsymbol{u}}_e^{(k)}, \overline{\boldsymbol{v}}_e^{(k)}) = (\overline{\boldsymbol{u}}_s, \boldsymbol{M} - \underline{\boldsymbol{u}}_s) \\
(\underline{\boldsymbol{u}}_s^*, \underline{\boldsymbol{v}}_s^*) &\equiv \lim_{k\to\infty} (\underline{\boldsymbol{u}}_e^{(k)}, \underline{\boldsymbol{v}}_e^{(k)}) = (\underline{\boldsymbol{u}}_s, \boldsymbol{M} - \overline{\boldsymbol{u}}_s)
\end{aligned}
\right\}
$$

$$(2.4.13)$$

这就证明了 $(\overline{\boldsymbol{u}}_s, \boldsymbol{M} - \underline{\boldsymbol{u}}_s)$ 和 $(\underline{\boldsymbol{u}}_s, \boldsymbol{M} - \overline{\boldsymbol{u}}_s)$ 为系统式 (2.4.9) 在 $\langle \widehat{\boldsymbol{w}}_s, \widetilde{\boldsymbol{w}}_s \rangle$ 上的最大解和最小解。

反过来，如果 $(\overline{\boldsymbol{u}}_s, \boldsymbol{M} - \underline{\boldsymbol{u}}_s)$ 和 $(\underline{\boldsymbol{u}}_s, \boldsymbol{M} - \overline{\boldsymbol{u}}_s)$ 为系统式 (2.4.9) 在 $\langle \widehat{\boldsymbol{w}}_s, \widetilde{\boldsymbol{w}}_s \rangle$ 上的最大解和最小解，则它们为按式 (2.4.10) 进行迭代所得的两个序列 $\{(\overline{\boldsymbol{u}}_e^{(k)}, \overline{\boldsymbol{v}}_e^{(k)})\}_{k=0}^{\infty}$ 和 $\{(\underline{\boldsymbol{u}}_e^{(k)}, \underline{\boldsymbol{v}}_e^{(k)})\}_{k=0}^{\infty}$ 的极限。于是，由式 (2.4.11)，可得式 (2.4.12)。由于序列 $\{\overline{\boldsymbol{u}}_s^{(k)}\}_{k=0}^{\infty}$ 和 $\{\underline{\boldsymbol{u}}_s^{(k)}\}_{k=0}^{\infty}$ 是取迭代初值分别为 $\overline{\boldsymbol{u}}^{(0)} = \widetilde{\boldsymbol{u}}$ 和 $\underline{\boldsymbol{u}}^{(0)} = \widehat{\boldsymbol{u}}$ 的按式 (2.4.4) 进行迭代的迭代序列，因此，得到 $\overline{\boldsymbol{u}}_s, \underline{\boldsymbol{u}}_s$ 为系统式 (2.4.1) 在 $\langle \widehat{\boldsymbol{u}}_s, \widetilde{\boldsymbol{u}}_s \rangle$ 上的拟解。

由引理 2.4.2 和定理 2.3.1，便得到本节的如下主要结论。

定理 2.4.1　设 $\widetilde{\boldsymbol{u}}_s, \widehat{\boldsymbol{u}}_s$ 为系统式 (2.4.1) 的耦合上下解，并且基本假设 (H2.2.1) 在 $\Lambda \equiv \langle \widehat{\boldsymbol{u}}_s, \widetilde{\boldsymbol{u}}_s \rangle$ 上成立。记 $\overline{\boldsymbol{u}}_s \equiv (\overline{u}_1, \cdots, \overline{u}_n)$ 和 $\underline{\boldsymbol{u}}_s \equiv (\underline{u}_1, \cdots, \underline{u}_n)$ 为系统式 (2.4.1) 的拟解，且满足式 (2.4.7)。则当系统式 (2.2.1) 的初值函数 ϕ 满足

$$\widehat{\boldsymbol{u}}_s(x) \leqslant \phi(t, x) \leqslant \widetilde{\boldsymbol{u}}_s(x), \quad \forall (t, x) \in Q_0$$

时，系统式 (2.2.1) 对应该初值函数的解 $\boldsymbol{u}^*(t, x)$ 满足

$$\underline{\boldsymbol{u}}_s(x) \leqslant \lim_{t \to \infty} \boldsymbol{u}^*(t, x) \leqslant \overline{\boldsymbol{u}}_s(x), \quad \forall x \in \overline{\Omega} \tag{2.4.14}$$

此外，如果 $\underline{\boldsymbol{u}}_s = \overline{\boldsymbol{u}}_s \equiv \boldsymbol{u}_s^*$，则 $\boldsymbol{u}_s^*$ 是系统式 (2.4.1) 在 $\langle \widehat{\boldsymbol{u}}_s, \widetilde{\boldsymbol{u}}_s \rangle$ 上的唯一解，并且满足 $\boldsymbol{u}^*(t, x) \to \boldsymbol{u}_s^*(x)(t \to \infty)$。

证明　考虑 $\boldsymbol{w} = (\boldsymbol{u}, \boldsymbol{v})$。由式 (2.2.5) 和式 (2.3.3) 知，问题式 (2.2.6) 和式 (2.4.9) 分别为系统式 (2.3.1) 和式 (2.3.2) 的特别情形。由引理 2.4.1，$\widetilde{\boldsymbol{w}}_s \equiv (\widetilde{\boldsymbol{u}}_s, \boldsymbol{M} - \widehat{\boldsymbol{u}}_s)$ 和 $\widehat{\boldsymbol{w}}_s \equiv (\widehat{\boldsymbol{u}}_s, \boldsymbol{M} - \widetilde{\boldsymbol{u}}_s)$ 为式 (2.4.9) 的序上下解。于是，再应用由式 (2.2.7) 定义的向量函数 $\boldsymbol{\Gamma}(\cdot, \boldsymbol{w}, \boldsymbol{w}_\tau, \boldsymbol{w}, \boldsymbol{w}_\tau)$ 在 $\langle \widehat{\boldsymbol{w}}_s, \widetilde{\boldsymbol{w}}_s \rangle$ 上的拟单调性，定理 2.3.1 的条件全部满足。因此，如果 $\overline{\boldsymbol{w}} \equiv (\overline{\boldsymbol{u}}, \overline{\boldsymbol{v}})$ 和 $\underline{\boldsymbol{w}} \equiv (\underline{\boldsymbol{u}}, \underline{\boldsymbol{v}})$ 是式 (2.2.6) 分别对应初值 $(\phi, \phi^*) \equiv (\widetilde{\boldsymbol{u}}_s, \boldsymbol{M} - \widehat{\boldsymbol{u}}_s)$ 和 $(\phi, \phi^*) \equiv (\widehat{\boldsymbol{u}}_s, \boldsymbol{M} - \widetilde{\boldsymbol{u}}_s)$ 的解，则极限

$$\left.\begin{array}{l} \displaystyle\lim_{t \to \infty} (\overline{\boldsymbol{u}}(t, x), \overline{\boldsymbol{v}}(t, x)) = (\overline{\boldsymbol{u}}_s(x), \overline{\boldsymbol{v}}_s(x)) \\[2mm] \displaystyle\lim_{t \to \infty} (\underline{\boldsymbol{u}}(t, x), \underline{\boldsymbol{v}}(t, x)) = (\underline{\boldsymbol{u}}_s(x), \underline{\boldsymbol{v}}_s(x)) \end{array}\right\} \tag{2.4.15}$$

存在，并且分别为系统式 (2.4.9) 在 $\langle \widehat{\boldsymbol{w}}_s, \widetilde{\boldsymbol{w}}_s \rangle$ 上的最大解和最小解。此外，对任意初值 $(\phi, \phi^*) \in \langle \widehat{\boldsymbol{w}}_s, \widetilde{\boldsymbol{w}}_s \rangle$，即

$$\left.\begin{array}{l} \widehat{u}_i(x) \leqslant \phi_i(t, x) \leqslant \widetilde{u}_i(x), \quad (t, x) \in Q_0^{(i)} \\[2mm] M_i - \widetilde{u}_i(x) \leqslant \phi_i^*(t, x) \leqslant M_i - \widehat{u}_i(x), \quad (t, x) \in Q_0^{(i)} \\[2mm] i = 1, 2, \cdots, n \end{array}\right\} \tag{2.4.16}$$

系统式 (2.2.6) 相应的解 $(\boldsymbol{u}, \boldsymbol{v})$ 满足

$$(\underline{\boldsymbol{u}}(t, x), \underline{\boldsymbol{v}}(t, x)) \leqslant (\boldsymbol{u}(t, x), \boldsymbol{v}(t, x)) \leqslant (\overline{\boldsymbol{u}}(t, x), \overline{\boldsymbol{v}}(t, x)) \tag{2.4.17}$$

现在，如果取 $\phi_i^* = M_i - \phi_i$，则对任意 $\phi \in \langle \widehat{u}_s, \widetilde{u}_s \rangle$，式 (2.4.16) 成立。于是，由定理 2.2.2 知，$(u,v) = (u^*, M - u^*)$，其中 u^* 是系统式 (2.2.1) 的唯一解。这意味着 $(\underline{u}, \underline{v}) \leqslant (u^*, M - u^*) \leqslant (\overline{u}, \overline{v})$。从而，有

$$\underline{u}(t,x) \leqslant u^*(t,x) \leqslant \overline{u}(t,x), \quad \forall t > 0,\ x \in \overline{\Omega} \tag{2.4.18}$$

再由式 (2.4.15)，即得式 (2.4.14)。

最后，如果 $\underline{u}_s = \overline{u}_s \equiv u_s^*$，则由 $\overline{u}_s$ 和 $\underline{u}_s$ 的最大最小性质知，u_s^* 是系统式 (2.4.1) 在 $\langle \widehat{u}_s, \widetilde{u}_s \rangle$ 上的唯一解。再由式 (2.4.14) 即得 $u^*(t,x) \to u_s^*(x)(t \to \infty)$。

从上面的定理可知，如果初值函数 ϕ 满足 $\widehat{u}_s(x) \leqslant \phi(t,x) \leqslant \widetilde{u}(x)$，$(t,x) \in Q_0$，则序区间 $\langle \underline{u}_s, \overline{u}_s \rangle$ 是系统式 (2.2.1) 的一个吸引子。于是，对任意初值函数 ϕ，我们有如下定理。

定理 2.4.2 假设定理 2.4.1 的条件全部成立。又记 $u \equiv (u_1, \cdots, u_n)$ 为系统式 (2.2.1) 对应任意初值 $\phi(t,x)$ 的解。如果存在 $t^* \geqslant 0$ 使得

$$\widehat{u}_i(x) \leqslant u_i(t,x) \leqslant \widetilde{u}_i(x), \quad \forall t \in [t^* - \tau_i, t^*],\ x \in \overline{\Omega},\ i = 1,2,\cdots,n \tag{2.4.19}$$

则定理 2.4.1 的结论仍然成立。

证明 令 $\tau = t - t^*$，$U(\tau, x) = U(\tau + t^*, x)$。考虑在系统式 (2.2.1) 中用 $\tau + t^*$ 替换 t 后的系统。由于 $u_i(t - \tau_i, x) = u_i(\tau + t^* - \tau_i, x) = U_i(\tau - \tau_i, x)$，其中 $U \equiv (U_1, \cdots, U_n)$，则 U 满足在系统式 (2.2.1) 中用 (τ, x) 替换 (t,x) 后的系统。关于 U 的初值条件为

$$U_i(\tau, x) = u_i(t - t^*, x), \quad -\tau_i \leqslant \tau \leqslant 0,\ x \in \Omega$$

注意到式 (2.4.19)，$U_i(\tau, x)$ 满足

$$\widehat{u}_i(x) \leqslant U_i(\tau, x) \leqslant \widetilde{u}_i(x), \quad -\tau_i \leqslant \tau \leqslant 0,\ x \in \Omega$$

于是，由定理 2.4.1 知

$$\underline{u}_s(x) \leqslant \lim_{\tau \to \infty} U(\tau, x) \leqslant \overline{u}_s(x)$$

这就证明了式 (2.4.14)。如果 $\underline{u}_s = \overline{u}_s \equiv u_s^*$，则同样由式 (2.4.14) 得 $u^*(t,x) \to u_s^*(x)$ $(t \to \infty)$。

第 3 章　一类具有潜伏期和非局部影响的传染病模型的动力学行为

在自然状态下,传染病患者总可以由一个地方流动到另一个地方。因此,在具有潜伏期的传染病的传播中,染病患者的移动往往导致非局部影响。针对这种情况,文献 [36,59–61] 中的作者先后推导并分析了几类非局部传染病模型,得到了一些非常有意义的结果。然而,随着社会的发展和科技水平的提高,传染病流行中的人为控制越来越频繁。特别是在传染病大流行中 (如 2003 年的 SARS),人们 (特别是政府) 将有效隔离已发病患者直到完全康复 (他们将不能移动,不再是传染源)。本章的工作主要是考虑这种情形下传染病的传播规律。因此,本章的工作是文献 [36,59–61] 的一项后继工作。

3.1　引言与模型推导

在具有潜伏期的传染病的传播中,染病患者的移动往往导致非局部影响。原因在于,在某区域内,个体在某地染病后,可能到另一地才发病而成为传染病患者,同时,已发病患者的移动也可能将传染病传染给处于不同地点的易感人群而出现新的传染病患者。为了研究这种非局部影响,Li 和 Zou [59,61] 推导并分析了某些空间离散环境下的数学模型,即所谓斑块模型。同时,Li 和 Zou [60] 也研究了连续情形。文献 [60] 中的模型为整个空间 $\mathbf{R}$ 上的非局部反应扩散方程,并且该文献主要考虑了传染病空间传播行波解的存在性。在现实世界中,多数种群的栖息地为有界区域,这就导致具有潜伏期的传染病将仅仅在有界栖息区域中传播。于是,Guo, Wang 和 Zou[36] 考虑了这种情况,推导并分析了一类具有固定潜伏期的非局部传染病模型,得到了该模型全局动力学的一个阈值结果。

由于本章的工作是文献 [36,59–61] 的一项后继工作。为此,我们将采用文献 [36] 的记号和概念。

设种群生活在一个空间不均匀但连续的环境中。记 Ω 表示这个空间栖息地,其边界 $\partial\Omega$ 光滑。又设某种具有潜伏期 τ 的传染病感染了这个种群,导致该种群分为四类:易感种群、潜伏者 (已染病但未发病的种群)、发病者 (已经发病的种群) 和康复者,分别用 $S = S(t,x)$, $L = L(t,x)$, $I = I(t,x)$, $R = R(t,x)$ 表示。

为了把潜伏期引入模型,我们介绍感染期的概念,并用 a 表示。令 $E(t,x,a)$ 表示于时刻 t 在 x 处感染期为 a 的种群密度。通过一个关于染病结构种群与空间扩散的标准讨

论[89]，可得

$$\frac{\partial E(t,x,a)}{\partial t} + \frac{\partial E(t,x,a)}{\partial a} = D(a)\Delta E(t,x,a) - (\sigma(a)+\gamma(a)+d)E(t,x,a) \tag{3.1.1}$$

其中，$a \geqslant 0$。这里 $D(a)$, $\sigma(a)$ 和 $\gamma(a)$ 分别表示染病期为 a 的种群的扩散率、因病死亡率和康复率，d 表示自然死亡率。

我们考虑种群通量为 0 的意义下的一个封闭环境。与此对应，我们考虑如下 Neumann 边界条件：

$$\frac{\partial E(t,x,a)}{\partial \boldsymbol{n}} = 0, \quad t > 0, \ x \in \Omega \tag{3.1.2}$$

其中，$\boldsymbol{n}$ 表示 $\partial\Omega$ 的外法方向。

由潜伏期 τ 和密度的含义，易得

$$L(t,x) = \int_0^\tau E(t,x,a)\mathrm{d}a, \quad I(t,x) = \int_\tau^\infty E(t,x,a)\mathrm{d}a \tag{3.1.3}$$

为了方便运用数学方法进行处理且不丢失其主要特征，我们作如下假设：

(H3.1.1) 当 $a \in [0,\tau)$ 时，$D(a)=D_L$, $\sigma(a)=\sigma_L$, $\gamma(a)=\gamma_L$；

(H3.1.2) 当 $a \in [\tau,]$ 时，$D(a)=0$, $\sigma(a)=\sigma_I$, $\gamma(a)=\gamma_I$。

于是，对式 (3.1.3) 关于 t 微分，并运用 (3.1.1) 以及假设 (H3.1.1) 和 (H3.1.2)，可得

$$\left.\begin{aligned}
\frac{\partial I(t,x)}{\partial t} &= -(\sigma_I+\gamma_I+d)I(t,x) + E(t,x,\tau) - E(t,x,\infty)\\
\frac{\partial L(t,x)}{\partial t} &= D_L\Delta L(t,x) - (\sigma_L+\gamma_L+d)L(t,x) + E(t,x,0) - E(t,x,\tau)
\end{aligned}\right\} \tag{3.1.4}$$

由生物学意义，式 (3.1.1) 意味着 $E(t,x,\infty)=0$，并且 $d>0$。又运用浓度感染机理，可得如下条件：

$$E(t,x,0) = rI(t,x)S(t,x) \tag{3.1.5}$$

进一步假设，如果传染病消失，该种群将恢复到平衡状态。由于不强调人口统计学，因此，我们运用最简单的关于 $N(t,x)$ 的人口统计学方程：

$$\frac{\partial N(t,x)}{\partial t} = \mu + D_N\Delta N(t,x) - dN(t,x) \tag{3.1.6}$$

其中，μ 表示出生率，D_N 表示扩散率。

于是，综上所述，该传染病的动力学行为可由如下非局部时滞微分系统：

$$\left.\begin{aligned}
\frac{\partial S(t,x)}{\partial t} &= D_S\Delta S(t,x) + \mu - dS(t,x) - rI(t,x)S(t,x)\\
\frac{\partial L(t,x)}{\partial t} &= D_L\Delta L(t,x) - (\sigma_L+\gamma_L+d)L(t,x) + rI(t,x)S(t,x) - E(t,x,\tau)\\
\frac{\partial I(t,x)}{\partial t} &= -(\sigma_I+\gamma_I+d)I(t,x) + E(t,x,\tau)\\
\frac{\partial R(t,x)}{\partial t} &= D_R\Delta R(t,x) + \gamma_L L(t,x) + \gamma_I I(t,x) - dR(t,x)
\end{aligned}\right\} \tag{3.1.7}$$

来描述。在本章中，总假设系统式 (3.1.7) 中所有与空间无关的常数均为正数。

接下来，运用特征线方法来确定 $E(t,x,\tau)$。固定 $\xi \geqslant 0$，定义函数

$$v(\xi,x,a) = E(a+\xi,x,a),\ \forall a \in [0,\tau]$$

由式 (3.1.1) 以及假设 (H3.1.1) 和 (H3.1.2)，则有

$$\frac{\partial v(\xi,x,a)}{\partial a} = \frac{\partial E(t,x,a)}{\partial t}\bigg|_{t=a+\xi} + \frac{\partial E(t,x,a)}{\partial a}\bigg|_{t=a+\xi} =$$

$$D(a)\Delta E(a+\xi,x,a) - (\sigma(a)+\gamma(a)+d)E(a+\xi,x,a) =$$

$$D_L\Delta v(\xi,x,a) - (\sigma_L+\gamma_L+d)v(\xi,x,a) \tag{3.1.8}$$

显然，上述方程是齐次线性的，从而可以运用变量分离方法求解。于是，首先考虑形如 $v(\xi,x,a) = T(a)X(x)$ 的解。则有

$$T'X = D_L T\Delta X - (\sigma_L+\gamma_L+d)TX$$

即

$$\frac{1}{D_L}\left[\frac{T'}{T} + (\sigma_L+\gamma_L+d)\right] = \frac{1}{X}\Delta X = -\lambda$$

于是，对应齐次 Neumann 边界条件，解如下方程：

$$\Delta X + \lambda X = 0$$

得 $X = \varphi_n$, $\lambda = \lambda_n$, $n=1,2,\cdots$，其中，$0 = \lambda_1 < \lambda_2 \leqslant \cdots \leqslant \lambda_n \leqslant \cdots$, $\lim\limits_{n\to\infty}\lambda_n = +\infty$, $\{\varphi_n\}_{n=1}^{+\infty}$ 是 $L^2(\overline{\Omega})$ 上的一个规范正交基，并且对任意 $x \in \Omega$，均有 $\varphi_1(x) > 0$。同样，通过求解

$$\frac{T'}{T} + (\sigma_L+\gamma_L+d) = -\lambda_n D_L$$

可得

$$T(a) = T(0)\mathrm{e}^{-(\sigma_L+\gamma_L+d)a-\lambda_n D_L a}$$

从而，我们得到

$$v(\xi,x,a) = \sum_{n=1}^{+\infty} a_n(\xi)T(0)\mathrm{e}^{-(\sigma_L+\gamma_L+d)a-\lambda_n D_L a}\varphi_n(x) \tag{3.1.9}$$

特别地，有

$$v(\xi,x,0) = \sum_{n=1}^{+\infty} a_n(\xi)T(0)\varphi_n(x)$$

另一方面，由式 (3.1.5)，知

$$v(\xi,x,0) = E(\xi,x,0) = rI(\xi,x)S(\xi,x)$$

即

$$rI(\xi,x)S(\xi,x) = \sum_{n=1}^{+\infty} a_n(\xi)T(0)\varphi_n(x)$$

因此，在上式两边乘以 φ_n，并在 Ω 上积分，可得

$$a_n(\xi)T(0) = \int_{\Omega} rI(\xi,x)S(\xi,x)\varphi_n(x)\mathrm{d}x, \quad n=1,2,\cdots$$

再将上式代回式 (3.1.9)，则有

$$v(\xi,x,a) = \sum_{n=1}^{+\infty} \mathrm{e}^{-(\sigma_L+\gamma_L+d)a-\lambda_n D_L a} \int_{\Omega} rI(\xi,y)S(\xi,y)\varphi_n(x)\varphi_n(y)\mathrm{d}y \tag{3.1.10}$$

因此

$$E(t,x,\tau) = \varepsilon \int_{\Omega} k(\alpha,x,y)I(t-\tau,y)S(t-\tau,y)\mathrm{d}y \tag{3.1.11}$$

其中，$\alpha = D_L\tau$，$\varepsilon = re^{-(\sigma_L+\gamma_L+d)\tau}$，$k(\alpha,x,y)$ 由式 (1.4.2) 给出。于是，将式 (3.1.11) 代入方程组式 (3.1.7)，得到关于 $S(t,x)$，$L(t,x)$，$I(t,x)$，$R(t,x)$ 的一个方程组。然而，注意到，$S(t,x)$ 和 $I(t,x)$ 与另外两个变量无关，它们可以从方程组中分离出来。因而，只需考虑关于 $S(t,x)$ 和 $I(t,x)$ 的如下方程组：

$$\left.\begin{aligned}
\frac{\partial S(t,x)}{\partial t} &= D_S\Delta S(t,x) + \mu - dS(t,x) - rI(t,x)S(t,x) \\
\frac{\partial I(t,x)}{\partial t} &= -\beta_I I(t,x) + \varepsilon \int_{\Omega} k(\alpha,x,y)I(t-\tau,y)S(t-\tau,y)\mathrm{d}y
\end{aligned}\right\} \tag{3.1.12}$$

其中，$\beta_I = \sigma_I + \gamma_I + d$。对应式 (3.1.2)，我们有如下 Neumann 边界条件：

$$\frac{\partial S(t,x)}{\partial \boldsymbol{n}} = \frac{\partial I(t,x)}{\partial \boldsymbol{n}} = 0, \quad t>0,\ x\in\partial\Omega \tag{3.1.13}$$

为了方便，记 $(u_1,u_2) = (S,I)$，$D = D_S$，$\beta = \beta_I$。于是，式 (3.1.12) 和式 (3.1.13) 化为如下空间非局部时滞微分系统：

$$\left.\begin{aligned}
\frac{\partial u_1(t,x)}{\partial t} &= D\Delta u_1(t,x) + \mu - du_1(t,x) - ru_2(t,x)u_1(t,x), \quad t>0,\ x\in\Omega \\
\frac{\partial u_2(t,x)}{\partial t} &= -\beta u_2(t,x) + \varepsilon \int_{\Omega} k(\alpha,x,y)u_1(t-\tau,y)u_2(t-\tau,y)\mathrm{d}y, \quad t>0,\ x\in\Omega \\
\frac{\partial u_1(t,x)}{\partial \boldsymbol{n}} &= 0, \quad \frac{\partial u_2(t,x)}{\partial \boldsymbol{n}} = 0, \quad t>0,\ x\in\partial\Omega \\
u_1(t,x) &= \phi_1(t,x), \quad u_2(t,x) = \phi_2(t,x), \quad t\in[-\tau,0],\ x\in\Omega
\end{aligned}\right\}$$

$$\tag{3.1.14}$$

其中，$k(\alpha,x,y)$ 由式 (1.4.2) 给出，(ϕ_1,ϕ_2) 为初始值。

本章的主要工作是运用第 2 章的结果以及对相应特征方程的仔细分析来获得方程式 (3.1.14) 的常数平衡态的全局渐近稳定性，并由此给出一个由方程参数表示的方程传染病是否继续流行的阈值。本章首先在 3.2 节中证明方程式 (3.1.14) 有一个连通的全局吸引子，并用方程参数估计了其范围。在 3.3 节中，分析方程式 (3.1.14) 的全局吸引性，运用第 2 章定理 2.4.1 得到方程平凡常数平衡态的全局吸引性。最后，在 3.4 节考虑稳定性，由此得到方程传染病是否继续流行的一个阈值结果。

3.2　解的存在性与有界性

设 $\mathcal{X} \equiv C(\overline{\Omega}, \mathbf{R}^2)$，其范数为上确界范数 $\|\cdot\|_{\mathcal{X}}$。又设 $\tau \geqslant 0$，并且 $C \equiv C([-\tau, 0], \mathcal{X})$，其范数为

$$\| \phi \|_C \equiv \max_{\theta \in [-\tau, 0]} \| \phi(\theta) \|_{\mathcal{X}}, \quad \forall \phi \in C$$

定义 $\mathcal{X}^+ \equiv C(\overline{\Omega}, \mathbf{R}_+^2)$ 和 $C^+ \equiv C([-\tau, 0], \mathcal{X}^+)$，则 $(\mathcal{X}, \mathcal{X}^+)$ 和 (C, C^+) 为两个强序 Banach 空间 (详细定义可参见文献 [114])。对 $\sigma > 0$ 和一个给定函数 $u(t) : [-\tau, \sigma) \to \mathcal{X}$，定义 $u_t \in C$ 为

$$u_t(\theta) = u(t + \theta), \; \forall \theta \in [-\tau, 0]$$

又定义算子 $\boldsymbol{F} \equiv (F_1, F_2) : C \to \mathcal{X}$ 为

$$F_1(\phi) = \mu - d\phi_1(0) - r\phi_1(0)\phi_2(0), \; \forall \phi \equiv (\phi_1, \phi_2) \in C$$

和

$$F_2(\phi) = \varepsilon \int_{\Omega} k(\alpha, \cdot, y)\phi_1(-\tau, y)\phi_2(-\tau, y)\mathrm{d}y, \; \forall \phi \equiv (\phi_1, \phi_2) \in C$$

则我们可以将方程式 (3.1.14) 化为如下非线性抽象泛函微分方程：

$$\begin{aligned} \frac{\mathrm{d}\boldsymbol{u}(t)}{\mathrm{d}t} &= \boldsymbol{A}\boldsymbol{u}(t) + \boldsymbol{F}(\boldsymbol{u}_t), \quad t \geqslant 0 \\ \boldsymbol{u}_0 &= \phi \in C^+ \end{aligned} \tag{3.2.1}$$

其中 $\boldsymbol{u} \equiv (u_1, u_2)$，$\boldsymbol{A} \equiv (A_1, A_2)$ 为 $\mathcal{X}$ 上的一个线性算子，其定义域为

$$\mathrm{Dom}(\boldsymbol{A}) = \left\{ u_1 \in C(\overline{\Omega}, \mathbf{R}) \, \middle| \, \frac{\partial u_1}{\partial \boldsymbol{n}} = 0 \text{ 在 } \partial\Omega \text{ 成立} \right\} \times C(\overline{\Omega}, \mathbf{R})$$

并且

$$A_1 u_1 = D\Delta u_1, \quad A_2 u_2 = -\beta u_2, \; \forall \boldsymbol{u} \in \mathrm{Dom}(\boldsymbol{A})$$

于是，由文献 [99] 中的定理 1.1.2 知，算子 $\boldsymbol{A}$ 为一个 C_0-半群 $\{\boldsymbol{T}(t)\}_{t \geqslant 0}$ 的无穷小生成元，其中 $\boldsymbol{T}(t) \equiv (T_1(t), T_2(t)) : \mathcal{X} \to \mathcal{X}$ 对任意 $t \geqslant 0$ 成立。并且 A_1 和 A_2 分别为 $\{T_1(t)\}_{t \geqslant 0}$

和 $\{T_2(t)\}_{t\geqslant 0}$ 的无穷小生成元。从而，再由文献 [99] 中的推论 1.1.4 和定理 2.5.3 易知半群 $\{T(t)\}_{t\geqslant 0}$ 是解析的。因此，我们可以将方程式 (3.2.1) 化为如下积分方程：

$$\left.\begin{aligned} \boldsymbol{u}(t) &= \boldsymbol{T}(t)\phi(0) + \int_0^t \boldsymbol{T}(t-s)\boldsymbol{F}(\boldsymbol{u}_s)\mathrm{d}s, \quad t \geqslant 0 \\ \boldsymbol{u}_0 &= \phi \in C^+ \end{aligned}\right\} \tag{3.2.2}$$

并且称该方程的解为方程式 (3.1.14) 的软解。

显然，$\boldsymbol{F}: C \to \mathcal{X}$ 是局部 Lipschitz 连续的，即对任意 $R > 0$，存在常数 $L(R) > 0$，当 $\phi, \psi \in C$, $\|\phi\|_C \leqslant R$, $\|\psi\|_C \leqslant R$ 时，均有

$$|\boldsymbol{F}(\phi) - \boldsymbol{F}(\psi)| \leqslant L(R)\|\phi - \psi\|_C$$

从而，对每个初值 $\phi \in C^+$，方程式 (3.1.14) 均存在一个定义在最大存在区间 $[-\tau, \sigma_\phi)$ 上的软解 $\boldsymbol{u}(t, \phi)$，并且要么 $\sigma_\phi = \infty$，要么 $\lim\limits_{t\to\sigma_\phi^-}\|\boldsymbol{u}_t(\phi)\|_C = \infty$（可参见文献 [148] 的定理 2.2.6）。此外，由于 $\{\boldsymbol{T}(t)\}_{t\geqslant 0}$ 是一个解析半群，则对任意 $t > \tau$，软解 $\boldsymbol{u}(t, \phi)$ 也是其经典解（可参见文献 [148] 的推论 2.2.5）。

接下来，我们证明方程式 (3.1.14) 的始于非负初值函数的解在 $\mathbf{R}^+ \times \overline{\Omega}$ 上都是非负的和有界的。

引理 3.2.1 设 $\boldsymbol{u}(t, x)$ 是系统式 (3.1.14) 的解，并且当 $(s, x) \in [-\tau, 0] \times \overline{\Omega}$ 时，$\boldsymbol{u}(s, x) \geqslant 0$。则 $\boldsymbol{u}(t, x)$ 在 $\mathbf{R}^+ \times \overline{\Omega}$ 上非负且有界。此外，对任意 $\delta > 0$，存在 $t_0 > 0$，当 $(t, x) \in (t_0, +\infty) \times \Omega$ 时，均有 $u_1(t, x) \leqslant B_{1,\delta}$, $u_2(t, x) \leqslant B_{2,\delta}$。其中，$B_{1,\delta} = \dfrac{\mu}{d} + \delta$, $B_{2,\delta} = \dfrac{c_1(k_0 + \delta)}{\beta} + \delta$, $c_1 = \varepsilon c_0\left(\dfrac{\mu}{d} + \delta\right)$, $k_0 = \varepsilon\mu r^{-1}l^2 c_0 / \min\{\beta, dl\}$, $c_0 = \max\limits_{(x,y)\in\Omega\times\Omega} k(\alpha, x, y)$, l 为 Ω 的测度。

证明 为了证明 $\boldsymbol{u}(t, x)$ 在 $\mathbf{R}^+ \times \overline{\Omega}$ 上的非负性，我们取 $M_1 > \dfrac{\mu}{d}$, $M_2 \geqslant -\beta + \varepsilon M_1$, ρ 为充分大的正常数。又记 $\widetilde{\boldsymbol{u}} \equiv (\widetilde{u}_1, \widetilde{u}_2) = (M_1, \rho e^{M_2 t})$, $\widehat{\boldsymbol{u}} \equiv (\widehat{u}_1, \widehat{u}_2) = (0, 0)$。则通过简单计算，可知 $\widetilde{\boldsymbol{u}}$ 和 $\widehat{\boldsymbol{u}}$ 为系统式 (3.1.14) 的耦合上下解，并且系统式 (3.1.14) 在 $\Lambda \equiv \langle\widehat{\boldsymbol{u}}, \widetilde{\boldsymbol{u}}\rangle$ 上是混拟单调的。于是，由第 2 章定理 2.2.1 知，系统式 (3.1.14) 在 Λ 上有唯一解 $\boldsymbol{u}^*$，并且 $\boldsymbol{u}^* \in \Lambda$。再由 M_1, M_2 及 ρ 的取法与任意性，系统 (3.1.14) 的解总是非负的。

接下来，我们证明 $\boldsymbol{u}(t, x)$ 在 $\mathbf{R}^+ \times \overline{\Omega}$ 上是上方有界的。由非负性，有

$$\frac{\partial u_1(t, x)}{\partial t} \leqslant D\Delta u_1(t, x) + \mu - du_1(t, x), \quad \forall(t, x) \in \mathbf{R}^+ \times \Omega \tag{3.2.3}$$

作变换

$$u_1(t, x) = e^{-dt}w_1(t, x) + \frac{\mu}{d} \tag{3.2.4}$$

将式 (3.2.3) 化为

$$\frac{\partial w_1(t, x)}{\partial t} \leqslant D\Delta w_1(t, x), \quad \forall(t, x) \in \mathbf{R}^+ \times \Omega$$

于是, 由最大值原则, 有

$$w_1(t,x) \leqslant \max_{(s,x)\in[-\tau,0]\times\Omega} w_1(s,x), \quad \forall(t,x) \in \mathbf{R}^+ \times \Omega$$

从而, 由式 (3.2.4) 知, $u_1(t,x)$ 在 $\mathbf{R}^+ \times \overline{\Omega}$ 上有上界, 并且

$$\limsup_{t\to\infty} u_1(t,x) \leqslant \frac{\mu}{d}, \quad \forall x \in \Omega$$

因此, 对任意 $\delta > 0$, 存在 $t_1 > 0$, 当 $(t,x) \in [t_1,+\infty)\times\Omega$ 时, 均有 $u_1(t,x) \leqslant \frac{\mu}{d} + \delta$。于是, 由方程式 (3.1.14) 的第二个方程, 可得

$$\frac{\partial u_2(t,x)}{\partial t} \leqslant -\beta u_2(t,x) + c_1 \breve{u}_2(t-\tau), \quad \forall(t,x) \in [t_1,+\infty)\times\Omega \qquad (3.2.5)$$

其中 $c_1 = \varepsilon c_0\left(\dfrac{\mu}{d}+\delta\right)$, $c_0 = \max\limits_{(x,y)\in\Omega\times\Omega} k(\alpha,x,y)$, $\breve{u}_2(t) = \displaystyle\int_\Omega u_2(t,y)\mathrm{d}y$。对方程式 (3.1.14) 的第一个方程两边在 Ω 上积分, 则有

$$\frac{\mathrm{d}\breve{u}_1(t)}{\mathrm{d}t} = \mu_0 - d_0\breve{u}_1(t) - r\int_\Omega u_1(t,y)u_2(t,y)\mathrm{d}y, \quad \forall t \geqslant 0$$

即

$$r\int_\Omega u_1(t,y)u_2(t,y)\mathrm{d}y = \mu_0 - d_0\breve{u}_1(t) - \frac{\mathrm{d}\breve{u}_1(t)}{\mathrm{d}t}, \quad \forall t \geqslant 0 \qquad (3.2.6)$$

其中, $\mu_0 = \mu l$, $d_0 = dl$, $l = \mathrm{mes}\,\Omega$, $\mathrm{mes}\,\Omega$ 表示 Ω 的测度。类似地, 对方程式 (3.1.14) 的第二个方程两边在 Ω 上积分, 并将式 (3.2.6) 代入, 可得

$$\frac{\mathrm{d}\breve{u}_2(t)}{\mathrm{d}t} \leqslant -\beta\breve{u}_2(t) - k_1\breve{u}_1(t-\tau) - k_2\frac{\mathrm{d}\breve{u}_1(t-\tau)}{\mathrm{d}t} + k_3, \quad \forall t \geqslant \tau \qquad (3.2.7)$$

其中, $k_1 = dl^2$, $k_2 = l$, $k_3 = \dfrac{\varepsilon}{r}\mu l^2 c_0$。从而有

$$\frac{\mathrm{d}}{\mathrm{d}t}[\breve{u}_2(t) + k_2\breve{u}_1(t-\tau)] \leqslant -k_4[\breve{u}_2(t) + k_2\breve{u}_1(t-\tau)] + k_3, \quad \forall t \geqslant \tau$$

其中, $k_4 = \min\left\{\beta, \dfrac{k_1}{k_2}\right\}$。对上述方程运用常数变易法, 易得

$$\breve{u}_2(t) \leqslant \breve{u}_2(t) + k_2\breve{u}_1(t-\tau) \leqslant k_5(\phi)\mathrm{e}^{-k_4 t} + k_0, \quad \forall t \geqslant \tau \qquad (3.2.8)$$

其中, $k_0 = \dfrac{k_3}{k_4}$, $k_5(\phi) = \max\limits_{(s,x)\in[-\tau,0]\times\Omega}\{k_2\phi_1(s,x) + \phi_2(s,x)\}$。因此, 对前述 $\delta > 0$, 存在 $t_2 > t_1$ 使得

$$\breve{u}_2(t) \leqslant k_0 + \delta, \quad \forall t \geqslant t_2 + \tau \qquad (3.2.9)$$

将式 (3.2.9) 代入式 (3.2.5)，得

$$\frac{\partial u_2(t,x)}{\partial t} \leqslant -\beta u_2(t,x) + c_1(k_0 + \delta), \quad \forall (t,x) \in [t_2, +\infty) \times \Omega \tag{3.2.10}$$

作变换

$$u_2(t,x) = w_2(t,x)e^{-\beta t} + \frac{c_1(k_0 + \delta)}{\beta} \tag{3.2.11}$$

化式 (3.2.10) 为

$$\frac{\partial w_2(t,x)}{\partial t} \leqslant 0, \quad \forall (t,x) \in [t_2, +\infty) \times \Omega$$

于是，$w_2(t,x)$ 关于 $t \in [t_2, +\infty)$ 单调递减。从而，由式 (3.2.11) 知，$u_2(t,x)$ 在 $\mathbf{R}^+ \times \overline{\Omega}$ 上有上界，并且

$$\limsup_{t \to \infty} u_2(t,x) \leqslant \frac{c_1(k_0 + \delta)}{\beta}$$

因此，对前述 $\delta > 0$, 存在 $t_0 > t_2$ 使得

$$u_2(t,x) \leqslant \frac{c_1(k_0 + \delta)}{\beta} + \delta, \quad \forall (t,x) \in [t_0, +\infty) \times \Omega$$

引理 3.2.1 证毕。

由引理 3.2.1 和文献 [148] 中的定理 2.2.6，可得到如下定理。

定理 3.2.1　对每个初值 $\phi \in C^+$, 方程式 (3.1.14) 都有在整个 $[-\tau, \infty)$ 上有定义的解 $\boldsymbol{u}(t, \phi)$, 并且由此定义了一个解半流 $\Phi(t) = \boldsymbol{u}_t(\cdot) : C^+ \to C^+, t \geqslant 0$。

注 3.2.1　我们特别指出，对任意 $t > \tau$, 定理 3.2.1 中的解半流 $\Phi(t) : C^+ \to C^+$ 不是紧的。事实上，算子 $\Phi_1(t) : C^+ \to C^+, t \geqslant \tau$, $(\Phi_1(t)\phi)(\theta, x) = \int_0^{t+\theta} \boldsymbol{T}(t + \theta - s)\boldsymbol{F}(\boldsymbol{u}_s(\phi))\mathrm{d}s$ 是紧的，但对任意 $t > \tau$, 算子 $\Phi_2(t) : C^+ \to C^+$, $(\Phi_2(t)\phi)(\theta, x) = \boldsymbol{T}(t)\phi(0, x)$ 不紧。因此，由方程式 (3.2.2) 知，对任意 $t > \tau$, 半流 $\Phi(t)$ 一般不紧。

由注 3.2.1 知，方程式 (3.1.14) 的解半流缺乏紧性。然而，在研究抽象泛函微分方程平衡态的全局吸引性中，最有效的线性算子半群理论方法恰恰就需要这种紧性。因此，由于解半流的这种紧性的缺失，直接造成了研究方程式 (3.1.14) 的全局吸引性的困难。为此，我们将引入所谓渐近光滑的概念。通过这个概念，放宽对解半流紧性的要求，使得我们证明了一个非紧的解半流仍可以获得一个连通的全局吸引子。

引理 3.2.2　由方程式 (3.1.14) 定义的解半流 $\Phi(t) = \boldsymbol{u}_t(\cdot) : C^+ \to C^+, t \geqslant 0$ 获得一个连通的全局吸引子，并且该吸引子位于集合

$$\mathcal{Y}_\delta \equiv \left\{ (\phi_1, \phi_2) \in C^+ \,\middle|\, 0 \leqslant \phi_1(\theta, x) \leqslant B_{1,\delta}, \ 0 \leqslant \phi_2(\theta, x) \leqslant B_{2,\delta}, \ \forall (\theta, x) \in Q^0 \right\}$$

中，这里 $Q^0 = [-\tau, 0] \times \Omega$, $B_{1,\delta}$ 和 $B_{2,\delta}$ 同引理 3.2.1。

证明　由方程 (3.2.2)，则有

$$\left.\begin{aligned}
u_1(t+\theta,x,\phi) &= \int_\Omega k(D(t+\theta),x,y)\phi_1(0,y)\mathrm{d}y + \\
&\quad \int_0^{t+\theta}\int_\Omega k(D(t+\theta-s),x,y)F_1(\boldsymbol{u}_s)(y)\mathrm{d}y\mathrm{d}s \\
u_2(t+\theta,x,\phi) &= \phi_2(0,x)\mathrm{e}^{-\beta(t+\theta)} + \int_0^{t+\theta}\mathrm{e}^{-\beta(t+\theta-s)}F_2(\boldsymbol{u}_s)(x)\mathrm{d}s
\end{aligned}\right\} \tag{3.2.12}$$

其中 $\theta\in[-\tau,0]$，$t>\tau$，$k(Dt,x,y)=\sum\limits_{n=1}^{+\infty}\mathrm{e}^{-Dt\lambda_n}\varphi_n(x)\varphi_n(y)$，并且

$$\left.\begin{aligned}
F_1(\boldsymbol{u}_s)(x) &= \mu - du_1(s,y) - ru_1(s,y)u_2(s,y) \\
F_2(\boldsymbol{u}_s)(x) &= \varepsilon\int_\Omega k(\alpha,x,y)u_1(s-\tau,y)u_2(s-\tau,y)\mathrm{d}y
\end{aligned}\right\} \tag{3.2.13}$$

定义算子 $\boldsymbol{V}(t)\equiv(V_1(t),v_2(t)):C^+\to C^+$ 为

$$(V_1(t)\phi)(\theta,x)=0,\quad (V_2(t)\phi)(\theta,x)=\phi_2(0)\mathrm{e}^{-\beta(t+\theta)},\ \forall\phi\in C^+ \tag{3.2.14}$$

这里，$\theta\in[-\tau,0]$，$x\in\overline{\Omega}$，$t>\tau$。又设

$$\boldsymbol{U}(t)\equiv(U_1(t),U_2(t))=\varPhi(t)-\boldsymbol{V}(t),\quad\forall t>\tau$$

则由式 (3.2.12) 和式 (3.2.14)，有

$$\left.\begin{aligned}
(U_1(t)\phi)(\theta,x) &= \int_\Omega k(D(t+\theta),x,y)\phi_1(0,y)\mathrm{d}y + \\
&\quad \int_0^{t+\theta}\int_\Omega k(D(t+\theta-s),x,y)F_1(\boldsymbol{u}_s)(y)\mathrm{d}y\mathrm{d}s,\ \forall\phi\in C^+ \\
(U_2(t)\phi)(\theta,x) &= \int_0^{t+\theta}\mathrm{e}^{-\beta(t+\theta-s)}F_2(\boldsymbol{u}_s)(x)\mathrm{d}s,\ \forall\phi\in C^+
\end{aligned}\right\} \tag{3.2.15}$$

其中，$\theta\in[-\tau,0]$，$x\in\overline{\Omega}$，$t>\tau$，$\boldsymbol{F}(\boldsymbol{u}_s)(x)$ 由式 (3.2.13) 给出。因此，为了证明由方程式 (3.1.14) 定义的解半流 $\varPhi(t)=\boldsymbol{u}_t(\cdot):C^+\to C^+,t\geqslant 0$ 是渐近光滑的，由文献 [41] 中的引理 3.2.3 知，只需证明：

(i) 存在一个连续函数 $h:\mathbf{R}^+\times\mathbf{R}^+\to\mathbf{R}^+$ 满足 $\lim\limits_{t\to+\infty}h(t,a)=0$，并且当 $\|\phi\|_C\leqslant a$ 时，均有 $\|\boldsymbol{V}(t)\phi\|_C\leqslant h(t,a)$，

(ii) 对每个 $t\in(\tau,+\infty)$，算子 $\boldsymbol{U}(t)$ 是全连续的。

事实上，取 $h(t,a)=a\mathrm{e}^{-\beta(t-\tau)}$，则知部分 (i) 的结论成立。对于部分 (ii)，由于半群 $\{T_1(t)\}_{t\geqslant 0}$ 是紧的，从而由文献 [148] 中的定理 2.1.8 知，对每个 $t\in(\tau,+\infty)$，算子 $U_1(t)$ 是

紧的。为了证明算子 $U_2(t)$ 的紧性，我们设 $\{\phi_r\,|\,r\in\varGamma\}$ 是 C^+ 的任意有界集，$t\in(\tau,+\infty)$。又对每个 $r\in\varGamma$，设 $f_r=U_2(t)(\phi_r)$。则对任意 $-\tau\leqslant\theta_2<\theta_1\leqslant 0$，$|\theta_1-\theta_2|<\dfrac{1}{\beta}$，则有

$$|f_r(\theta_1)-f_r(\theta_2)|\leqslant$$

$$\left|\int_{t+\theta_2}^{t+\theta_1}\mathrm{e}^{-\beta(t+\theta_1-s)}F_2(\boldsymbol{u}_s)(\cdot)\mathrm{d}s\right|+$$

$$\int_0^{t+\theta_2}\left|\mathrm{e}^{-\beta(t+\theta_1-s)}-\mathrm{e}^{-\beta(t+\theta_2-s)}\right|\,|F_2(\boldsymbol{u}_s)(\cdot)|\mathrm{d}s\leqslant$$

$$\varepsilon l_1 l_2\,|\theta_1-\theta_2|+\varepsilon l_1 l_2\int_0^{t+\theta_2}\left|\mathrm{e}^{-\beta(t+\theta_1-s)}-\mathrm{e}^{-\beta(t+\theta_2-s)}\right|\mathrm{d}s\leqslant$$

$$2\varepsilon l_1 l_2\,|\theta_1-\theta_2|$$

其中

$$l_1=\sup_{(r,s)\in\varGamma\times[0,+\infty)}\|u_1(s,\phi_r))\|_X,\quad l_2=\sup_{(r,s)\in\varGamma\times[0,+\infty)}\|u_2(s,\phi_r)\|_X$$

这里，$\|\cdot\|$ 表示空间 $X\equiv C(\overline{\varOmega},\mathbf{R})$ 上的上确界范数。从而，函数族 $\{f_r\,|\,r\in\varGamma\}$ 是等度连续的。接下来，我们将证明，对于固定的 $\theta\in[-\tau,0]$，集合 $\{f_r(\theta)\,|\,r\in\varGamma\}$ 在 X 中是列紧的。事实上，由引理 3.2.1 知，$\{f_r(\theta)\,|\,r\in\varGamma\}$ 是 X 上的有界集。又由 $k(\alpha,x,y)$ 在 $x\in\overline{\varOmega}$ 上的一致连续性知，对任意 $\delta>0$，存在 $\sigma>0$，当 $x_1,x_2,y\in\overline{\varOmega}$，$|x_1-x_2|<\sigma$ 时，均有 $|k(\alpha,x_1,y)-k(\alpha,x_2,y)|<\delta$。于是，对任意 $r\in\varGamma$，当 $|x_1-x_2|<\sigma$ 时，有

$$|f_r(\theta,x_1)-f_r(\theta,x_2)|=|(U_2(t)\phi_r)(\theta,x_1)-(U_2(t)\phi_r)(\theta,x_2)|\leqslant$$

$$\int_0^{t+\theta}\mathrm{e}^{-\beta(t+\theta-s)}|F_2(\boldsymbol{u}_s)(x_1)-F(\boldsymbol{u}_s)(x_2)|\mathrm{d}s\leqslant$$

$$\varepsilon l_1 l_2\delta\int_0^{t+\theta}\mathrm{e}^{-\beta(t+\theta-s)}\mathrm{d}s\leqslant\frac{1}{\beta}\varepsilon l_1 l_2\delta$$

从而，集合 $\{f_r(\theta)\,|\,r\in\varGamma\}$ 在 X 上列紧。因此，由 Arzela-Ascoli 定理 (参见文献 [148] 或者 [106])，$\{f_r\,|\,r\in\varGamma\}$ 在 $C([-\tau,0],X^+)$ 上列紧，其中 $X^+\equiv C(\overline{\varOmega},\mathbf{R}^+)$。故，由文献 [148] 中的定理 2.2.6 知，部分 (ii) 的结论成立。所以，由文献 [41] 中的引理 3.2.3 知，解半流 $\varPhi(t):C^+\to C^+$，$t>\tau$ 是渐近光滑的。再一次运用引理 3.2.1，我们发现，$\varPhi(t):C^+\to C^+$ 是点耗散的。因此，由文献 [41] 中的定理 3.4.6 知，$\varPhi(t)$ 在 C^+ 中有一个连通的全局吸引子，它吸引 C^+ 中的每一个有界集，并且位于 $\mathcal{Y}_\delta$ 中。引理证毕。

下面的引理对方程式 (3.1.14) 的持久性估计有重要意义。

引理 3.2.3 假设 $\boldsymbol{u}(t,x,\phi)$ 为方程式 (3.1.14) 取初值 $\boldsymbol{u}_0(\phi)=\phi\in C^+$ 的解。

(i) 对任意 $\phi\in C^+$，我们总有 $u_1(t,\cdot,\phi)>0,\forall t>0$，并且

$$\liminf_{t\to+\infty}u_1(t,x,\phi)\geqslant Q \tag{3.2.16}$$

在 $x\in\varOmega$ 上一致成立，其中 $Q=\dfrac{\mu}{d+rB_2}$，$B_2=\dfrac{\varepsilon\mu}{d\beta}c_0 k_0$，$c_0$ 和 k_0 同引理 3.2.1。

(ii) 如果存在某个 $t^* \geqslant 0$ 使得 $u_2(t^*, \cdot, \phi) \not\equiv 0$, 则

$$u_2(t, \cdot, \phi) > 0, \quad \forall t \geqslant t^* + \tau$$

证明　首先, 由引理 3.2.1, 有

$$\frac{\partial u_1(t, x)}{\partial t} \geqslant D\Delta u_1(t, x) + \mu - (d + rB_{2,\delta})u_1(t, x), \quad \forall (t, x) \in \mathbf{R}^+ \times \Omega \qquad (3.2.17)$$

这里, $B_{2,\delta}$ 同引理 3.2.1。对式 (3.2.17) 作类似于引理 3.2.1 的一个讨论, 可知

$$\lim_{t \to +\infty} \inf u_1(t, x, \phi) \geqslant \frac{\mu}{d + rB_{2,\delta}}$$

在 $x \in \Omega$ 上一致成立。于是, 再由 δ 的任意性即得式 (3.2.16)。为了证明部分 (i), 我们反设存在 $(\overline{t}, \overline{x}) \in (0, +\infty) \times \Omega$ 使得 $u_1(\overline{t}, \overline{x}, \phi) = 0$。但由非负性知, $\left.\dfrac{\partial u_1(t, x)}{\partial t}\right|_{(t,x)=(\overline{t},\overline{x})} = 0$, $\Delta u_1(t, x)|_{(t,x)=(\overline{t},\overline{x})} \geqslant 0$, 此与式 (3.2.17) 矛盾。故, 部分 (i) 成立。

接下来, 我们证明部分 (ii) 成立。由部分 (i) 的结果和部分 (ii) 的假设, 则有

$$\frac{\partial u_2(t^* + \tau, x, \phi)}{\partial t} = -\beta u_2(t^* + \tau, x, \phi) + \eta(x), \quad \forall x \in \Omega \qquad (3.2.18)$$

其中

$$\eta(x) = \varepsilon \int_{\Omega} k(\alpha, x, y)u_1(t^*, y, \phi)u_2(t^*, y, \phi)\mathrm{d}y > 0, \quad \forall x \in \Omega$$

对式 (3.2.18) 作类似于部分 (i) 的分析可知, 对任意 $x \in \Omega$, 均有 $u_2(t^* + \tau, x, \phi) > 0$。另一方面, 由非负性, 知

$$\frac{\partial u_2(t, x, \phi)}{\partial t} \geqslant -\beta u_2(t, x, \phi), \quad \forall (t, x) \in \mathbf{R}^+ \times \Omega \qquad (3.2.19)$$

作变换

$$u_2(t, x, \phi) = w_2(t, x, \phi)\mathrm{e}^{-\beta t} \qquad (3.2.20)$$

化式 (3.2.19) 为

$$\frac{\partial w_2(t, x, \phi)}{\partial t} \geqslant 0, \quad \forall (t, x) \in \mathbf{R}^+ \times \Omega$$

由此可知, $w_2(t, x, \phi)$ 关于 t 在 $\mathbf{R}^+$ 上单调增加。又由于

$$u_2(t^* + \tau, x, \phi) > 0, \quad \forall x \in \Omega$$

从而, 由式 (3.2.20), 有

$$w_2(t^* + \tau, x, \phi) > 0, \quad \forall x \in \Omega$$

于是, 当 $t > t^* + \tau$ 时, 总有

$$w_2(t, x, \phi) > 0, \quad \forall x \in \Omega$$

再由式 (3.2.20), 知

$$u_2(t, x, \phi) > 0, \quad \forall (t, x) \in [t^* + \tau, +\infty) \times \Omega$$

故, 部分 (ii) 的结论成立。引理 3.2.3 证毕。

3.3 全局吸引性

通过简单计算，我们会发现，方程式 (3.1.14) 总有一个常数平衡态 $\boldsymbol{u} = \boldsymbol{u}_0 \equiv (u_{1,0}, 0)$，其中，$u_{1,0} = \dfrac{\mu}{d}$。而当 $\dfrac{\mu}{d} \leqslant \dfrac{\beta}{\varepsilon}$ 时，该平衡态还是方程式 (3.1.14) 的唯一常数平衡态。但当 $\dfrac{\mu}{d} > \dfrac{\beta}{\varepsilon}$ 时，方程式 (3.1.14) 还有另一个常数平衡态 $\boldsymbol{u} = \boldsymbol{u}_1 \equiv (u_{1,1}, u_{2,1})$，这里，$u_{1,1} = \dfrac{\beta}{\varepsilon}$，$u_{2,1} = \dfrac{\varepsilon\mu - \beta d}{r\beta}$。

本节主要考虑运用第 2 章的定理 2.4.1 和本章 3.2 节的结论来研究方程式 (3.1.14) 常数平衡态 $\boldsymbol{u}_0 \equiv \left(\dfrac{\mu}{d}, 0\right)$ 的全局吸引性。为此，我们首先考虑方程式 (3.1.14) 的对应边值问题

$$\left.\begin{array}{l}
-D\Delta u_1(x) = \mu - du_1(x) - ru_2(x)u_1(x), \quad x \in \Omega \\[2mm]
0 = -\beta u_2(x) + \varepsilon \displaystyle\int_\Omega k(\alpha, x, y)u_1(y)u_2(y)\mathrm{d}y, \quad x \in \Omega \\[2mm]
\dfrac{\partial u_1(x)}{\partial \boldsymbol{n}} = 0, \quad \dfrac{\partial u_2(x)}{\partial \boldsymbol{n}} = 0, \quad x \in \partial\Omega
\end{array}\right\} \tag{3.3.1}$$

为了方便起见，我们给出如下假设：

(H3.3.1) $\qquad\qquad\qquad\qquad \dfrac{\mu}{d} < \dfrac{\beta}{\varepsilon}$

事实上，假设 (H3.3.1) 仅保证了方程式 (3.1.14) 的常数平衡态 $\boldsymbol{u}_0 \equiv \left(\dfrac{\mu}{d}, 0\right)$ 作为常数平衡态的唯一性。接下来，我们主要考虑方程式 (3.1.14) 的常数平衡态 $\boldsymbol{u}_0$ 全局吸引的充分条件。由第 2 章定理 2.4.1 和本章 3.2 节的结论，我们将分四步来考虑。

第一步，寻找方程式 (3.3.1) 的一对合适的耦合上下解。

由假设 (H3.3.1) 知，存在充分小的正数 $\delta > 0$ 使得

$$\frac{\mu}{d} < \frac{\mu}{d} + \delta < \frac{\beta}{\varepsilon} \tag{3.3.2}$$

取 $\widetilde{\boldsymbol{u}}_s \equiv (\widetilde{u}_1, \widetilde{u}_2) = (B_{1,\delta}, B_{2,\delta})$，$\widehat{\boldsymbol{u}}_s \equiv (\widehat{u}_1, \widehat{u}_2) = (0, 0)$，其中，$B_{1,\delta} = \dfrac{\mu}{d} + \delta$ 和 $B_{2,\delta} = \dfrac{c_1(k_0 + \delta)}{\beta} + \delta$ 同引理 3.2.1。又记

$$\Lambda \equiv \langle \widehat{\boldsymbol{u}}_s, \widetilde{\boldsymbol{u}}_s \rangle = \left\{ \boldsymbol{u} \in C(\mathbf{R}^+ \times \overline{\Omega}, \mathbf{R}_+^2) \,\middle|\, \widehat{\boldsymbol{u}}_s \leqslant \boldsymbol{u}(t, x) \leqslant \widetilde{\boldsymbol{u}}_s, \forall t \geqslant 0, x \in \overline{\Omega} \right\}$$

则方程式 (3.1.14) 在 Λ 上是混拟单调的，且 $\widetilde{\boldsymbol{u}}_s$，$\widehat{\boldsymbol{u}}_s$ 为方程式 (3.3.1) 的一对耦合上下解。

第二步，我们将证明，对方程式 (3.1.14) 的任意解 $\boldsymbol{u}$，当 t 充分大时，均有 $\boldsymbol{u} \in \Lambda$ 成立。

事实上，由引理 3.2.1 知，对方程式 (3.1.14) 的任意解 $\boldsymbol{u}$，当 $t > t_0$，$x \in \Omega$ 时，均有 $\boldsymbol{u}(t, x) \equiv (u_1(t, x), u_2(t, x)) \in \Lambda$，其中，$t_0$ 同引理 3.2.1。

第三步，按式 (2.4.4) 作迭代序列 $\left\{\overline{\boldsymbol{u}}_s^{(n)}\right\}_{n=0}^{\infty} \equiv \left\{\left(\overline{u}_1^{(n)}, \overline{u}_2^{(n)}\right)\right\}_{n=0}^{\infty}$ 和 $\left\{\underline{\boldsymbol{u}}_s^{(n)}\right\}_{n=0}^{\infty} \equiv$ $\left\{\left(\underline{u}_1^{(n)}, \underline{u}_2^{(n)}\right)\right\}_{n=0}^{\infty}$。

取 $\overline{\boldsymbol{u}}_s^{(0)} = \widetilde{\boldsymbol{u}}_s$，$\underline{\boldsymbol{u}}_s^{(0)} = \widehat{\boldsymbol{u}}_s$，按方式

$$
\left.\begin{array}{l}
\overline{u}_1^{(n)} = \overline{u}_1^{(n-1)} + (\mu - d\overline{u}_1^{(n-1)} - r\overline{u}_1^{(n-1)}\underline{u}_2^{(n-1)})/M \\[2mm]
\overline{u}_2^{(n)} = \overline{u}_2^{(n-1)} + (-\beta\overline{u}_2^{(n-1)} + \varepsilon\overline{u}_1^{(n-1)}\overline{u}_2^{(n-1)})/M \\[2mm]
\underline{u}_1^{(n)} = \underline{u}_1^{(n-1)} + (\mu - d\underline{u}_1^{(n-1)} - r\underline{u}_1^{(n-1)}\overline{u}_2^{(n-1)})/M \\[2mm]
\underline{u}_2^{(n)} = \underline{u}_2^{(n-1)} + (-\beta\underline{u}_2^{(n-1)} + \varepsilon\underline{u}_1^{(n-1)}\underline{u}_2^{(n-1)})/M
\end{array}\right\}
$$

进行迭代，其中

$$
M \geqslant \max_{(u_1, u_2) \in \Lambda} \{d + r|u_2|, \; r|u_1|, \; \varepsilon|u_1|, \; \varepsilon|u_2|, \; \beta\}
$$

显然，由第 2 章的讨论知，序列 $\left\{\overline{\boldsymbol{u}}_s^{(n)}\right\}_{n=0}^{\infty}$ 和 $\left\{\underline{\boldsymbol{u}}_s^{(n)}\right\}_{n=0}^{\infty}$ 满足

$$
\widehat{\boldsymbol{u}}_s \leqslant \underline{\boldsymbol{u}}_s^{(n)} \leqslant \underline{\boldsymbol{u}}_s^{(n+1)} \leqslant \overline{\boldsymbol{u}}_s^{(n+1)} \leqslant \overline{\boldsymbol{u}}_s^{(n)} \leqslant \widetilde{\boldsymbol{u}}_s, \; n = 1, 2, \cdots
$$

从而，极限

$$
\lim_{n \to \infty} \overline{\boldsymbol{u}}_s^{(n)} = \overline{\boldsymbol{u}}_s \equiv (\overline{u}_1, \overline{u}_2), \quad \lim_{n \to \infty} \underline{\boldsymbol{u}}_s^{(n)} = \underline{\boldsymbol{u}}_s \equiv (\underline{u}_1, \underline{u}_2)
$$

存在。

第四步，在假设 (H3.3.1) 下，我们证明 $\overline{\boldsymbol{u}}_s = \underline{\boldsymbol{u}}_s = \boldsymbol{u}_0 \equiv \left(\dfrac{\mu}{d}, 0\right)$。

事实上，由第三步的迭代知，$\overline{u}_1, \overline{u}_2, \underline{u}_1, \underline{u}_2$，均为非负常数，并且满足

$$
\left.\begin{array}{l}
\mu - d\overline{u}_1 - r\overline{u}_1\underline{u}_2 = 0 \\[2mm]
-\beta\overline{u}_2 + \varepsilon\overline{u}_1\overline{u}_2 = 0 \\[2mm]
\mu - d\underline{u}_1 - r\underline{u}_1\overline{u}_2 = 0 \\[2mm]
-\beta\underline{u}_2 + \varepsilon\underline{u}_1\underline{u}_2 = 0
\end{array}\right\} \tag{3.3.3}
$$

注意到假设 (H3.3.1)，即 $\dfrac{\mu}{d} < \dfrac{\beta}{\varepsilon}$，再由式 (3.3.3)，可得

$$
\overline{u}_1 = \underline{u}_1 = \frac{\mu}{d}, \quad \overline{u}_2 = \underline{u}_2 = 0
$$

于是，由第 2 章定理 2.4.1、本章引理 3.2.1 以及上述讨论，我们有如下定理。

定理 3.3.1 设 $\boldsymbol{u}(t, x, \phi)$ 为方程式 (3.1.14) 的解。如果 $\dfrac{\mu}{d} < \dfrac{\beta}{\varepsilon}$，则对任意初值 $\phi \in C^+$，均有

$$
\lim_{t \to \infty} \boldsymbol{u}(t, x, \phi) = \boldsymbol{u}_0
$$

对 $x \in \Omega$ 一致成立，即 $\boldsymbol{u}_0 \equiv \left(\dfrac{\mu}{d}, 0\right)$ 在 C^+ 上全局吸引。

3.4　全局渐近稳定性

在这一节中, 我们将讨论方程式 (3.1.14) 的两个常数平衡态 $\boldsymbol{u}_0 \equiv \left(\dfrac{\mu}{d}, 0\right)$ 和 $\boldsymbol{u}_1 \equiv \left(\dfrac{\beta}{\varepsilon}, \dfrac{\mu\varepsilon - d\beta}{r\beta}\right)$ 的稳定性, 并用方程参数给出传染病不再流行的一个阈值。

为了讨论方程式 (3.1.14) 的稳定性, 我们首先考虑方程式 (3.2.1) 在常数平衡态 $\boldsymbol{u} = \boldsymbol{u}^* \equiv (u_1^*, u_2^*)$ 处的线性化方程

$$\left.\begin{array}{l} \dfrac{\mathrm{d}\boldsymbol{u}(t)}{\mathrm{d}t} = \boldsymbol{A}\boldsymbol{u}(t) + \boldsymbol{G}(\boldsymbol{u}_t), \quad t \geqslant 0 \\ \boldsymbol{u}_0 = \phi \in C^+ \end{array}\right\} \tag{3.4.1}$$

其中算子 $\boldsymbol{G} \equiv (G_1, G_2) : C \to \mathcal{X}$ 定义为

$$G_1(\phi) = -(d + ru_2^*)\phi_1(0) - ru_1^*\phi_2(0), \ \forall \phi \equiv (\phi_1, \phi_2) \in C$$

和

$$G_2(\phi) = \varepsilon \int_\Omega k(\alpha, \cdot, y)[u_2^*\phi_1(-\tau, y) + u_1^*\phi_2(-\tau, y)]\mathrm{d}y, \ \forall \phi \equiv (\phi_1, \phi_2) \in C$$

对每一个复数 λ, 我们定义 $\mathcal{X}$–值线性算子 $\Theta(\lambda)$ 为

$$\Theta(\lambda)\boldsymbol{u} = \boldsymbol{A}\boldsymbol{u} - \lambda\boldsymbol{u} + \boldsymbol{G}(\mathrm{e}^{\lambda\cdot}\boldsymbol{u}), \quad \boldsymbol{u} \in \mathrm{Dom}(\boldsymbol{A}) \tag{3.4.2}$$

其中, $\mathrm{e}^{\lambda\cdot}\boldsymbol{u} \in C$ 定义为 (注意, 这里的 C 表示其复化的情形)

$$(\mathrm{e}^{\lambda\cdot}\boldsymbol{u})(\theta) = \mathrm{e}^{\lambda\theta}\boldsymbol{u}, \quad \theta \in [-\tau, 0]$$

如果存在 $\boldsymbol{u} \in \mathrm{Dom}(\boldsymbol{A})/\{0\}$ 满足特征方程 $\Theta(\lambda)\boldsymbol{u} = 0$, 则称 λ 为方程式 (3.4.1) 的一个特征值 (例如参见文献 [148])。由于 $\mathrm{Dom}(\boldsymbol{A}) \subset \mathcal{X} \subset L^2(\overline{\Omega}) \times L^2(\overline{\Omega})$, 则对任意 $\boldsymbol{u} \in \mathrm{Dom}(\boldsymbol{A})/\{0\}$, 均存在一列二维复向量 $(a_n, b_n), n = 1, 2, \cdots$ 使得

$$\boldsymbol{u}(x) = \sum_{n=1}^{+\infty}(a_n, b_n)\varphi_n(x) \tag{3.4.3}$$

从而, 由式 (1.4.2), 式 (3.4.2) 和式 (3.4.3), 则有

$$\Theta(\lambda)\boldsymbol{u}(x) = \left[\begin{array}{c} A_1 u_1(x) - \lambda u_1(x) + G_1(\mathrm{e}^{\lambda\cdot}\boldsymbol{u})(x) \\ A_2 u_2(x) - \lambda u_2(x) + G_2(\mathrm{e}^{\lambda\cdot}\boldsymbol{u})(x) \end{array}\right] =$$

$$\left[\begin{array}{c} D\Delta u_1(x) - \lambda u_1(x) - (d + ru_2^*)u_1(x) - ru_1^*u_2(x) \\ -\beta u_2(x) - \lambda u_2(x) + \varepsilon \int_\Omega k(\alpha, x, y)[u_2^*\mathrm{e}^{-\tau\lambda}u_1(y) + u_1^*\mathrm{e}^{-\tau\lambda}u_2(y)]\mathrm{d}y \end{array}\right] =$$

$$\left[\begin{array}{c} \displaystyle\sum_{n=1}^{+\infty}\left[-(D\lambda_n + \lambda + d + ru_2^*)a_n - ru_1^*b_n\right]\varphi_n(x) \\ \displaystyle\sum_{n=1}^{+\infty}\left[\varepsilon u_2^*\mathrm{e}^{-\alpha\lambda_n}\mathrm{e}^{-\tau\lambda}a_n + (\varepsilon u_1^*\mathrm{e}^{-\alpha\lambda_n}\mathrm{e}^{-\tau\lambda} - \lambda - \beta)b_n\right]\varphi_n(x) \end{array}\right]$$

于是，对任意 $n = 1, 2, \cdots$，均有

$$\left.\begin{array}{l} -(D\lambda_n + \lambda + d + ru_2^*)a_n - ru_1^*b_n = 0 \\ \varepsilon u_2^* \mathrm{e}^{-\alpha\lambda_n} \mathrm{e}^{-\tau\lambda} a_n + (\varepsilon u_1^* \mathrm{e}^{-\alpha\lambda_n} \mathrm{e}^{-\tau\lambda} - \lambda - \beta)b_n = 0 \end{array}\right\}$$

因此，由线性代数理论知，方程式 (3.4.1) 的特征值 λ 至少满足下列方程之一：

$$\begin{vmatrix} -(D\lambda_n + \lambda + d + ru_2^*) & -ru_1^* \\ \varepsilon u_2^* \mathrm{e}^{-\alpha\lambda_n} \mathrm{e}^{-\tau\lambda} & \varepsilon u_1^* \mathrm{e}^{-\alpha\lambda_n} \mathrm{e}^{-\tau\lambda} - \lambda - \beta \end{vmatrix} = 0, \ \forall n = 1, 2, \cdots$$

即

$$(D\lambda_n + \lambda + d + ru_2^*)(\lambda + \beta - \varepsilon u_1^* \mathrm{e}^{-\alpha\lambda_n} \mathrm{e}^{-\tau\lambda}) + \varepsilon ru_1^* u_2^* \mathrm{e}^{-\alpha\lambda_n} \mathrm{e}^{-\tau\lambda} = 0, \ \forall n = 1, 2, \cdots \quad (3.4.4)$$

特别地，将 $\boldsymbol{u}^* = \boldsymbol{u}_0$ 代入式 (3.4.4)，得

$$(D\lambda_n + \lambda + d)\left(\lambda + \beta - \frac{\varepsilon\mu}{d} \mathrm{e}^{-\alpha\lambda_n} \mathrm{e}^{-\tau\lambda}\right) = 0, \ \forall n = 1, 2, \cdots \quad (3.4.5)$$

将 $\boldsymbol{u}^* = \boldsymbol{u}_1$ 代入式 (3.4.4)，得

$$p_n(\lambda) + q_n(\lambda)\mathrm{e}^{-\tau\lambda} = 0, \ \forall n = 1, 2, \cdots \quad (3.4.6)$$

其中，$p_n(\lambda) = \lambda^2 + (c_n + \beta)\lambda + \beta c_n$，$q_n(\lambda) = -g_n\lambda - g_n l_n$，$c_n = D\lambda_n + \dfrac{\varepsilon}{\beta}\mu$，$g_n = \beta\mathrm{e}^{-\alpha\lambda_n}$，$l_n = D\lambda_n + d$。

引理 3.4.1　设 $\gamma_0 = \sup\{\mathrm{Re}\lambda | \lambda \in \sigma_p^{(0)}\}$，其中 $\mathrm{Re}\lambda$ 表示复数 λ 的实部，$\sigma_p^{(0)}$ 表示方程式 (3.4.5) 的所有特征值构成的集合。则当 $\dfrac{\mu}{d} > \dfrac{\beta}{\varepsilon}$ 时，$\gamma_0 > 0$，而当 $\dfrac{\mu}{d} < \dfrac{\beta}{\varepsilon}$ 时，$\gamma_0 < 0$。

证明　如果 $\dfrac{\mu}{d} > \dfrac{\beta}{\varepsilon}$，则由式 (3.4.5) 和文献 [113] 中的命题 4.6 知，至少存在方程式 (3.4.5) 的一个特征值 λ 使得 $\mathrm{Re}\lambda > 0$。因此，$\gamma_0 > 0$。

如果 $\dfrac{\mu}{d} < \dfrac{\beta}{\varepsilon}$，则由 $0 = \lambda_1 < \lambda_2 \leqslant \cdots \leqslant \lambda_n \leqslant \cdots$，有

$$\frac{\mu\varepsilon}{d} \mathrm{e}^{-\alpha\lambda_n} < \beta, \quad \forall n = 1, 2, \cdots$$

于是，由式 (3.4.5) 和文献 [113] 中的命题 4.6 知，方程式 (3.4.5) 的所有特征值 λ 都有负实部。因此，运用文献 [148] 中定理 3.1.10，可得 $\gamma_0 < 0$。引理 3.4.1 证毕。

为了给出方程式 (3.4.6) 的特征值的情况，我们先给出由 F.Brauer 于 1987 年证明的如下引理。

引理 3.4.2 [5]　如果方程式 (3.4.6) 中的 $p_n(\lambda)$ 和 $q_n(\lambda)$ 满足如下三个条件：

(i)　当 $\mathrm{Re}\lambda \geqslant 0$ 时，$p_n(\lambda) \neq 0$；

(ii)　$|q_n(iy)| < |p_n(iy)|$，$\forall y \in \mathbf{R}^+$；

(iii)　当 $\mathrm{Re}\lambda \geqslant 0$ 时，$\lim\limits_{|\lambda| \to \infty} \left|\dfrac{q_n(\lambda)}{p_n(\lambda)}\right| = 0$。

其中，$i = \sqrt{-1}$，$\mathrm{Re}\lambda$ 表示复数 λ 的实部，则方程式 (3.4.6) 的所有特征值 λ 都有负实部。

证明参见文献 [5]。

于是，由引理 3.4.2，我们有如下结论。

引理 3.4.3 设 $\gamma_1 = \sup\{\mathrm{Re}\lambda | \lambda \in \sigma_p^{(1)}\}$，其中 $\sigma_p^{(1)}$ 表示方程式 (3.4.6) 的所有特征值构成的集合。则当 $\dfrac{\mu}{d} > \dfrac{\beta}{\varepsilon}$ 时，$\gamma_1 < 0$。

证明 由于 $p_n(\lambda) = 0$ 的两个根均为负实根，从而引理 3.4.2 的条件 (i) 满足。而条件 (iii) 显然满足。要运用引理 3.4.2 的结论，现在只需证明满足条件 (ii)。事实上，对任意 $y \in \mathbf{R}^+$，则有

$$|p_n(iy)|^2 - |q_n(iy)|^2 = y^4 + (\beta^2 + c_n^2 - g_n^2)y^2 + \beta^2 c_n^2 - g_n^2 l_n^2, \quad \forall n = 1, 2, \cdots \quad (3.4.7)$$

另一方面，由 $0 = \lambda_1 < \lambda_2 \leqslant \cdots \leqslant \lambda_n \leqslant \cdots$，有

$$g_n^2 = \beta^2 \mathrm{e}^{-2\alpha\lambda_n} \leqslant \beta^2, \quad \forall n = 1, 2, \cdots$$

从而，$\beta^2 + c_n^2 - g_n^2 > 0$，并且由引理条件，可得

$$\beta_n^2 c_n^2 - g_n^2 l_n^2 \geqslant \beta^2(c_n^2 - l_n^2) = \beta^2(c_n + l_n)\left(\dfrac{\varepsilon\mu}{\beta} - d\right) > 0, \quad \forall n = 1, 2, \cdots$$

于是，由式 (3.4.7) 知，条件 (ii) 满足。从而，运用引理 3.4.2 知，方程式 (3.4.6) 的所有特征值 λ 都有负实部。因此，运用文献 [148] 中定理 3.1.10，可得 $\gamma_1 < 0$。引理 3.4.3 证毕。

于是，由定理 3.3.1，引理 3.4.1，引理 3.4.3，文献 [148] 的推论 3.1.11 和线性稳定性原则 (参见文献 [113])，我们有如下定理。

定理 3.4.1 (i) 如果 $\dfrac{\mu}{d} > \dfrac{\beta}{\varepsilon}$，则方程 (3.1.14) 在 C^+ 上有唯一平衡态 $\boldsymbol{u}_0 \equiv \left(\dfrac{\mu}{d}, 0\right)$，并且该平衡态在 C^+ 上全局渐近稳定；

(ii) 如果 $\dfrac{\mu}{d} < \dfrac{\beta}{\varepsilon}$，则方程式 (3.1.14) 在 C^+ 上至少有两平衡态，即 $\boldsymbol{u}_0 \equiv \left(\dfrac{\mu}{d}, 0\right)$ 和 $\boldsymbol{u}_1 \equiv \left(\dfrac{\beta}{\varepsilon}, \dfrac{\varepsilon\mu - d\beta}{r\beta}\right)$，并且 $\boldsymbol{u}_0$ 是不稳定的，而 $\boldsymbol{u}_1$ 是渐近稳定的。

注 3.4.1 由定理 3.4.1 可知，当 $\dfrac{\mu}{d} > \dfrac{\beta}{\varepsilon}$ 时，方程式 (3.1.14) 的传染病将最终灭绝，种群恢复正常状态。当 $\dfrac{\mu}{d} < \dfrac{\beta}{\varepsilon}$ 时，方程式 (3.1.14) 的传染病将继续流行，最终保持在水平 $\boldsymbol{u}_1 \equiv \left(\dfrac{\beta}{\varepsilon}, \dfrac{\varepsilon\mu - d\beta}{r\beta}\right)$ 附近或其他正平衡态附近。由此可见，$\mathfrak{R} \equiv \dfrac{\mu\varepsilon}{d\beta}$ 是决定传染病是否继续流行的一个阈值。当该值超出 1 时，传染病将最终灭绝；而当它未达到 1 时，传染病将继续流行。

第 4 章　一类有界域上具有年龄结构的非局部种群模型的动力学行为（非单调情形）

本章研究一类有界区域上具有年龄结构的非局部种群模型的全局动力学。运用上下解方法及对非局部项中核函数的精细分析，证明模型在成年种群数量增大时其出生率衰减的非单调情形下正平衡态的不存在性与存在唯一性。而在这种情形下，仅运用单调动力系统理论来进行研究是很困难的。此外，通过建立一个适当的比较原则并运用耗散系统理论，克服成年种群不扩散所带来的模型解半流的非紧性困难，获得唯一正平衡态全局渐近稳定的一些充分条件。

4.1　引言

众所周知，生物种群在某一时刻可以迁移到这里，而在另一时刻又可以迁移到那里，还可以从一个比较小的区域分散到一个比较大的区域。为了探讨这种空间扩散和时滞对生物种群行为的影响，许多学者开始研究具有时滞和空间非局部反应扩散效应的种群模型 (例如参见文献 [33,37,48,66,67,81,118,122,129,146,151,158,159,171] 及其所参考的相关文献)，并且 So, Wu 和 Zou 在文献 [118] 中推导并研究的如下空间非局部时滞反应扩散模型：

$$\frac{\partial w(t,x)}{\partial t} = D\frac{\partial^2 w(t,x)}{\partial x^2} - dw(t,x) + \varepsilon \int_{-\infty}^{+\infty} k(\alpha,x,y)b(w(t-\tau,y))\mathrm{d}y, t \geqslant 0, x \in \mathbf{R}$$

$$(4.1.1)$$

就是其中之一。在这个模型中，τ 表示种群成年所需要的时间，$w(t,x)$ 表示成年种群在 t 时刻 x 处的总量，D 和 d 分别表示成年种群的扩散率和死亡率，$k(\alpha,x,y)$ 表示在 $t-\tau$ 时刻于 y 处出生的种群在 t 时刻迁移至 x 处的概率，$b(w)$ 为出生函数，而 ε 和 α 分别由 $\varepsilon = \mathrm{e}^{-\int_0^\tau D(a)\mathrm{d}a}$ 和 $\alpha = \int_0^\tau d(a)\mathrm{d}a$ 定义，其中 $D(a)$ 和 $d(a)$ 分别表示年龄为 a 的未成年种群的扩散率和死亡率。文献 [118] 对模型式 (4.1.1) 的波前解进行了研究。最近，易泰山, Chen 和 Zou 在文献 [159] 中运用易泰山和 Zou 在文献 [158] 中的紧开拓扑方法，证明了该模型正常数平衡态的全局吸引性。

另外，我们注意到在自然界中也有这样的种群：未成年个体不扩散，而成年个体扩散，比如鸟类就是如此。对于这样的种群，则可以用模型式 (4.1.1) 中取 $\alpha = 0$ 时的如下

退化空间局部模型:

$$\frac{\partial w(t,x)}{\partial t} = D\frac{\partial^2 w(t,x)}{\partial x^2} - dw(t,x) + b(w(t-\tau,x)), t \geqslant 0, x \in \mathbf{R} \qquad (4.1.2)$$

来描述。对模型式 (4.1.2),波前解是一类重要的解,它可以解释种群的空间侵犯 (参见文献 [26, 30, 32, 119])。当出生函数 $b(w)$ 取 Ricker 函数 $b(w) = pwe^{-qw}$ 时,文献 [88, 119] 证明了其波前解的存在性与稳定性。

此外,我们也注意到自然界中还存在未成年个体扩散而成年个体不扩散的种群,比如海洋中某些浮游生物就是这样 (参见文献 [147] 或者 [158])。由这些种群的生命圈可以看出,它们的数量显然能用模型式 (4.1.1) 中取 $D = 0$ 时的方程

$$\frac{\partial w(t,x)}{\partial t} = -dw(t,x) + \int_{-\infty}^{+\infty} k(\alpha,x,y)b(w(t-\tau,y))\mathrm{d}y, t \geqslant 0, x \in \mathbf{R} \qquad (4.1.3)$$

来描述。并且易泰山和 Zou 在文献 [158] 中通过运用紧开拓扑方法获得了该方程全局动力学的一些结果。

然而,以上模型所描述的种群的栖息区域都是无界的,而现实世界中的种群所栖息的区域都是有界的。为此,文献 [66] 立刻考虑了种群栖息地为一个有界区域的情形,比如区域为一个有限区间 $[0,\pi]$。他们获得了类似式 (4.1.1) 的模型并进行了数值研究。紧接着,Xu 和 Zhao 在文献 [151] 中研究了如下一类有界域上更一般的非局部时滞单种群模型:

$$\left.\begin{array}{l} \dfrac{\partial w(t,x)}{\partial t} = D\Delta w(t,x) - f(w(t,x)) + \varepsilon \displaystyle\int_{\overline{\Omega}} k(\alpha,x,y)b(w(t-\tau,y))\mathrm{d}y, t \geqslant 0 \\[3mm] Bw(t,x) = 0, t \geqslant 0, x \in \partial\Omega \end{array}\right\} \qquad (4.1.4)$$

其中,$f(w)$ 为成年种群的死亡函数,Δ 为 $\mathbf{R}^m$ 上的拉普拉斯算子,Ω 为 $\mathbf{R}^m$ 中的一个有界开区域,$Bw = w$ 或者 $\dfrac{\partial w}{\partial \boldsymbol{n}} + \delta w$,$\delta \in C^{1+\theta}(\partial\Omega, \mathbf{R})$,$\theta > 0$,$\partial/\partial n$ 表示对边界 $\partial\Omega$ 的外法方向 $\boldsymbol{n}$ 的导数,而 $k(\alpha,x,y)$ 为偏微分算子 $\partial_\alpha - \Delta_x$ 对应边界条件 $Bw = 0$ 的基本解。

为了弄清模型式 (4.1.4) 的全局动力学,一个中心问题就是研究其平衡态的存在唯一性与全局稳定性。当出生函数 $b(w)$ 在 $(0, +\infty)$ 上单调增加时,单调动力系统这个强有力的理论工具能应用于该问题,并且文献 [151] 已经取得了部分结果。然而,由于拥挤效应,出生率在种群数量 w 足够大时通常是衰减的。因此,更为常见的假设是,当种群数量 w 较大时,出生函数 $b(w)$ 是单调递减的,比如 Nicholson 绿头苍蝇模型中的出生函数 $b(w) = pwe^{-qw}$ 和最常用的 Logistic 模型中的出生函数 $b(w) = pw(q - w)$ 就是如此,其中 $p, q > 0$(参见文献 [38])。对于这种非单调情形,单调动力系统理论方法几乎失效,研究变得更为困难。为此,Zhao 在文献 [171] 中运用 Thieme 和 Zhao 在文献 [122] 中的波动方法,证明了在 Neumann 边界条件下成年种群和未成年种群都扩散时的该模型正常数平衡态的全局吸引性。最近,郭志明,杨志春和 Zou 又分析了该模型在一个有限区间上对应 Dirichlet 边界条件下成年种群和未成年种群都扩散时的情形,并通过运用上下解方法和对积分核的估计,获得了存在唯一正平衡态的一些充分条件 (参见文献 [37])。同时,易

泰山和 Zou[161] 研究了一般区域上对应 Dirichlet 边界条件下成年种群和未成年种群都扩散时的情形，并运用一个比较技巧和动力系统方法获得了正平衡态的存在唯一性和全局吸引性。然而，唯一正平衡态的稳定性问题仍未解决。因此，尽管已经经历了学者们十余年的努力，但对于非单调情形下的这个中心问题仍是一个尚未解决的具有挑战性的公开问题。

在本章中，我们将对这个中心问题在非单调情形下做一次尝试，但我们的工作仅限于未成年种群扩散而成年种群不扩散的情形，也就是在模型式 (4.1.4) 中取 $D = 0$ 时的情形。为了方便，我们考虑该模型的如下版本：

$$\left.\begin{array}{l} \dfrac{\partial_t w(t,x)}{\partial t} = -f(w(t,x)) + \varepsilon \displaystyle\int_{\overline{\Omega}} k(\alpha,x,y)b(w(t-1,y))\mathrm{d}y, t>0, x\in\Omega \\ Bw(t,x) = 0, t>0, x\in\partial\Omega \\ w(t,x) = \phi(t,x), t\in[-1,0], x\in\Omega \end{array}\right\} \quad (4.1.5)$$

这里，$\phi(t,x)$ 是一个正初值函数，Ω 是一个在 $\mathbf{R}^m(m\leqslant 3)$ 中具有光滑边界的有界凸开区域，$Bw = w$ 或者 $\partial w/\partial \boldsymbol{n}$，$k(\alpha,x,y)$ 由式 (1.4.2) 给出。另外，进一步假设出生函数 $b(w)$ 和死亡函数 $f(w)$ 满足：

(H4.1.1) 当 $w\geqslant 0$ 时，均有 $b(w) = wg_1(w)$，$g_1(w) > 0$ 以及 $g_1'(w) < 0$;

(H4.1.2) 对任意 $w\geqslant 0$，$b(w)$ 和 $b'(w)$ 都有界;

(H4.1.3) 当 $w\geqslant 0$ 时，均有 $f(w) = wg_2(w)$，$g_2(w) > 0$ 以及 $g_2'(w) \geqslant 0$;

(H4.1.4) 如果 I 是 $\mathbf{R}$ 上任意有界子集，则对任意 $w\in I$，$f(w)$ 和 $f'(w)$ 都有界;

(H4.1.5) 当 $w\geqslant 0$ 时，均有 $g_1'(w) + \eta g_2'(w) < 0$，其中，$\eta = \max\{0, -\tilde{\eta}/g_2(0)\}$，$\tilde{\eta} = \inf_{w\geqslant 0} b'(w)$。

显然，Nicholson 绿头苍蝇模型中的非单调出生函数 $b(w) = pwe^{-qw}$ 和大多数种群模型中的死亡函数 $f(w) = dw$ 满足假设 (H4.1.1)~(H4.1.5)，其中，$p,q,d > 0$(参见文献 [33,38])。

本章主要内容包括以下四个方面：其一，由于出生函数的非单调性，单纯运用单调动力系统理论方法来研究模型式 (4.1.5) 的全局动力学将很困难。于是，在 4.2 节中，我们对文献 [37] 发展的一个方法进行改进，并用改进的方法证明模型式 (4.1.5) 的平衡态的存在唯一性。值得一提的是，用改进的方法证明模型式 (4.1.5) 的正平衡态的存在唯一性的最大困难来自于对核函数正性的估计，为此，本章发展了一个方法，通过对核函数的精细分析，获得其正性估计 (见引理 4.2.2)。其二，为了克服出生函数的这种非单调性，我们在本章 4.4 节改进文献 [171] 中的波动方法，使其不仅适用于 Neumann 边界条件，也适用于 Dirichlet 边界条件。通过运用这种改进的波动方法，获得模型式 (4.1.5) 的唯一正平衡态的全局吸引性。其三，由于成年种群不扩散所导致的解半流紧性的缺失，从而获得模型式 (4.1.5) 的全局吸引子的存在性也将很困难。于是，为了克服这种非紧性困难，我们在 4.3 节引入所谓渐近光滑的概念，证明模型式 (4.1.5) 全局吸引子的存在性 (见引理 4.3.2)。其四，在 4.5 节和 4.6 节，我们通过对相应特征方程的精细分析和运用第 2 章定理 2.3.1，获得平凡解和唯一正平衡态的全局渐近稳定性，并通过两个例子说明了本章结果的可行性。

注 4.1.1　如果进一步假设未成年种群也不扩散，则 $\alpha = 0$。此时，模型式 (4.1.5) 退化为如下时滞 ODE:

$$\left.\begin{array}{l}\dfrac{\mathrm{d}w(t)}{\mathrm{d}t} = -f(w(t)) + \varepsilon b(w(t-1)), \quad t > 0 \\[2mm] w(t) = \phi(t), \quad t \in [-1, 0]\end{array}\right\} \tag{4.1.6}$$

当 $f(w) = w$ 时，模型式 (4.1.6) 的动力学已经被广泛而深入地研究 (例如参见文献 [19, 25, 38, 39, 47, 53, 54, 71, 72, 105, 124] 及其所参考的相关文献)。

4.2　正平衡态的存在唯一性

本节研究模型式 (4.1.5) 的正平衡态的存在唯一性。令 $\tilde{b}(w) = \varepsilon b(w)$，则不失一般性，去掉波浪号，可将模型式 (4.1.5) 记为如下更方便的形式：

$$\left.\begin{array}{l}\dfrac{\partial w(t,x)}{\partial t} = -f(w(t,x)) + \displaystyle\int_{\overline{\Omega}} k(\alpha, x, y) b(w(t-1, y)) \mathrm{d}y, t > 0, x \in \Omega \\[3mm] Bw(t,x) = 0, t > 0, x \in \partial\Omega \\[2mm] w(t,x) = \phi(t,x), t \in [-1, 0], x \in \Omega\end{array}\right\} \tag{4.2.1}$$

其中 $k(\alpha, x, y)$ 由式 (1.4.2) 给出。注意到模型式 (4.2.1) 的正平衡态恰为如下积分方程边值问题：

$$\left.\begin{array}{l}f(w(x)) = \displaystyle\int_{\overline{\Omega}} b(w(y)) k(\alpha, x, y) \mathrm{d}y, \quad x \in \Omega \\[3mm] Bw(x) = 0, \quad x \in \partial\Omega\end{array}\right\} \tag{4.2.2}$$

的正解，因此，本节只需研究式 (4.2.2) 的正解的存在唯一性即可。

设 $X = C(\overline{\Omega})$，并定义算子 $T : X \to X$

$$T(w)(x) = \frac{g_1(0)}{g_2(0)} \int_{\overline{\Omega}} w(y) k(\alpha, x, y) \mathrm{d}y$$

则有如下定理。该定理给出了方程式 (4.2.2) 不存在正解的一个充分条件。

定理 4.2.1　如果

$$g_1(0) \leqslant g_2(0) \mathrm{e}^{\lambda_1 \alpha} \tag{4.2.3}$$

则方程式 (4.2.2) 没有正解。

证明　考虑线性特征值问题

$$\left.\begin{array}{l}w(x) = \lambda \dfrac{g_1(0)}{g_2(0)} \displaystyle\int_{\overline{\Omega}} w(y) k(\alpha, x, y) \mathrm{d}y, \quad x \in \Omega \\[3mm] Bw(x) = 0, \quad x \in \partial\Omega\end{array}\right\} \tag{4.2.4}$$

显然，也可将方程式 (4.2.4) 记为 $Tw = \dfrac{1}{\lambda}w$。由引理 1.4.3 知，T 是空间 X 上的一个强正紧自同态。再由著名的 Krein-Rutman 定理 (参见文献 [3] 的定理 3.2) 知，谱半径 $r(T)$ 为 T 的一个对应正特征向量的简单正特征值。事实上，容易确定 $r(T)$ 的值为

$$r(T) = \frac{g_1(0)}{g_2(0)}\mathrm{e}^{-\lambda_1 \alpha} \tag{4.2.5}$$

为了证明结论，反设式 (4.2.2) 有一个正解 $w = w^*(x)$，则

$$w^*(x) = \frac{1}{g_2(w^*(x))} \int_{\Omega} w^*(y)g_1(w^*(y))k(\alpha, x, y)\mathrm{d}y \tag{4.2.6}$$

再定义算子 $\overline{T} : X \to X$

$$\overline{T}(w)(x) = \frac{1}{g_2(w^*(x))} \int_{\Omega} w(y)g_1(w^*(y))k(\alpha, x, y)\mathrm{d}y \tag{4.2.7}$$

显然，$\overline{T}$ 也是 X 上的强正紧自同态。由假设 (H4.1.1) 和 (H4.1.3) 知，对任意 $w > 0$，均有 $g_1(w) < g_1(0)$ 及 $g_2(w) \geqslant g_2(0)$。因此，$T - \overline{T}$ 强正。再由文献 [3] 的定理 3.2，便有 $r(\overline{T}) < r(T)$，其中 $r(\overline{T})$ 为 $\overline{T}$ 的谱半径。由此可得

$$r(\overline{T}) < r(T) = \frac{g_1(0)}{g_2(0)}\mathrm{e}^{-\lambda_1 \alpha} \leqslant 1 \tag{4.2.8}$$

另一方面，式 (4.2.6) 意味着 1 是 $\overline{T}$ 的对应正特征向量 w^* 的一个特征值，此与 $r(\overline{T}) < 1$ 矛盾。定理 4.2.1 证毕。

接下来，我们通过改进文献 [37] 发展的一个方法来证明方程式 (4.2.2) 的正解的存在唯一性。设

$$b_0(w) = b(w) + \eta f(w) \tag{4.2.9}$$

其中 η 由假设 (H4.1.5) 给出，则可将方程式 (4.2.2) 化为

$$\left. \begin{array}{l} f(w(x)) + \eta \displaystyle\int_{\Omega} f(w(y))k(\alpha, x, y)\mathrm{d}y = \displaystyle\int_{\Omega} b_0(w(y))k(\alpha, x, y)\mathrm{d}y, \quad x \in \Omega \\ Bw(x) = 0, \quad x \in \partial\Omega \end{array} \right\} \tag{4.2.10}$$

并且函数 $b_0(w)$ 在 $[0, +\infty)$ 上单调递增。

现在，我们考虑如下方程：

$$\left. \begin{array}{l} f(w(x)) = \displaystyle\int_{\Omega} b_0(w(y))\Gamma(\alpha, x, y)\mathrm{d}y, \quad x \in \Omega \\ Bw(x) = 0, \quad x \in \partial\Omega \end{array} \right\} \tag{4.2.11}$$

其中

$$\Gamma(\alpha, x, y) = \sum_{n=1}^{+\infty} \frac{1}{1 + \eta\mathrm{e}^{-\lambda_n \alpha}}\mathrm{e}^{-\lambda_n \alpha}\varphi_n(x)\varphi_n(y) \tag{4.2.12}$$

并定义算子 $\mathcal{K}: X \to X$，有

$$\mathcal{K}(w)(x) = \int_{\overline{\Omega}} w(y)k(\alpha, x, y)\mathrm{d}y$$

注意到 $\mathcal{K}$ 是一个自伴算子，则我们有如下引理。

引理 4.2.1　方程式 (4.2.10) 与方程式 (4.2.11) 同解。

证明　如果 $\eta = 0$，则 $\Gamma(\alpha, x, y) = k(\alpha, x, y)$，$\forall x, y \in \Omega$，并且方程式 (4.2.11) 退化为方程式 (4.2.10)。引理成立。

如果 $\eta > 0$，则 $w \in X$ 是方程式 (4.2.10) 的解的充要条件为

$$\langle \varphi_n,\ f(w) \rangle + \langle \varphi_n,\ \eta \mathcal{K}(f(w)) \rangle = \langle \varphi_n,\ \mathcal{K}(b_0(w)) \rangle, \quad \forall n = 1, 2, \cdots \quad (4.2.13)$$

其中，$\langle \cdot,\ \cdot \rangle$ 表示空间 $L^2(\overline{\Omega})$ 上的内积，即

$$\langle \varphi,\ \psi \rangle = \int_{\overline{\Omega}} \varphi(y)\psi(y)\mathrm{d}y, \quad \forall \varphi, \psi \in L^2(\overline{\Omega})$$

另一方面，对任意 $w \in X \subset L^2(\overline{\Omega})$，都存在一个数列 $\{a_n\}_{n=1}^{+\infty}$，使得

$$f(w(x)) = \sum_{n=1}^{+\infty} a_n \varphi_n(x) \quad (4.2.14)$$

因此，由式 (4.2.13) 和式 (4.2.14) 知，$w \in X$ 是方程式 (4.2.10) 的解的充要条件为

$$a_n = \frac{1}{1 + \eta \mathrm{e}^{-\lambda_n \alpha}} \langle \varphi_n,\ \mathcal{K}(b_0(w)) \rangle, \quad \forall n = 1, 2, \cdots$$

即

$$f(w(x)) = \sum_{n=1}^{+\infty} \frac{\varphi_n(x)}{1 + \eta \mathrm{e}^{-\lambda_n \alpha}} \langle \varphi_n,\ \mathcal{K}(b_0(w)) \rangle = \int_{\overline{\Omega}} b_0(w(y)) \Gamma(\alpha, x, y)\mathrm{d}y$$

引理 4.2.1 证毕。

对于式 (4.2.12) 中的核函数 $\Gamma(\alpha, x, y)$，我们有如下两个引理。

引理 4.2.2　存在一个仅依赖于 α 和 Ω 的正数 η_1，当 $\eta \in (0, \eta_1)$ 时，均有

$$\sum_{n=1}^{+\infty} (1 - \eta \mathrm{e}^{-\lambda_n \alpha}) \mathrm{e}^{-\lambda_n \alpha} \varphi_n(x) \varphi_n(y) > 0,\ x, y \in \Omega \quad (4.2.15)$$

证明　设

$$K(t, z) = \sum_{n=1}^{+\infty} \mathrm{e}^{-\lambda_n t} \varphi_n(x) \varphi_n(y), \ \forall x, y \in \overline{\Omega},\ t > 0$$

其中，$z = (x, y) \in \overline{\Omega^2}$，$\Omega^2 = \Omega \times \Omega$。显然，$K(t, z)$ 恰为热方程 $\left(\Delta - \dfrac{\partial}{\partial t} \right) u(x, t) = 0$ 的一个热核。从而，K 有定义，并且 $K \in C^\infty(\mathbf{R}^+, \overline{\Omega^2})$（可参见文献 [155]）。

记 $\beta = (\beta_1, \beta_2, \cdots, \beta_{2N})$，$\beta_i \in \mathbf{Z}^+ \bigcup \{0\}$，$h = (h_1, h_2, \cdots, h_{2N})$，$h_i \in \mathbf{R}$，$i = 1, 2, \cdots, 2N$，$|\beta| = |\beta_1| + |\beta_2| + \cdots + |\beta_{2N}|$，$\beta! = \beta_1! \beta_2! \cdots \beta_{2N}!$，$h^\beta = h_1^{\beta_1} h_2^{\beta_2} \cdots h_{2N}^{\beta_{2N}}$ 以及

$$D^\beta K(t, z) = \frac{\partial^{|\beta|} K(t, z)}{(\partial x_1)^{\beta_1} (\partial x_2)^{\beta_2} \cdots (\partial x_N)^{\beta_N} (\partial y_1)^{\beta_{N+1}} (\partial y_2)^{\beta_{N+2}} \cdots (\partial y_N)^{\beta_{2N}}}$$

则显然存在一个非负整数 m，当 $|\beta| < m$ 时，均有 $D^\beta K(t, z) = 0$。从而，有

$$K(t, z + h) = \sum_{|\beta| = m} \frac{1}{\beta!} D^\beta K(t, z) h^\beta + \sum_{|\beta| = m+1} \frac{1}{\beta!} D^\beta K(t, z + \theta h) h^\beta \tag{4.2.16}$$

注意，当 $m = 0$ 时，式 (4.2.16) 显然成立。

固定 $z_0 \in \Omega^2$，并且设 $z' \in \partial(\Omega^2)$。由于 Ω^2 的凸性，则有

$$\{z' + \rho(z_0 - z') \mid 0 < \rho < 1\} \subset \Omega^2$$

设 $h = \rho(z_0 - z')$，则由引理 1.4.3，对任意 $\varepsilon > 0$，存在充分小的 $\delta_{z'} \in \left(0, \dfrac{1}{2} \right)$ 使得

$$\sum_{|\beta| = m} \frac{1}{\beta!} D^\beta K(t, z') h^\beta > 0, \ \forall t \geqslant \varepsilon, \ \forall \rho \in (0, \ 2\delta_{z'})$$

其中 $m \geqslant 0$。因此，由式 (4.2.16)，对任意 $\rho \in (0, \ 2\delta_{z'})$，均有

$$K(\alpha, z' + h) = \sum_{|\beta| = m} \frac{h^\beta}{\beta!} D^\beta K(\alpha, z') + \sum_{|\beta| = m} o(1) h^\beta$$

$$K(2\alpha, z' + h) = \sum_{|\beta| = m} \frac{h^\beta}{\beta!} D^\beta K(2\alpha, z') + \sum_{|\beta| = m} o(1) h^\beta$$

及

$$\sum_{|\beta| = m} \frac{1}{\beta!} D^\beta K(\alpha, z') h^\beta > 0$$

其中 $o(1) \to 0$（当 $\rho \to 0$ 时）。从而，对 $\rho = \delta_{z'}$，必存在正数 $r_{\delta_{z'}}(z') > 0$ 使得

$$\sum_{|\beta| = m} \frac{h^\beta}{\beta!} D^\beta K(\alpha, z') > 2r_{\delta_{z'}}(z') > 0$$

故，对 $\rho = \delta_{z'}$，则有

$$K(\alpha, z' + h) = \sum_{|\beta| = m} \frac{h^\beta}{\beta!} D^\beta K(\alpha, z') + \sum_{|\beta| = m} o(1) h^\beta > r_{\delta_{z'}}(z') > 0 \tag{4.2.17}$$

设 $\eta_{\delta_{z'}}(z') = \dfrac{r_{\delta_{z'}}(z')}{\max_{z\in\overline{\Omega^2}} K(2\alpha, z)} > 0$，则

$$K(\alpha, z'+h) > r_{\delta_{z'}}(z') = \eta_{\delta_{z'}}(z') \max_{z\in\overline{\Omega^2}} K(2\alpha, z) \geqslant \eta_{\delta_{z'}}(z') K(2\alpha, z'+h)$$

即

$$\eta_{\delta_{z'}}(z') \sum_{|\beta|=m} \frac{h^\beta}{\beta!} D^\beta K(2\alpha, z') + \eta_{\delta_{z'}}(z') \sum_{|\beta|=m} o(1)h^\beta <$$
$$\sum_{|\beta|=m} \frac{h^\beta}{\beta!} D^\beta K(\alpha, z') + \sum_{|\beta|=m} o(1)h^\beta \tag{4.2.18}$$

从而，由式 (4.2.18)，对任意 $l \in (0,1)$，均有

$$\eta_{\delta_{z'}}(z') \sum_{|\beta|=m} \frac{(lh)^\beta}{\beta!} D^\beta K(2\alpha, z') + \eta_{\delta_{z'}}(z') \sum_{|\beta|=m} o(1)(lh)^\beta <$$
$$\sum_{|\beta|=m} \frac{(lh)^\beta}{\beta!} D^\beta K(\alpha, z') + \sum_{|\beta|=m} o(1)(lh)^\beta$$

即

$$K(\alpha, z'+lh) > \eta_{\delta_{z'}}(z') K(2\alpha, z'+lh)$$

因此，对任意 $\rho \in (0, \delta_{z'})$ 和 $h = \rho(z_0 - z')$，均有

$$K(\alpha, z'+h) > \eta_{\delta_{z'}}(z') K(2\alpha, z'+h)$$

由于下列关于 z 的函数：

$$K\left(\alpha, z + \frac{1}{2}\delta_{z'}(z_0 - z')\right) - \eta_{\delta_{z'}}(z') K\left(2\alpha, z + \frac{1}{2}\delta_{z'}(z_0 - z')\right)$$

$$D^\beta K(\alpha, z)$$

以及

$$D^\beta K(2\alpha, z)$$

在 $z \in \partial(\Omega^2)$ 上都是连续的，其中 $|\beta| = m$，$m \geqslant 0$，则存在充分小的 $\delta' > 0$，当 $z \in \{z \,|\, \|z - z'\| < \delta'\} \bigcap \partial(\Omega^2)$ 时，均有

$$K(\alpha, z+h) > \eta_{\delta_{z'}}(z') K(2\alpha, z+h)$$

$$K(\alpha, z+h) = \sum_{|\beta|=m} \frac{h^\beta}{\beta!} D^\beta K(\alpha, z) + \sum_{|\beta|=m} o(1)h^\beta$$

以及

$$K(2\alpha, z+h) = \sum_{|\beta|=m} \frac{h^\beta}{\beta!} D^\beta K(2\alpha, z) + \sum_{|\beta|=m} o(1)h^\beta$$

其中 $h = \frac{1}{2}\delta_{z'}(z_0 - z')$。从而

$$K(\alpha, z + lh) > \eta_{\delta_{z'}}(z')K(2\alpha, z + lh), \quad \forall l \in (0,1)$$

因此，对任意 $z \in \{z \mid \|z - z'\| < \delta'\} \bigcap \partial(\Omega^2)$, $h = \rho(z_0 - z')$, $\rho \in \left(0, \frac{1}{2}\delta_{z'}\right)$, 均有

$$K(\alpha, z + h) > \eta_{\delta_{z'}}(z')K(2\alpha, z + h)$$

故，存在充分小的 $\tilde{\delta} \in (0, \delta')$, 当 $z \in \Delta_{z'} \bigcap \Omega^2$ 时，均有

$$K(\alpha, z) > \eta_{\delta_{z'}}(z')K(2\alpha, z)$$

其中 $\Delta_{z'} = \{z \mid \|z - z'\| < \tilde{\delta}\}$。显然，$\partial(\Omega^2) \subset \bigcup\limits_{z' \in \partial(\Omega^2)} \Delta_{z'}$。于是，由 $\partial(\Omega^2)$ 的紧性知，存在有限个开集 $\Delta_{z_1}, \Delta_{z_2}, \cdots, \Delta_{z_j}$ 使得 $\partial(\Omega^2) \subset \bigcup\limits_{i=1}^{j} \Delta_{z_i}$, 其中 $z_i \in \partial(\Omega^2)$, $i = 1, 2, \cdots, j$。

令 $\Delta_0 = \overline{\Omega^2} - \bigcup\limits_{i=1}^{j} \Delta_{z_i}$, $r_0 = \min\limits_{z \in \Delta_0} K(\alpha, z) > 0$ 以及

$$\eta_1 = \min\left\{\eta_{\delta_{z_1}}(z_1), \eta_{\delta_{z_2}}(z_2), \cdots, \eta_{\delta_{z_j}}(z_j), \frac{r_0}{\max\limits_{z \in \Omega^2} K(2\alpha, z)}\right\} > 0$$

则对任意 $\eta \in (0, \eta_1)$, 均有

$$K(\alpha, z) > \eta K(2\alpha, z), \ \forall z \in \Omega^2$$

即

$$\sum_{n=1}^{+\infty}(1 - \eta e^{-\lambda_n \alpha})e^{-\lambda_n \alpha}\varphi_n(x)\varphi_n(y) > 0, \ \forall\, x, y \in \Omega$$

引理 4.2.2 证毕。

由引理 4.2.2，我们可以定义

$$\eta_0 = \sup\left\{\eta \in \mathbf{R}^+ \ \middle|\ \sum_{n=1}^{+\infty}(1 - \eta e^{-\lambda_n \alpha})e^{-\lambda_n \alpha}\varphi_n(x)\varphi_n(y) > 0, \ \forall\, x, y \in \Omega\right\} \tag{4.2.19}$$

从而，我们有如下引理。

引理 4.2.3 如果

$$\eta < \min\left\{\eta_0, \ e^{\lambda_1 \alpha}\right\} \tag{4.2.20}$$

则

$$\Gamma(\alpha, x, y) > 0, \ \forall x, y \in \Omega \tag{4.2.21}$$

证明　如果 $\eta = 0$，则 $\Gamma(\alpha, x, y) = k(\alpha, x, y)$。于是，由引理 1.4.3 知引理结论成立。如果 $\eta > 0$，则由式 (4.2.20) 和引理 1.4.2，则有

$$
\begin{aligned}
\Gamma(\alpha, x, y) &= \sum_{n=1}^{+\infty} \left(1 + \eta \mathrm{e}^{-\lambda_n \alpha}\right)^{-1} \mathrm{e}^{-\lambda_n \alpha} \varphi_n(x) \varphi_n(y) = \\
&\sum_{n=1}^{+\infty} \sum_{m=0}^{+\infty} (-\eta)^m \mathrm{e}^{-\lambda_n(m+1)\alpha} \varphi_n(x) \varphi_n(y) = \\
&\sum_{m=0}^{+\infty} \sum_{n=1}^{+\infty} (-\eta)^m \mathrm{e}^{-\lambda_n(m+1)\alpha} \varphi_n(x) \varphi_n(y) = \\
&\sum_{m=0}^{+\infty} \sum_{n=1}^{+\infty} \eta^{2m} \left(1 - \eta \mathrm{e}^{-\lambda_n \alpha}\right) \mathrm{e}^{-\lambda_n(2m+1)\alpha} \varphi_n(x) \varphi_n(y)
\end{aligned}
\tag{4.2.22}
$$

因此，由引理 1.4.3，1.4.4，4.2.2 和式 (4.2.19)，式 (4.2.20)，式 (4.2.22) 知引理结论成立。引理 4.2.3 证毕。

定理 4.2.2　假设 $g_1(0) > g_2(0)\mathrm{e}^{\lambda_1 \alpha}$，且存在一个正常数 M 使得 $g_1(M) + \eta g_2(M) \leqslant g_2(M)\gamma^{-1}$，其中

$$
\gamma = \max_{x \in \overline{\Omega}} \int_{\overline{\Omega}} \Gamma(\alpha, x, y) \mathrm{d}y
\tag{4.2.23}
$$

如果式 (4.2.20) 成立，则方程式 (4.2.2) 有唯一正解。

证明　由于 $g_2(0)\mathrm{e}^{\lambda_1 \alpha} < g_1(0)$，则对充分小的 ε，我们有 $g_2(\varepsilon h)\mathrm{e}^{\lambda_1 \alpha} < g_1(\varepsilon h)$，其中 $h = \max_{x \in \overline{\Omega}} \varphi_1(x)$。令 $w^{(l)}(x) = \varepsilon \varphi_1(x)$，$\varepsilon > 0$。则当 ε 充分小时，则有

$$
\begin{aligned}
&f(w^{(l)}(x)) - \int_{\overline{\Omega}} \Gamma(\alpha, x, y) b_0(w^{(l)}(y)) \mathrm{d}y = \\
&\varepsilon \varphi_1(x) g_2(\varepsilon \varphi_1(x)) - \varepsilon \int_{\overline{\Omega}} \Gamma(\alpha, x, y) \varphi_1(y) [g_1(\varepsilon \varphi_1(y)) + \eta g_2(\varepsilon \varphi_1(y))] \mathrm{d}y \leqslant \\
&\varepsilon \varphi_1(x) g_2(\varepsilon h) - \varepsilon [g_1(\varepsilon h) + \eta g_2(\varepsilon h)] \int_{\overline{\Omega}} \Gamma(\alpha, x, y) \varphi_1(y) \mathrm{d}y = \\
&\frac{\varepsilon}{1 + \eta \mathrm{e}^{-\lambda_1 \alpha}} [g_2(\varepsilon h) - g_1(\varepsilon h) \mathrm{e}^{-\lambda_1 \alpha}] \varphi_1(x) < 0, \quad \forall x \in \Omega
\end{aligned}
$$

这意味着 $w^{(l)}$ 是方程式 (4.2.11) 的一个下解。

现在证明 $w^{(u)}(x) \equiv M$ 是方程式 (4.2.11) 的一个上解。事实上

$$
\begin{aligned}
&f(w^{(u)}(x)) - \int_{\overline{\Omega}} \Gamma(\alpha, x, y) b_0(w^{(u)}(y)) \mathrm{d}y = \\
&M\left[g_2(M) - (g_1(M) + \eta g_2(M)) \int_{\overline{\Omega}} \Gamma(\alpha, x, y) \mathrm{d}y\right] \geqslant \\
&M\left[g_2(M) - (g_1(M) + \eta g_2(M))\gamma\right] \geqslant 0
\end{aligned}
$$

现在，我们考虑非线性算子 $\mathfrak{T}: X \to X$，有

$$(\mathfrak{T}w)(x) = f^{-1}\left(\int_{\overline{\Omega}} \Gamma_\alpha(x,y)b_0(w(y))\mathrm{d}y\right), \quad \forall w \in X$$

其中 f^{-1} 是 f 的反函数。由于 $b_0(w)$ 在 $w \in [0, +\infty)$ 上是单调增加的，则由引理 4.2.3 和假设 (H4.1.3) 知，算子 $\mathfrak{T}$ 是正的和强单调的。对常数 C，我们用 $\hat{C}$ 表示在区域 $\overline{\Omega}$ 上取值恒为 C 的常数函数。于是，运用经典的上下解方法，由引理 4.2.1，我们知道方程式 (4.2.2) 在序区间 $[w^{(l)}, \hat{M}]$ 上有一个最大的正解和一个最小的正解，分别用 $\overline{w}(x)$ 和 $\underline{w}(x)$ 表示。

现在证明方程式 (4.2.2) 在序区间 $[\hat{0}, \hat{M}]$ 上的正解的唯一性。事实上，设 w_0 是方程式 (4.2.2) 的一个正解，并且满足 $w^{(l)} \leqslant w_0 \leqslant \hat{M}$，则对任意 $x \in \overline{\Omega}$，均有 $w_0(x) \leqslant \overline{w}(x)$。如果 $w_0 \neq \overline{w}$，则在 Banach 空间 X 的序的意义下有 $w_0 < \overline{w}$。

考虑特征值问题

$$\left.\begin{array}{l} w(x) = \dfrac{1}{g_2(\overline{w}(x))}\lambda\displaystyle\int_{\overline{\Omega}} g_1(\overline{w}(y))k(\alpha,x,y)w(y)\mathrm{d}y, \quad x \in \Omega \\[3mm] Bw(x) = 0, \quad x \in \partial\Omega \end{array}\right\} \quad (4.2.24)$$

设 $\mathfrak{T}_1 : X \to X$ 是一个线性算子，并定义为

$$(\mathfrak{T}_1 w)(x) = \frac{1}{g_2(\overline{w}(x))}\int_{\overline{\Omega}} g_1(\overline{w}(y))k(\alpha,x,y)w(y)\mathrm{d}y, \quad \forall w \in X$$

显然，$\mathfrak{T}_1$ 是 X 上的一个强正紧自同态 (参见定理 4.2.1 的证明)。再次运用文献 [3] 中的定理 3.2 知，谱半径 $r(\mathfrak{T}_1)$ 为唯一对应了正特征向量的特征值。而 $\overline{w}$ 恰好为特征值问题式 (4.2.24) 的特征值 1 所对应的正特征向量，从而有 $r(\mathfrak{T}_1) = 1$。

类似地，考虑特征值问题

$$\left.\begin{array}{l} w(x) = \dfrac{1}{g_2(w_0(x))}\lambda\displaystyle\int_{\overline{\Omega}} g_1(w_0(y))k(\alpha,x,y)w(y)\mathrm{d}y, \quad x \in \Omega \\[3mm] Bw(x) = 0, \quad x \in \partial\Omega \end{array}\right\} \quad (4.2.25)$$

定义算子 $\mathfrak{T}_2 : X \to X$，有

$$(\mathfrak{T}_2 w)(x) = \frac{1}{g_2(w_0(x))}\int_{\overline{\Omega}} g_1(w_0(y))k(\alpha,x,y)w(y)\mathrm{d}y, \quad \forall w \in X$$

则 $\mathfrak{T}_2$ 也是 X 上的一个强正紧自同态。由于 w_0 是特征值问题式 (4.2.25) 的特征值 1 所对应的正特征向量，我们有 $r(\mathfrak{T}_2) = 1$。然而，由于 $w_0 < \overline{w}$，则由假设 (H4.1.1) 和 (H4.1.3) 知，对任意 $x \in \overline{\Omega}$，均有 $g_1(w_0(x)) > g_1(\overline{w}(x))$，且 $g_2(w_0(x)) \leqslant g_2(\overline{w}(x))$。从而

$$\mathfrak{T}_2 w > \mathfrak{T}_1 w, \quad \forall w \in X$$

再由谱半径的单调性知，$1 = r(\mathfrak{T}_2) > r(\mathfrak{T}_1) = 1$，而这是一个矛盾。故

$$w_0(x) \equiv \overline{w}(x), \quad \forall x \in \overline{\Omega}$$

即，$w_0 = \overline{w}$。完全类似地，有 $w_0 = \underline{w}$。因此，我们得到了方程式 (4.2.2) 在序区间 $[w^{(l)}, \hat{M}]$ 上的正解的唯一性。再由 ε 的任意性，我们便得到了方程式 (4.2.2) 在序区间 $[\hat{0}, \hat{M}]$ 上的正解的唯一性。

由于 g_1 和 $1/g_2$ 都是单调递减的，从而我们能确定方程式 (4.2.2) 在序区间 $[\hat{0}, \hat{M}]$ 之外没有正解。事实上，我们反设方程式 (4.2.2) 有一个正解，记为 $\tilde{w}$，且满足 $\max\limits_{x \in \overline{\Omega}} \tilde{w}(x) > M$。令 $M_0 = \max\limits_{x \in \overline{\Omega}} \tilde{w}(x)$，则 $M_0 > M$。从而有 $g_1(M_0) + \eta g_2(M_0) < g_1(M) + \eta g_2(M) \leqslant g_2(M)\gamma^{-1} \leqslant g_2(M_0)\gamma^{-1}$。于是，在上面的证明中用 M_0 代替 M，我们可以得到方程式 (4.2.2) 在序区间 $[\hat{0}, \hat{M}_0]$ 上有唯一解。然而，$\overline{w}$ 和 $\tilde{w}$ 都在区间 $[\hat{0}, \hat{M}_0]$ 中，矛盾！因此，唯一性得证。定理 4.2.2 证毕。

注 4.2.1　为了得到方程式 (4.2.2) 在序区间 $[w^{(l)}, \hat{M}]$ 上正解的存在唯一性，我们并不需要取 $\eta = \max\{0, - \inf\limits_{w \in [0, +\infty)} (b'(w)/g_2(0))\}$。事实上，如果我们取 $\eta = \max\{0, - \inf\limits_{w \in [0, M]} (b'(w)/g_2(0))\}$，则在定理 4.2.2 的结论中，除全局唯一性外，其余结论仍然成立。

于是，由注 4.2.1，我们有如下推论。

推论 4.2.1　设 $g_1(0) > g_2(0)\mathrm{e}^{\lambda_1 \alpha}$。如果存在一个正常数 M_1 使得

(i)　$b'(w) \geqslant 0, \ \forall w \in [0, M_1]$；

(ii)　$g_1(M_1)\gamma_0 \leqslant g_2(M_1)$，其中

$$\gamma_0 = \max\limits_{x \in \overline{\Omega}} \int_{\overline{\Omega}} k(\alpha, x, y)\mathrm{d}y \tag{4.2.26}$$

则方程式 (4.2.2) 有唯一正解 $w(x)$，且满足

$$0 < w(x) \leqslant M_1, \quad \forall x \in \Omega$$

推论 4.2.2　如果推论 4.2.1 的假设全部满足，并且

$$b(w) \leqslant b(M_1), \quad \forall w > M_1$$

则方程式 (4.2.2) 有唯一正解。

证明　我们只需证明方程式 (4.2.2) 在序区间 $[\hat{0}, \hat{M}_1]$ 之外没有正解。为此，我们反设 $\overline{w}$ 是方程式 (4.2.2) 的一个正解，且满足 $\max\limits_{x \in \overline{\Omega}} \overline{w}(x) > M_1$。又设 $x_0 \in \Omega$ 使得

$\overline{w}(x_0) = \max\limits_{x \in \overline{\Omega}} \overline{w}(x)$，则

$$f(\overline{w}(x_0)) - \int_{\overline{\Omega}} k(\alpha, x_0, y) b(\overline{w}(y)) \mathrm{d}y >$$
$$f(M_1) - b(M_1) \int_{\overline{\Omega}} k(\alpha, x_0, y) \mathrm{d}y \geqslant$$
$$M_1(g_2(M_1) - g_1(M_1)\gamma_0) \geqslant 0$$

这是一个矛盾。推论 4.2.2 证毕。

推论 4.2.3　设 $g_1(0) > g_2(0)\mathrm{e}^{\lambda_1 \alpha}$，并且

$$b'(w) \geqslant 0, \quad \forall w \in [0, M_1]$$

其中 $b(M_1) = \max\limits_{w \in [0, +\infty)} b(w)$。如果 $g_1(M_1)\gamma_0 \leqslant g_2(M_1)$，其中 γ_0 由式 (4.2.26) 给出，则方程式 (4.2.2) 有唯一正解。

由假设 (H4.1.1)、(H4.1.3) 和 (H4.1.5) 知，$g_1(w)$ 为单调递减，$g_1(w) + \eta g_2(w)$ 也为单调递减，而 $g_2(w)$ 为单调增加。于是，当 $\eta < \gamma^{-1}$ 时，便有可能出现这样的情形：对某个 $M_2 > M_1$，有 $g_1(M_1) + \eta g_2(M_1) > g_2(M_1)\gamma^{-1}$ 而 $g_1(M_2) + \eta g_2(M_2) \leqslant g_2(M_2)\gamma^{-1}$。特别是当 $\lim\limits_{w \to \infty} g_1(w) = 0$ 时就必然出现这种情形。对于这种非单调情形，我们有如下推论。

推论 4.2.4　设 $g_1(0) > g_2(0)\mathrm{e}^{\lambda_1 \alpha}$，$\eta < \gamma^{-1}$，$\lim\limits_{w \to +\infty} g_1(w) = 0$ 以及 (H4.1.1)、(H4.1.3) 和 (H4.1.5) 成立。如果式 (4.2.20) 满足，则方程式 (4.2.2) 有唯一正解。

证明　由 $\lim\limits_{w \to +\infty} g_1(w) = 0$ 知，存在一个正常数 M 满足 $g_1(M) + \eta g_2(M) \leqslant g_2(M)\gamma^{-1}$。再由定理 4.2.2，推论 4.2.4 获证。

现在，我们来总结一下本节的主要结果。由定理 4.2.2~推论 4.2.4，有

定理 4.2.3　如果 $g_1(0) > g_2(0)\mathrm{e}^{\lambda_1 \alpha}$，并且满足下列条件之一：

(i)　存在一个正常数 M 使得 $g_1(M) + \eta g_2(M) \leqslant g_2(M)\gamma^{-1}$，其中 γ 由式 (4.2.23) 给出，并且式 (4.2.20) 成立；

(ii)　存在一个正常数 M_1，当 $w \in [0, M_1]$ 时，$b'(w) \geqslant 0$，而当 $w \in (M_1, +\infty)$ 时，$b(w) \leqslant b(M_1)$，并且 $g_1(M_1)\gamma_0 \leqslant g_2(M_1)$，其中 γ_0 由式 (4.2.26) 给出；

(iii)　当 $w \in [0, M_1]$ 时，$b'(w) \geqslant 0$，其中 $b(M_1) = \max\limits_{w \in [0, +\infty)} b(w)$，并且 $g_1(M_1)\gamma_0 \leqslant g_2(M_1)$；

(iv)　$\eta < \gamma^{-1}$，$\lim\limits_{w \to +\infty} g_1(w) = 0$，并且式 (4.2.20) 成立；

则方程式 (4.2.2) 有唯一正解 $w^*(x)$。

4.3 解的存在性与有界性

设 $C = C([-1,0], X)$, $X^+ = \{w \in X \mid w(x) \geqslant 0, x \in \overline{\Omega}\}$ 以及 $C^+ = C([-1,0], X^+)$。对任意连续函数 $w(\cdot) : [-1, \sigma) \to X$, 其中 $\sigma > 0$, 以及任意 $t \in [0, \sigma)$, 我们定义函数 $w_t \in C$ 为

$$w_t(s) = w(t+s), \quad \forall s \in [-1, 0]$$

且其范数为

$$\| w_t \|_C = \sup_{s \in [-1,0]} \sup_{x \in \overline{\Omega}} |w(t+s, x)|$$

这里, 我们记

$$w(t, x) = w(t)(x), \quad \forall t \in [-1, \sigma), \quad x \in \overline{\Omega}$$

定义算子 $F : C \to X$, 有

$$F(\phi) = -f(\phi(0)) + g_2(0)\phi(0) + \int_{\overline{\Omega}} b(\phi(-1, y))k_\alpha(\cdot, y)\mathrm{d}y, \quad \forall \phi \in C$$

可以将方程式 (4.2.1) 化为如下非线性抽象泛函微分方程:

$$\left. \begin{aligned} \frac{\mathrm{d}w(t)}{\mathrm{d}t} &= Aw(t) + F(w_t), \quad t \geqslant 0 \\ w_0 &= \phi \in C^+ \end{aligned} \right\} \tag{4.3.1}$$

其中 A 为 X 上的一个有界线性算子, 其定义域为

$$\mathrm{Dom}(A) = \{u \in X \mid Bu = 0 \text{ 在} \partial\Omega \text{上成立}\}$$

且

$$Au = -g_2(0)u, \quad \forall u \in \mathrm{Dom}(A)$$

于是, 由文献 [41] 中的定理 1.1.2 知, 算子 A 为一个一致连续半群 $\{T(t)\}_{t \geqslant 0}$ 的无穷小生成元, 并且 $T(t) = e^{tA}$。从而, 再由文献 [41] 中的推论 1.1.4 和定理 2.5.3 易知半群 $\{T(t)\}_{t \geqslant 0}$ 是一个解析半群。因此, 我们可以将方程式 (4.3.1) 化为如下积分方程:

$$\left. \begin{aligned} w(t) &= T(t)\phi(0) + \int_0^t T(t-s)F(w_s)\mathrm{d}s, \quad t \geqslant 0 \\ w_0 &= \phi \in C^+ \end{aligned} \right\} \tag{4.3.2}$$

并且称该方程的解为方程式 (4.2.1) 的软解。

由假设 (H4.1.2) 和 (H4.1.4) 知, $F : C \to X$ 是局部 Lipschitz 连续的, 即对任意 $R > 0$, 存在常数 $L(R) > 0$, 当 $\phi, \psi \in C$, $\| \phi \|_C \leqslant R$, $\| \psi \|_C \leqslant R$ 时, 均有

$$|F(\phi) - F(\psi)| \leqslant L(R) \| \phi - \psi \|_C$$

从而，对每个初值 $\phi \in C^+$，方程式 (4.2.1) 均存在一个定义在最大存在区间 $[-1, \sigma_\phi)$ 上的软解 $w(t, \phi)$，并且要么 $\sigma_\phi = \infty$，要么 $\lim\limits_{t \to \sigma_\phi^-} \parallel w_t(\phi) \parallel_C = \infty$（可参见文献 [148] 的定理 2.2.6）。此外，由于 $\{T(t)\}_{t \geqslant 0}$ 是一个解析半群，则对任意 $t > 1$，软解 $w(t, \phi)$ 也是其经典解（可参见文献 [148] 的推论 2.2.5）。

现在证明方程式 (4.2.1) 的始于非负初值函数的解在 $[0, +\infty) \times \overline{\Omega}$ 上都是非负的和有界的。

引理 4.3.1　设 $w(t, x)$ 是方程式 (4.2.1) 的解，并且满足

$$w(s, x) \geqslant 0, \quad \forall (s, x) \in [-1, 0] \times \overline{\Omega}$$

则 $w(t, x)$ 在 $[0, +\infty) \times \overline{\Omega}$ 上非负且有界，对任意 $\varepsilon > 0$，存在 $t_0 > 0$，当 $t > t_0$ 时，均有

$$0 \leqslant w(t, x) \leqslant \frac{l^* \gamma_0}{g_2(0)} + \varepsilon, \quad \forall x \in \Omega$$

其中，$l^* = \sup_{w \geqslant 0} |b(w)|$。

证明　为了证明 $w(t, x)$ 是上方有界的，首先延拓函数 b 和 g_2 的定义，使得当 $w \in (-\infty, 0)$ 时，$b(w) = 0$，$g_2(w) = g_2(0)$。由假设 (H4.1.2) 知，存在一个正数 B 使得 $b(w) \leqslant B$；由假设 (H4.1.3)，有 $g_2(w) \geqslant g_2(0)$。从而

$$\frac{\partial}{\partial t} w(t, x) \leqslant -g_2(0) w(t, x) + B\gamma_0, \quad \forall t \geqslant 0, \ x \in \Omega \tag{4.3.3}$$

其中 γ_0 由式 (4.2.26) 给出。作变换

$$w(t, x) = u(t, x) \mathrm{e}^{-g_2(0)t} + \frac{B\gamma_0}{g_2(0)} \tag{4.3.4}$$

化式 (4.3.3) 为

$$\frac{\partial}{\partial t} u(t, x) \leqslant 0, \quad \forall t \geqslant 0, \ x \in \Omega \tag{4.3.5}$$

因此，由式 (4.3.4) 和式 (4.3.5) 知，$w(t, x)$ 是上方有界的。

接下来，我们证明 $w(t, x)$ 在 $[0, +\infty) \times \overline{\Omega}$ 上非负。事实上，由于 $w(t, x)$ 是上方有界的，我们可以定义

$$N_0 = \sup \left\{ w(t, x) \mid t \geqslant 0, x \in \overline{\Omega} \right\}$$

由假设 (H4.1.3)，(H4.1.4) 以及引理 1.4.3，则有

$$\frac{\partial}{\partial t} w(t, x) \geqslant -g_2(N_0) w(t, x), \quad \forall t \geqslant 0, \ x \in \Omega \tag{4.3.6}$$

作变换

$$w(t, x) = v(t, x) \mathrm{e}^{-g_2(N_0)t}$$

化式 (4.3.6) 为

$$\frac{\partial}{\partial t}v(t,x) \geqslant 0, \quad \forall t \geqslant 0, \ x \in \Omega$$

则有

$$w(t,x) \geqslant 0, \quad \forall t \geqslant 0, \ x \in \Omega$$

于是，由式 (4.3.4) 和式 (4.3.5) 知，对任意 $\varepsilon > 0$，存在 $t_0 > 0$，当 $t > t_0$ 时，均有

$$0 \leqslant w(t,x) \leqslant \frac{l^* \gamma_0}{g_2(0)} + \varepsilon, \ \forall x \in \Omega$$

引理 4.3.1 证毕。

由引理 4.3.1 和文献 [148] 中的定理 2.2.6，我们立刻得到如下定理。

定理 4.3.1 对每个初值 $\phi \in C^+$，方程式 (4.2.1) 都有在整个 $[-1, \infty)$ 上有定义的解 $w(t, \phi)$，并且由此定义了一个解半流 $\Phi(t) = w_t(\cdot) : C^+ \to C^+, t \geqslant 0$。

注 4.3.1 我们特别指出，对任意 $t > 1$，定理 4.3.1 中的解半流 $\Phi(t) : C^+ \to C^+$ 一般不是紧的。事实上，当死亡函数 $f(w)$ 为线性函数 dw 时，易知算子 $\Phi_1(t) : C^+ \to C^+, t \geqslant 1$，$(\Phi_1(t)\phi)(\theta, x) = \int_0^{t+\theta} T(t+\theta-s)F(w_s(\phi))\mathrm{d}s$ 是紧的，但对任意 $t > 1$，算子 $\Phi_2(t) : C^+ \to C^+$，$(\Phi_2(t)\phi)(\theta, x) = T(t)\phi(0, x)$ 不紧。因此，由方程式 (4.3.2) 知，对任意 $t > 1$，半流 $\Phi(t)$ 一般不紧。

由注 4.3.1 知，方程式 (4.2.1) 的解半流缺乏紧性。然而，在研究抽象泛函微分方程平衡态的全局吸引性中，最有效的线性算子半群理论方法恰恰就需要这种紧性。因此，由于解半流的这种紧性的缺失，直接造成了研究方程式 (4.2.1) 的全局吸引性的困难。为此，我们将发展一种方法来克服这种困难。但我们仅限于死亡函数 $f(w)$ 为线性函数 dw 的情况进行讨论，并得到解半流在没有紧性的情况下，仍然可以有连通的全局吸引子。

引理 4.3.2 如果 $g_2(w) \equiv 0 = d > 0$，则由方程式 (4.2.1) 定义的解半流 $\Phi(t) = w_t(\cdot) : C^+ \to C^+, t \geqslant 0$ 具有一个连通的全局吸引子。

证明 由方程式 (4.3.2)，则有

$$w(t+\theta, x, \phi) = \phi(0, x)\mathrm{e}^{-d(t+\theta)} + \int_0^{t+\theta} \mathrm{e}^{-d(t+\theta-s)}F(w_s)(x)\mathrm{d}s \tag{4.3.7}$$

其中 $\theta \in [-1, 0]$，$t > 1$，并且

$$F(w_s)(x) = \int_{\Omega} b(w(s-1, y))k(\alpha, x, y)\mathrm{d}y \tag{4.3.8}$$

定义算子 $V(t) : C^+ \to C^+$ 为

$$(V(t)\phi)(\theta, x) = \phi(0, x)\mathrm{e}^{-d(t+\theta)}, \ \forall \phi \in C^+ \tag{4.3.9}$$

这里，$\theta \in [-1,0]$，$x \in \overline{\Omega}$，$t > 1$。又设 $U(t) = \Phi(t) - V(t)$，$\forall t > 1$。则由式 (4.3.7) 和式 (4.3.9)，有

$$(U(t)\phi)(\theta, x) = \int_0^{t+\theta} \mathrm{e}^{-d(t+\theta-s)} F(w_s)(x)\mathrm{d}s, \ \forall \phi \in C^+ \qquad (4.3.10)$$

其中 $\theta \in [-1,0]$，$x \in \overline{\Omega}$，$t > 1$，$F(w_s)(x)$ 由式 (4.3.8) 给出。因此，为了证明由方程式 (4.3.2) 定义的解半流 $\Phi(t) = w_t(\cdot) : C^+ \to C^+, t \geqslant 0$ 是渐近光滑的，由文献 [41] 中的引理 3.2.3 知，我们只需证明：

(i) 存在一个连续函数 $h : \mathbf{R}^+ \times \mathbf{R}^+ \to \mathbf{R}^+$ 满足 $h(t, a) \to 0$（当 $t \to +\infty$ 时），并且当 $\|\phi\|_C \leqslant a$ 时，均有 $\|V(t)\phi\|_C \leqslant h(t, a)$；

(ii) 对每个 $t \in (1, +\infty)$，算子 $U(t)$ 是全连续的。

事实上，取 $h(t, a) = a\mathrm{e}^{-d(t-1)}$，则知 (i) 的结论成立。对于 (ii)，设 $\{\phi_r \,|\, r \in \Gamma\}$ 是 C^+ 的任意有界集，$t \in (1, +\infty)$。又对每个 $r \in \Gamma$，设 $f_r = U(t)(\phi_r)$。则对任意 $-1 \leqslant \theta_2 < \theta_1 \leqslant 0$，$|\theta_1 - \theta_2| < \dfrac{1}{d}$，有

$$|f_r(\theta_1) - f_r(\theta_2)| \leqslant$$

$$\left| \int_{t+\theta_2}^{t+\theta_1} \mathrm{e}^{-d(t+\theta_1-s)} F(w_s)(\cdot)\mathrm{d}s \right| + \int_0^{t+\theta_2} \left| \mathrm{e}^{-d(t+\theta_1-s)} - \mathrm{e}^{-d(t+\theta_2-s)} \right| |F(w_s)(\cdot)|\mathrm{d}s \leqslant$$

$$l^*\gamma_0 |\theta_1 - \theta_2| + l^*\gamma_0 \int_0^{t+\theta_2} \left| \mathrm{e}^{-d(t+\theta_1-s)} - \mathrm{e}^{-d(t+\theta_2-s)} \right| \mathrm{d}s \leqslant$$

$$2l^*\gamma_0 |\theta_1 - \theta_2|$$

其中 γ_0 由式 (4.2.26) 给出，$l^* = \sup\limits_{w \geqslant 0} |b(w)|$。从而，函数族 $\{f_r \,|\, r \in \Gamma\}$ 是等度连续的。

接下来，将证明对于固定的 $\theta \in [-1, 0]$，集合 $\{f_r(\theta) \,|\, r \in \Gamma\}$ 在 X 中是列紧的。事实上，由引理 4.3.1 知，$\{f_r(\theta) \,|\, r \in \Gamma\}$ 是 X 上的有界集。又由函数 $k(\alpha, x, y)$ 在 $x \in \overline{\Omega}$ 上的一致连续性知，对任意 $\varepsilon > 0$，存在 $\delta > 0$，当 $x_1, x_2, y \in \overline{\Omega}$，$|x_1 - x_2| < \delta$ 时，均有 $|k(\alpha, x_1, y) - k(\alpha, x_2, y)| < \varepsilon$。于是，对任意 $r \in \Gamma$，当 $|x_1 - x_2| < \delta$ 时，有

$$|f_r(\theta, x_1) - f_r(\theta, x_2)| =$$

$$|(U(t)\phi_r)(\theta, x_1) - (U(t)\phi_r)(\theta, x_2)| \leqslant$$

$$\int_0^{t+\theta} \mathrm{e}^{-d(t+\theta-s)} |F(w_s)(x_1) - F(w_s)(x_2)| \mathrm{d}s \leqslant$$

$$\frac{\varepsilon l^*}{d} \mathrm{mes}\,\Omega$$

其中，$\mathrm{mes}\,\Omega$ 表示 Ω 的测度。从而，集合 $\{f_r(\theta) \,|\, r \in \Gamma\}$ 在 X 上列紧。因此，由 Arzela-Ascoli 定理（例如参见文献 [106] 或者 [148]），$\{f_r \,|\, r \in \Gamma\}$ 在 C^+ 上列紧。故，由文献 [148] 中的定理 2.2.6 知，(ii) 的结论成立。所以，由文献 [41] 中的引理 3.2.3 知，解半流 $\Phi(t) : C^+ \to C^+$，$t > 1$ 是渐近光滑的。再一次运用引理 4.3.1 知，$\Phi(t) : C^+ \to C^+$ 是点

耗散的。因此，由文献 [41] 中的定理 3.4.6 知，$\varPhi(t)$ 在 C^+ 中有一个连通的全局吸引子，它吸引 C^+ 中的每一个有界集。引理 4.3.2 证毕。

此外，类似文献 [171] 中定理 3.1 的讨论，我们有如下引理。

引理 4.3.3 如果 $g_1(0) > g_2(0)\mathrm{e}^{\lambda_1\alpha}$，又设 $w(t,x,\phi)$ 是方程式 (4.2.1) 取初值 $\phi \in C^+$ 的解。则存在 $\sigma > 0$ 使得对任意 $\phi \in C^+$，$\phi(0,\cdot) \not\equiv 0$，均有 $\lim\limits_{t\to+\infty}\inf w(t,x,\phi) \geqslant \sigma\varphi_1(x)$ 在 $x \in \overline{\Omega}$ 上一致成立。

4.4 全局吸引性

本节的主要工作是通过运用文献 [171] 中的波动方法 (定理 3.1) 来证明方程式 (4.2.1) 的唯一正平衡态 w^* 的全局吸引性。

定理 4.4.1 如果定理 4.2.3 的假设全部满足，并且 $\eta < \gamma_0^{-1}$，其中 γ_0 由式 (4.2.26) 给出。又设 $w(t,x,\phi)$ 是方程式 (4.2.1) 取初值 $\phi \in C^+$ 的解。则对任意 $\phi \in C^+$，$\phi(0,\cdot) \not\equiv 0$，均有

$$\lim_{t\to\infty} w(t,x,\phi) = w^*(x)$$

在 $x \in \overline{\Omega}$ 上一致成立。

证明 对任意 $\phi \in C^+$，$\phi(0,\cdot) \not\equiv 0$，令 $\omega(\phi)$ 为过 ϕ 的解半流 $\varPhi(t)$ 的正半轨的 ω–极限集。由引理 4.3.1，得 $\omega(\phi) \subseteq \mathcal{Y}$，其中

$$\mathcal{Y} \equiv \left\{ \phi \in C^+ \;\middle|\; 0 \leqslant \phi(\theta,x) \leqslant \frac{l^*\gamma_0}{g_2(0)} + 1, \; \forall(\theta,x) \in [-1,0] \times \overline{\Omega} \right\}$$

因此，只需证明 w^* 在 $\phi \in \mathcal{Y}\backslash\{0\}$ 上的全局吸引性即可。

给定 $\phi \in \mathcal{Y}\backslash\{0\}$。记 $w(t,x) \equiv w(t,x,\phi)$ 为方程式 (4.2.1) 取初值为 ϕ 的解。令 $C([-1,+\infty) \times \overline{\Omega})$ 表示所有定义在 $[-1,+\infty) \times \overline{\Omega}$ 上的有界连续函数构成的 Bananch 空间，其范数 $\|\cdot\|$ 为上确界范数。延拓算子 $\mathcal{K}$ 的定义，即，$\mathcal{K} : C([-1,+\infty) \times \overline{\Omega}) \to C([-1,+\infty) \times \overline{\Omega})$

$$(\mathcal{K}w)(t,x) = \begin{cases} \displaystyle\int_\Omega k(\alpha,x,y)w(t-1,y)\mathrm{d}y, & t \geqslant 0, \; x \in \overline{\Omega} \\[2mm] \displaystyle\int_\Omega k(\alpha,x,y)w(-1,y)\mathrm{d}y, & t \in [-1,0], \; x \in \overline{\Omega} \end{cases} \tag{4.4.1}$$

显然，当 $w \in X = C(\overline{\Omega})$ 时，有

$$(\mathcal{K}w)(x) = \int_\Omega k(\alpha,x,y)w(y)\mathrm{d}y, \; \forall x \in \overline{\Omega}$$

这与本章 4.2 节的定义一致。

由题设知，$\|\eta\mathcal{K}\| < 1$。从而，$(I + \eta\mathcal{K})^{-1}$ 存在，且为有界线性算子，其中 I 为单位算子。于是，方程式 (4.2.1) 可记为

$$\left.\begin{array}{l} \dfrac{\partial w(t,x)}{\partial t} = -f(w(t,x)) - \eta\mathcal{K}f(w(t,x)) + \mathcal{K}b_0(w(t,x)), \ t > 0, x \in \Omega \\[2mm] Bw(t,x) = 0, t > 0, x \in \partial\Omega \\[2mm] w(t,x) = \phi(t,x), t \in [-1,0], x \in \Omega \end{array}\right\} \tag{4.4.2}$$

其中，b_0 同本章 4.2 节。令

$$z(t,x) = (I + \eta\mathcal{K})^{-1}w(t,x), \ \forall t \geqslant 0, x \in \overline{\Omega} \tag{4.4.3}$$

则

$$w(t,x) = z(t,x) + \eta\mathcal{K}z(t,x), \ \forall t \geqslant 0, x \in \overline{\Omega} \tag{4.4.4}$$

并且

$$\left.\begin{array}{l} \dfrac{\partial z(t,x)}{\partial t} = -f(w(t,x)) + (I + \eta\mathcal{K})^{-1}\mathcal{K}b_0(w(t,x)), \ t > 1, x \in \Omega \\[2mm] Bz(t,x) = 0, t > 1, x \in \partial\Omega \\[2mm] z(t,x) = \psi(t,x), t \in [0,1], x \in \Omega \end{array}\right\} \tag{4.4.5}$$

其中，$\psi(t,x) = (I + \eta\mathcal{K})^{-1}w(t,x)$。对任意 $r > 0$，记

$$H(z(t,x)) \equiv rz(t,x) - f(w(t,x)) + (I + \eta\mathcal{K})^{-1}\mathcal{K}b_0(w(t,x)), \ t > 1, x \in \Omega \tag{4.4.6}$$

则方程式 (4.4.5) 可记为

$$\left.\begin{array}{l} \dfrac{\partial z(t,x)}{\partial t} = -rz(t,x) + H(z(t,x)), \ t > 1, x \in \Omega \\[2mm] Bz(t,x) = 0, t > 1, x \in \partial\Omega \\[2mm] z(t,x) = \psi(t,x), t \in [0,1], x \in \Omega \end{array}\right\} \tag{4.4.7}$$

又记 $z(t,x) \equiv z(t,x,\psi)$ 为方程式 (4.4.7) 取初值 $\psi \in C^+$ 的解。则由常数变易法，得

$$z(t,x) = e^{-rt}z(0,x) + \int_0^t e^{-rs}H(z(t-s,x))\mathrm{d}s, \ t > 1, x \in \Omega \tag{4.4.8}$$

又由引理 4.3.1 知，存在给定常数 $M_2 > 0$ 使得 $z(t,x) \leqslant M_2$ 在 $[t_0, +\infty) \times \overline{\Omega}$ 上一致成立，其中 t_0 同引理 4.3.1。受文献 [120] 的启发，定义函数 $h : [0, M_2] \times [0, M_2] \to \mathbf{R}$

$$h(u,v) = \begin{cases} \min\{H(w) \mid u \leqslant w \leqslant v\}, & \text{如果 } u \leqslant v \\[2mm] \max\{H(w) \mid v \leqslant w \leqslant u\}, & \text{如果 } v \leqslant u \end{cases} \tag{4.4.9}$$

则函数 $h(u,v)$ 关于 $u \in [0, M_2]$ 单调增加, 而关于 $v \in [0, M_2]$ 却单调递减。此外, $H(w) = h(w,w)$, $\forall w \in [0, M_2]$, 并且 $h(u,v)$ 在 $(u,v) \in [0, M_2] \times [0, M_2]$ 上连续 (参见文献 [121] 的第 2 节)。于是, 由式 (4.4.8), 有

$$z(t,x) = \mathrm{e}^{-rt} z(0,x) + \int_0^t \mathrm{e}^{-rs} h(z(t-s,x), z(t-s,x)) \mathrm{d}s, \ t > t_1, x \in \Omega \qquad (4.4.10)$$

其中, $t_1 = \max\{1, t_0\}$。令

$$z^\infty(x) \equiv \lim_{t \to +\infty} \sup z(t,x), \quad z_\infty(x) \equiv \lim_{t \to +\infty} \inf z(t,x), \quad \forall x \in \overline{\Omega}$$

则由式 (4.4.10) 和法都引理, 知

$$z^\infty(x) \leqslant \int_0^\infty \mathrm{e}^{-rs} h(z^\infty(x), z_\infty(x)) \mathrm{d}s, \ \forall x \in \Omega \qquad (4.4.11)$$

由 h 的定义知, 存在 $\overline{z} \in [z_\infty, z^\infty]$ 使得

$$h(z^\infty(x), z_\infty(x)) = H(\overline{z}(x)), \ \forall x \in \overline{\Omega}$$

成立。从而, 有

$$\overline{z}(x) \leqslant \int_0^\infty \mathrm{e}^{-rs} H(\overline{z}(x)) \mathrm{d}s, \ \forall x \in \Omega \qquad (4.4.12)$$

将式 (4.4.6) 代入上式, 得

$$f(\overline{w}(x)) \leqslant (I + \eta \mathcal{K})^{-1} \mathcal{K} b_0(\overline{w}(x)), \ \forall x \in \Omega \qquad (4.4.13)$$

其中, $\overline{w} = \overline{z} + \eta \mathcal{K} \overline{z}$。同理, 存在 $\underline{z} \in [z_\infty, z^\infty]$ 使得

$$h(z_\infty(x), z^\infty(x)) = H(\underline{z}(x)), \ \forall x \in \overline{\Omega}$$

成立, 并且

$$f(\underline{w}(x)) \geqslant (I + \eta \mathcal{K})^{-1} \mathcal{K} b_0(\underline{w}(x)), \ \forall x \in \Omega \qquad (4.4.14)$$

其中, $\underline{w} = \underline{z} + \eta \mathcal{K} \underline{z}$。

另一方面, 式 (4.4.13) 意味着 $\overline{w}(x)$ 是方程式 (4.2.11) 的一个下解。对常数 M, 记 $\hat{M}$ 表示在区域 $\overline{\Omega}$ 上取值恒为 M 的常数函数。于是, 取充分大的常数 $M_3 > 0$, 则由题设知, 常数函数 $\hat{M}_3$ 是方程式 (4.2.11) 的一个上解。运用经典的上下解方法, 由题设条件和引理 4.2.1 可得, 方程式 (4.2.2) 在序区间 $[\overline{w}, \hat{M}_3]$ 上至少有一个解 $w_1(x)$。同理, 取充分小的正常数 ε, 记 $w^{(l)}(x) = \varepsilon \varphi_1(x)$, 则由引理 4.3.3 知, 方程式 (4.2.2) 在序区间 $[w^{(l)}, \underline{w}]$ 上至少有一个解 $w_2(x)$。但定理 4.2.3 指出, 方程式 (4.2.2) 在序区间 $[w^{(l)}, \hat{M}_3]$ 上有且仅有一个解 $w^*(x)$。因此, $w_1(x) = w_2(x) = w^*(x)$。于是, $\overline{w} \leqslant \underline{w}$。

此外, 由式 (4.4.9), 知

$$h(z_\infty(x), z^\infty(x)) \leqslant h(z^\infty(x), z_\infty(x)), \ \forall x \in \Omega$$

从而，$H(\underline{z}) \leqslant H(\overline{z})$。又由 r 任意性知，当取 r 充分大时，总可使函数 $H(z)$ 在 $[z_\infty, z^\infty]$ 上严格单调增加。因此，$\underline{z} \leqslant \overline{z}$。由式 (4.4.4)，这意味着 $\underline{w} \leqslant \overline{w}$。故，$\underline{w} = \overline{w}$。由式 (4.4.3)，有 $\underline{z} = \overline{z}$。于是，这导致

$$h(z_\infty(x), z^\infty(x)) = h(z^\infty(x), z_\infty(x)), \quad \forall x \in \Omega$$

再一次运用函数 $H(z)$ 在 $[z_\infty, z^\infty]$ 上严格单调性以及 h 的定义知，$z_\infty = z^\infty$，即 $\lim\limits_{t \to +\infty} z(t, x)$ 存在。从而，由式 (4.4.4) 知，极限 $\lim\limits_{t \to +\infty} w(t, x)$ 存在，并且

$$\lim_{t \to +\infty} w(t, x) = w^*(x), \quad \forall x \in \overline{\Omega} \tag{4.4.15}$$

于是，只需证明式 (4.4.15) 在 $x \in \overline{\Omega}$ 上的一致性即可。事实上，对任意 $\psi \in \omega(\phi)$，必存在数列 t_n 使得 $\Phi(t_n)\phi \to \psi$（当 $n \to \infty$ 时）在 C 上成立。从而可得

$$\lim_{n \to \infty} w(t_n + \theta, x, \phi) = \psi(\theta, x)$$

在 $(\theta, x) \in [-1, 0] \times \overline{\Omega}$ 上一致成立。于是，由式 (4.4.15)，得

$$\psi(\theta, x) = w^*(x), \quad \forall (\theta, x) \in [-1, 0] \times \overline{\Omega}$$

因此，得到 $\omega(\phi) = \{w^*\}$，这就意味着 $w(t, \cdot, \phi)$ 随着 $t \to +\infty$ 时在 X 上收敛于 $w^*(\cdot)$。定理 4.4.1 证毕。

4.5　全局渐近稳定性

本节研究非局部时滞微分方程式 (4.2.1) 的平凡解和唯一正平衡态的全局渐近稳定性。

为了研究方程式 (4.2.1) 的平凡解的稳定性，考虑方程式 (4.3.1) 在 $w = 0$ 处的线性化方程

$$\left.\begin{array}{l} \dfrac{\mathrm{d}w(t)}{\mathrm{d}t} = Aw(t) + G(w_t), \quad t \geqslant 0 \\[2mm] w_0 = \phi \in C^+ \end{array}\right\} \tag{4.5.1}$$

其中算子 $G : C \to X$ 定义为

$$G(\phi) = g_1(0) \int_{\overline{\Omega}} \phi(-1, y) k(\alpha, \cdot, y)\mathrm{d}y, \quad \forall \phi \in C$$

注意到假设 (H4.1.1) 和 (H4.1.3)，则有如下比较原则。

引理 4.5.1　设 $w(t, \phi)$ 和 $v(t, \phi)$ 分别为方程式 (4.3.1) 和方程式 (4.5.1) 的初值为 $\phi \in C^+$ 的解。则

$$w(t, \phi) \leqslant v(t, \phi), \quad \forall t \geqslant 0$$

证明　由假设 (H4.1.1)，(H4.1.3)，引理 1.4.3 和 4.3.1，有

$$\left.\begin{array}{l} \dfrac{\mathrm{d}u(t,\phi)}{\mathrm{d}t} \geqslant -g_2(0)u(t,\phi) + g_1(0)\displaystyle\int_{\overline{\Omega}} u(t-1,y,\phi)f_\alpha(\cdot,y)\mathrm{d}y, \quad t \geqslant 0 \\[3mm] u(t,\phi) = 0, \quad t \in [-1,0] \end{array}\right\}$$

其中 $u(t,\phi) = v(t,\phi) - w(t,\phi)$。因此，由文献 [113] 中的定理 3.6 知，$u(t,\phi) \geqslant 0, \forall t \geqslant 0$。从而，$w(t,\phi) \leqslant v(t,\phi), \forall t \geqslant 0$。引理 4.5.1 证毕。

此外，由于 $\mathrm{Dom}(A) \subset X \subset L^2(\overline{\Omega})$，则对任意 $u \in \mathrm{Dom}(A)/\{0\}$，均存在一列复数 $a_n, n = 1, 2, \cdots$ 使得

$$u(x) = \sum_{n=1}^{+\infty} a_n \varphi_n(x) \tag{4.5.2}$$

从而，由式 (1.4.2)，式 (1.4.7) 和式 (4.5.2)，有

$$\begin{aligned} \Theta(\lambda)u(x) &= -g_2(0)u(x) - \lambda u(x) + g_1(0)\int_{\overline{\Omega}} \mathrm{e}^{-\lambda} u(y)k(\alpha,x,y)\mathrm{d}y = \\ &\sum_{n=1}^{+\infty} a_n \left(-\lambda - g_2(0) + g_1(0)\mathrm{e}^{-\lambda}\mathrm{e}^{-\lambda_n \alpha}\right) \varphi_n(x) \end{aligned} \tag{4.5.3}$$

因此，方程式 (4.5.1) 的特征值 λ 至少满足下列方程之一：

$$\lambda = -g_2(0) + g_1(0)\mathrm{e}^{-\lambda_n \alpha}\mathrm{e}^{-\lambda}, \quad n = 1, 2, \cdots \tag{4.5.4}$$

引理 4.5.2　设 $\beta = \sup\{\mathrm{Re}\lambda | \lambda \in \sigma_p\}$，其中 $\mathrm{Re}\lambda$ 表示复数 λ 的实部，σ_p 表示方程式 (4.5.1) 的所有特征值构成的集合。则当 $g_1(0) > g_2(0)\mathrm{e}^{\lambda_1 \alpha}$ 时，$\beta > 0$；而当 $g_1(0) < g_2(0)\mathrm{e}^{\lambda_1 \alpha}$ 时，$\beta < 0$。

证明　如果 $g_1(0) > g_2(0)\mathrm{e}^{\lambda_1 \alpha}$，则由式 (4.5.4) 和文献 [113] 中的命题 4.6 知，至少存在方程式 (4.5.1) 的一个特征值 λ 使得 $\mathrm{Re}\lambda > 0$。因此，$\beta > 0$。

如果 $g_1(0) < g_2(0)\mathrm{e}^{\lambda_1 \alpha}$，则由 $0 \leqslant \lambda_1 < \lambda_2 \leqslant \cdots \leqslant \lambda_n \leqslant \cdots$，则有

$$g_1(0) < g_2(0)\mathrm{e}^{\lambda_n \alpha}, \quad n = 1, 2, \cdots$$

从而，由式 (4.5.4) 和文献 [113] 中的命题 4.6 知，方程式 (4.5.1) 的所有特征值 λ 都有负实部。因此，再运用文献 [148] 中的定理 3.1.10，即得 $\beta < 0$。引理 4.5.2 证毕。

现在，我们来总结一下全局稳定性的主要结果。由引理 4.5.1，引理 4.5.2，文献 [148] 中的推论 3.1.11 以及线性稳定性原则 (例如参见文献 [113])，有

定理 4.5.1　(i) 如果 $g_1(0) > g_2(0)\mathrm{e}^{\lambda_1 \alpha}$，则式 (4.5.1) 和式 (4.2.1) 的零解是不稳定的；

(ii) 如果 $g_1(0) < g_2(0)\mathrm{e}^{\lambda_1 \alpha}$，则式 (4.5.1) 和式 (4.2.1) 的零解是全局渐近稳定的。

对于方程式 (4.2.1) 的唯一正平衡态 $w^*(x)$ 的稳定性，由定理 4.2.3，定理 4.3.1，定理 4.4.1 和第二章中的定理 2.3.1，有

定理 4.5.2　如果 $g_1(0) > g_2(0)\mathrm{e}^{\lambda_1\alpha}$，并且满足下列条件之一：

(i) 定理 4.2.3 中的条件 (ii) 或者条件 (iii) 满足；

(ii) 定理 4.2.3 中的条件 (i) 或者条件 (iv) 满足，$\eta < \gamma_0^{-1}$，其中 γ_0 由式 (4.2.26) 给出，并且对任意 $x \in \overline{\Omega}$，均有 $b'(w^*(x)) \geqslant 0$；

则方程式 (4.2.1) 的唯一正平衡态 $w^*(x)$ 全局渐近稳定。

4.6　例子

本节给出两个经典例子说明主要结果的应用。

(1) 考虑如下非局部 Nicholson 绿头苍蝇模型：

$$\left.\begin{array}{l}
\dfrac{\partial w(t,x)}{\partial t} = -dw(t,x) + \displaystyle\int_0^\pi b_1(w(t-1,y))k^D(\alpha,x,y)\mathrm{d}y, \ t>0, \ x \in (0,\pi) \\[3mm]
w(t,0) = w(t,\pi) = 0, \quad t>0 \\[2mm]
w(t,x) = \phi(t,x), \quad t \in [-1,0], \ x \in [0,\pi]
\end{array}\right\} \tag{4.6.1}$$

其中 $d>0$，$\alpha>0$，$b_1(w) = pw\mathrm{e}^{-qw}$，$p>0$，$q>0$ 以及

$$k^D(\alpha,x,y) = \frac{2}{\pi}\sum_{n=1}^{+\infty}\mathrm{e}^{-n^2\alpha}\sin nx \sin ny$$

值得一提的是，该模型中的出生函数 $b_1(w)$ 为已经广泛应用于许多其他模型的 Ricker 出生函数 (例如参见文献 [25, 38, 39, 71, 72, 93, 105, 114, 116, 157])。显然，模型式 (4.6.1) 为在式 (4.2.1) 中取 $N=1$，$\Omega = (0,\pi)$，$b(w) = b_1(w)$，$f(w) = dw$，$Bw = w$ 时的特别情形。因此，由定理 4.2.1，定理 4.2.3，定理 4.4.1，定理 4.5.1 和定理 4.5.2，有如下定理。

定理 4.6.1　(i) 如果 $\dfrac{p}{d} > \mathrm{e}^\alpha$，则模型式 (4.6.1) 的零解不稳定；如果 $\dfrac{p}{d} < \mathrm{e}^\alpha$，则其零解全局渐近稳定。

(ii) 如果 $\dfrac{p}{d} \leqslant \mathrm{e}^\alpha$，则模型式 (4.6.1) 没有正平衡态。

(iii) 如果

$$\mathrm{e}^\alpha < \frac{p}{d} < \max\left\{\frac{\pi}{2}\mathrm{e}^{1-\alpha}\left(\ln\frac{\mathrm{e}^{2\alpha}+1}{\mathrm{e}^{2\alpha}-1}\right)^{-1}, \ \min\left\{\mathrm{e}^2\delta_{11}, \ \mathrm{e}^2\delta_{12}, \ \mathrm{e}^{2+\alpha}\right\}\right\} \tag{4.6.2}$$

其中

$$\delta_{11} = \sup\left\{\eta \in \mathbf{R}^+ \ \middle|\ \sum_{n=1}^{+\infty}(1-\eta\mathrm{e}^{-n^2\alpha})\mathrm{e}^{-n^2\alpha}\sin nx \sin ny > 0, \ \forall x,y \in (0,\pi)\right\}$$

$$\delta_{12} = \sup\left\{\eta \in \mathbf{R}^+ \;\middle|\; \sum_{n=1}^{+\infty} \frac{\eta(2n-1)^{-1}\mathrm{e}^{-(2n-1)^2\alpha}}{1+\eta\mathrm{e}^{-(2n-1)^2\alpha}}\sin(2n-1)x < \frac{\pi}{4}, \; \forall x \in (0,\pi)\right\}$$

则模型式 (4.6.1) 有唯一正平衡态 $w^*(x)$。

(iv) 如果

$$\mathrm{e}^\alpha < \frac{p}{d} < \max\left\{\frac{\pi}{2}\mathrm{e}^{1-\alpha}\left(\ln\frac{\mathrm{e}^{2\alpha}+1}{\mathrm{e}^{2\alpha}-1}\right)^{-1}, \; \min\left\{\mathrm{e}^2\delta_{11}, \; \mathrm{e}^2\delta_{12}, \; \mathrm{e}^2\delta_{13}, \; \mathrm{e}^{2+\alpha}\right\}\right\} \tag{4.6.3}$$

其中

$$\delta_{13} = \sup\left\{\eta \in \mathbf{R}^+ \;\middle|\; \sum_{n=1}^{+\infty} \eta(2n-1)^{-1}\mathrm{e}^{-(2n-1)^2\alpha}\sin(2n-1)x < \frac{\pi}{4}, \; \forall x \in (0,\pi)\right\}$$

则模型式 (4.6.1) 的唯一正平衡态 $w^*(x)$ 全局吸引。

(v) 如果 $\dfrac{p}{d} > \mathrm{e}^\alpha$，并且满足下列条件之一：(a) $\dfrac{p}{d} < \dfrac{\pi}{2}\mathrm{e}^{1-\alpha}\left(\ln\dfrac{\mathrm{e}^{2\alpha}+1}{\mathrm{e}^{2\alpha}-1}\right)^{-1}$；

(b) $\dfrac{p}{d} < \min\{\mathrm{e}^2\delta_{11}, \; \mathrm{e}^2\delta_{12}, \; \mathrm{e}^2\delta_{13}, \; \mathrm{e}^{2+\alpha}\}$。并且对任意 $x \in \overline{\Omega}$，均有 $b_1'(w^*(x)) \geqslant 0$，则模型式 (4.6.1) 的唯一正平衡态 $w^*(x)$ 全局渐近稳定。

(2) 考虑如下非局部 Mackey-Glass 模型：

$$\left.\begin{array}{l} \dfrac{\partial w(t,x)}{\partial t} = -dw(t,x) + \displaystyle\int_0^\pi b_2(w(t-1,y))k^N(\alpha,x,y)\mathrm{d}y, \; t>0, \; x \in (0,\pi) \\[3mm] \dfrac{\partial w(t,x)}{\partial x}\bigg|_{x=0} = \dfrac{\partial w(t,x)}{\partial x}\bigg|_{x=\pi} = 0, \quad t>0 \\[3mm] w(t,x) = \phi(t,x), \quad t \in [-1,0], \quad x \in [0,\pi] \end{array}\right\} \tag{4.6.4}$$

其中 $b_2(w) = \dfrac{pw}{q+w^l}$, $l>0$, 并且

$$k^N(\alpha,x,y) = \frac{1}{\pi} + \frac{2}{\pi}\sum_{n=1}^{+\infty}\mathrm{e}^{-n^2\alpha}\cos nx \cos ny$$

值得注意的是，该模型中的出生函数 $b_2(w)$ 曾在文献 [85] 中被用作血细胞的繁殖函数，并且自从那以后已经被广泛使用。易见，模型式 (4.6.4) 为在式 (4.2.1) 中取 $N=1$, $\Omega = (0,\pi)$, $b(w)=b_2(w)$, $f(w)=dw$, $Bw = \partial w/\partial\boldsymbol{n}$ 时的特别情形。因此，由定理 4.2.1，定理 4.2.3，定理 4.4.1，定理 4.5.1 和定理 4.5.2，有

定理 4.6.2 (i) 如果 $\dfrac{p}{dq} > 1$, 则模型式 (4.6.4) 的零解不稳定；如果 $\dfrac{p}{dq} < 1$, 则其零解全局渐近稳定。

(ii) 如果 $\dfrac{p}{dq} \leqslant 1$, 则模型式 (4.6.4) 没有正平衡态。

(iii) 如果 $\dfrac{p}{dq} > 1$，且满足下列条件之一：**(a)** $l \leqslant 1$; **(b)** $l > 1$。并且

$$\frac{p}{dq} < \max\left\{ \frac{l}{l-1}, \quad \min\left\{ \frac{4l}{(l-1)^2}\delta_{21}, \quad \frac{4l}{(l-1)^2} \right\} \right\} \tag{4.6.5}$$

其中

$$\delta_{21} = \sup\left\{ \eta \in \mathbf{R}^+ \ \middle|\ 1 - \eta + 2\sum_{n=1}^{+\infty}(1 - \eta e^{-n^2\alpha})e^{-n^2\alpha}\cos nx \cos ny > 0, \ \forall x, y \in (0, \pi) \right\}$$

则模型式 (4.6.4) 有唯一正平衡态 $w^*(x)$，并且该正平衡态 $w^*(x)$ 全局吸引。

(iv) 如果 $\dfrac{p}{dq} > 1$，且满足下列条件之一：**(a)** $l \leqslant 1$; **(b)** $l > 1$。不等式 (4.6.5) 成立，并且对任意 $x \in \overline{\Omega}$，均有 $b_2'(w^*(x)) \geqslant 0$，则模型式 (4.6.4) 的唯一正平衡态 $w^*(x)$ 全局渐近稳定。

注 4.6.1 定理 4.6.1 和定理 4.6.2 中的充分条件在某些参数范围内是可以被满足的。如，当分别取 $d = 1$，$\alpha = 10$ 和 $p = 30\,000$ 时，定理 4.6.1 中的条件被满足。同样，很容易验证定理 4.6.2 中的条件在某些参数范围内也可以被满足。

第 5 章　一类有界域上具有年龄结构的非局部反应扩散种群模型的动力学行为

本章研究一类有界区域上具有年龄结构的非局部反应扩散种群模型的全局动力学。运用上下解方法及对非局部项中核函数的精细分析，证明模型在成年种群数量增大时其出生率衰减的非单调情形下正平衡态的不存在性、存在唯一性和全局渐近稳定性。其结果推广了文献 [37, 66, 151, 161, 171] 的相关结果。

5.1　引言

本章紧接第 4 章的工作，对第 4 章的中心问题在非单调情形下做进一步尝试，但我们的工作仅限于未成年种群和成年种群都扩散且死亡函数为线性函数的特别情形，即模型式 (4.1.4) 中取 $D > 0$ 且 $f(w) = dw$ 时的情形，其中 d 为正常数。为了方便，我们考虑该模型的如下版本：

$$\left.\begin{aligned}
&\frac{\partial w(t,x)}{\partial t} = D\Delta w(t,x) - dw(t,x) + \varepsilon \int_{\overline{\Omega}} k(\alpha,x,y)b(w(t-\tau,y))\mathrm{d}y, t > 0, x \in \Omega \\
&Bw(t,x) = 0, t > 0, x \in \partial\Omega \\
&w(t,x) = \phi(t,x), t \in [-\tau, 0], x \in \Omega
\end{aligned}\right\}$$

$$(5.1.1)$$

这里，$\phi(t,x)$ 是一个正初值函数，Ω 是一个在 $\mathbf{R}^m (m \leqslant 3)$ 中具有逐段光滑边界 (或者光滑边界) 的有界开区域，$Bw = w$（或者 $\partial w/\partial \boldsymbol{n}$），$k(\alpha,x,y)$ 由式 (1.4.2) 给出。另外，为了本章的完整性，我们仍然给出对出生函数 $b(w)$ 的如下假设：

(H5.1.1) 当 $w \geqslant 0$ 时，均有 $b(w) = wg(w)$，$g(w) > 0$ 以及 $g'(w) < 0$。

(H5.1.2) 对任意 $w \geqslant 0$，$b(w)$ 和 $b'(w)$ 都有界。

显然，Nicholson 绿头苍蝇模型中的非单调出生函数 $b(w) = pwe^{-qw}$ 满足假设 (H5.1.1) 和 (H5.1.2)，其中，$p, q > 0$（参见文献 [38]）。

本章接下来的工作主要为：由于扩散项存在，不仅导致其解半流是紧的，而且对核函数正性的估计也较第 4 章容易。因此，我们在 5.2 节中运用第 4 章改进的方法，获得了模型式 (5.1.1) 的正平衡态的存在唯一性的一个较好的结果。该结果不仅推广了文献 [37, 161] 的结果，而且放宽了参数条件。在 5.3 节，我们运用线性算子半群理论和耗散系统理论，获得模型式 (5.1.1) 解的存在性、有界性和全局吸引子的存在性。然而，扩散项中的 Laplace 算子不具有单调性, 而在第 4 章中改进的波动方法恰恰需要其单调性。为了克服这种非单调性, 我们在 5.4 节进一步改进上一章改进的波动方法, 使其不依赖于这种单调性, 进而, 获得模型式 (5.1.1) 的正平衡态的全局吸引性。最后, 在 5.5 节和 5.6 节, 我们通过对相应特征方程的精细分析和运用第 2 章定理 2.3.1, 获得模型式 (5.1.1) 平凡解和唯一正平衡态的全局渐近稳定性, 并通过四个例子说明了本章结果的可行性。

注 5.1.1　如果未成年种群不扩散, 则 $\alpha = 0$。此时, 模型式 (5.1.1) 退化为如下局部时滞反应扩散方程:

$$\left.\begin{array}{l} \dfrac{\partial w(t,x)}{\partial t} = D\Delta w(t,x) - dw(t,x) + \varepsilon b(w(t-1,x)), \quad t > 0, x \in \Omega \\[2mm] Bw(t,x) = 0, t > 0, x \in \partial\Omega \\[2mm] w(t,x) = \phi(t,x), \quad t \in [-\tau, 0], x \in \Omega \end{array}\right\} \tag{5.1.2}$$

当 $Bw = w$ 时, 模型式 (5.1.2) 成为 So, Wu 和 Yang 研究的一类经典的 Nicholson 绿头苍蝇模型 (参见文献 [116])。

5.2　正平衡态的存在唯一性

本节研究模型式 (5.1.1) 的正平衡态的存在唯一性。令 $\widetilde{d} = D$, $\mu = \sqrt{d/D}$, $\widetilde{b}(w) = \dfrac{\varepsilon}{D}b(w)$, 则不失一般性, 去掉波浪号, 可将模型式 (5.1.1) 记为如下更方便的形式:

$$\left.\begin{array}{l} \dfrac{\partial w(t,x)}{\partial t} = d\Delta w(t,x) - d\mu^2 w(t,x) + d\displaystyle\int_{\overline{\Omega}} k(\alpha, x, y) b(w(t-\tau, y)) \mathrm{d}y, t > 0, x \in \Omega \\[3mm] Bw(t,x) = 0, t > 0, x \in \partial\Omega \\[2mm] w(t,x) = \phi(t,x), t \in [-\tau, 0], x \in \Omega \end{array}\right\} \tag{5.2.1}$$

其中, $k(\alpha, x, y)$ 由式 (1.4.2) 给出。注意到模型式 (5.2.1) 的正平衡态恰为如下积分方程边值问题

$$\left.\begin{array}{l} -\Delta w(x) + \mu^2 w(x) = \displaystyle\int_{\overline{\Omega}} b(w(y)) k(\alpha, x, y) \mathrm{d}y, \quad x \in \Omega \\[3mm] Bw(x) = 0, \quad x \in \partial\Omega \end{array}\right\} \tag{5.2.2}$$

的正解, 因此, 本节只需研究式 (5.2.2) 的正解的存在唯一性即可。

设 $X = C(\overline{\Omega})$, $Y = C^2(\Omega) \bigcap C(\overline{\Omega})$。则 X 和 Y 都是具有自然序的 Banach 空间, 即, $w_1 \leqslant w_2, \forall w_1, w_2 \in X$ (或者 Y) 当且仅当 $w_1(x) \leqslant w_2(x), \forall x \in \overline{\Omega}$。定义算子 $\mathcal{L}: Y \to X$, $\mathcal{L}w = -\Delta w + \mu^2 w$ 以及算子 $\jmath: X \to Y$, $(\jmath w)(x) = g(0)\displaystyle\int_{\overline{\Omega}} w(y) k(\alpha, x, y) \mathrm{d}y$。又设 $G(x, y)$ 是算子 $\mathcal{L}$ 对应边界条件 $Bw(x)\,|_{x \in \partial\Omega} = 0$ 的格林函数, 则易得

$$G(x, y) = \sum_{n=1}^{+\infty} \frac{1}{\lambda_n + \mu^2} \varphi_n(x) \varphi_n(y)$$

且有如下定理。该定理给出了式 (4.2.2) 不存在正解的一个充分条件。

定理 5.2.1 如果

$$g(0)\mathrm{e}^{-\lambda_1\alpha} \leqslant \lambda_1 + \mu^2 \tag{5.2.3}$$

则式 (5.2.2) 没有正解。

证明 考虑线性特征值问题

$$\left.\begin{array}{l} -\Delta w(x) + \mu^2 w(x) = \lambda g(0) \displaystyle\int_{\overline{\Omega}} w(y) k(\alpha, x, y)\mathrm{d}y, \quad x \in \Omega \\[2mm] Bw(x) = 0, \quad x \in \partial\Omega \end{array}\right\} \tag{5.2.4}$$

显然，也可将方程式 (5.2.4) 记为 $Tw = \dfrac{1}{\lambda}w$，其中 $T = \mathcal{L}^{-1}\jmath : X \to Y \subset X$。由引理 1.4.3 和微分算子 $\mathcal{L}$ 的性质知，T 是空间 $C_e(\overline{\Omega})$ 上的一个强正紧自同态，其中 e 是方程

$$\left.\begin{array}{l} -\Delta w(x) + \mu^2 w(x) = 1, \quad x \in \Omega \\[2mm] Bw(x) = 0, \quad x \in \partial\Omega \end{array}\right\} \tag{5.2.5}$$

的唯一解，并且 $C_e(\overline{\Omega})$ 是一个由序单位 $e \in Y$ 生成的 Banach 空间，其序单位范数为 $\|\cdot\|_e$(参见文献 [3])。再由著名的 Krein-Rutman 定理及其关于强正线性算子的加强版 (参见文献 [3] 的定理 3.2) 知，谱半径 $r(T)$ 为 T 的一个对应正特征向量的简单正特征值。事实上，容易确定 $r(T)$ 的值为

$$r(T) = \frac{g(0)}{(\lambda_1 + \mu^2)\mathrm{e}^{\lambda_1\alpha}}$$

为了证明结论，反设式 (5.2.2) 有一个正解 $w^*(x)$，则

$$-\Delta w^*(x) + \mu^2 w^*(x) = \int_{\overline{\Omega}} w^*(y)g(w^*(y))k(\alpha, x, y)\mathrm{d}y \tag{5.2.6}$$

再定义算子 $\overline{\jmath} : X \to Y$

$$\overline{\jmath}(w)(x) = \int_{\overline{\Omega}} w(y)g(w^*(y))k(\alpha, x, y)\mathrm{d}y \tag{5.2.7}$$

并且设 $\overline{T} = \mathcal{L}^{-1}\overline{\jmath} : X \to Y \subset X$。显然，$\overline{T}$ 也是 $C_e(\overline{\Omega})$ 上的强正紧自同态。由假设 (H5.1.1) 知，对任意 $w > 0$，均有 $g(w) < g(0)$。从而，对任意 $w \in C_e(\overline{\Omega})$，均有 $\overline{T}w < Tw$。再由文献 [3] 的定理 3.2，便有 $r(\overline{T}) < r(T)$，其中 $r(\overline{T})$ 是 $\overline{T}$ 的谱半径。由此可得

$$r(\overline{T}) < r(T) = \frac{g(0)}{(\lambda_1 + k^2)\mathrm{e}^{\lambda_1\alpha}} \leqslant 1$$

另一方面，式 (5.2.6) 意味着 1 是 $\overline{T}$ 的对应正特征向量 $w^*(x)$ 的一个特征值，此与 $r(\overline{T}) < 1$ 矛盾。定理 5.2.1 证毕。

接下来，我们通过改进文献 [37] 发展的一个方法来证明方程式 (5.2.2) 的正解的存在唯一性。由假设 (H5.1.2) 知，$b'(w)$ 在 $[0, +\infty)$ 上有下界。因此，我们可以设

$$\eta = \max\left\{0, -\inf_{w \geqslant 0} b'(w)\right\} \tag{5.2.8}$$

和

$$b_0(w) = b(w) + \eta w \tag{5.2.9}$$

于是，式 (5.2.2) 可化为

$$\left. \begin{array}{l} -\Delta w(x) + \mu^2 w(x) + \eta \displaystyle\int_{\overline{\Omega}} w(y)k(\alpha, x, y)\mathrm{d}y = \int_{\overline{\Omega}} b_0(w(y))k(\alpha, x, y)\mathrm{d}y, \quad x \in \Omega \\ Bw(x) = 0, \quad x \in \partial\Omega \end{array} \right\} \tag{5.2.10}$$

并且函数 $b_0(w)$ 在 $[0, +\infty)$ 上单调递增。

现在，定义算子 $\mathcal{K}: X \to X$

$$\mathcal{K}(w)(x) = \int_{\overline{\Omega}} w(y)k(\alpha, x, y)\mathrm{d}y$$

则关于算子 $\mathcal{L}$ 和 $\mathcal{K}$ 有如下两个引理。

引理 5.2.1　算子 $\mathcal{L} + \eta\mathcal{K}$ 总是正则的。

证明　由

$$\sum_{n=1}^{+\infty}\left|\frac{1}{\lambda_n + \mu^2 + \mathrm{e}^{-\alpha\lambda_n}}\varphi_n(x)\varphi_n(y)\right| \leqslant$$

$$\sum_{n=1}^{+\infty}\frac{1}{\lambda_n + \mu^2}\left[\varphi_n^2(x) + \varphi_n^2(y)\right] =$$

$$G(x, x) + G(y, y)$$

知，级数

$$\sum_{n=1}^{+\infty}\frac{1}{\lambda_n + \mu^2 + \mathrm{e}^{-\alpha\lambda_n}}\varphi_n(x)\varphi_n(y)$$

在 $(x, y) \in \Omega \times \Omega$ 上绝对一致收敛，且一致有界。于是，对给定的 $w \in X$，考虑方程

$$[(\mathcal{L} + \eta\mathcal{K})u](x) = w(x) \tag{5.2.11}$$

由于 $w, u \in L^2(\overline{\Omega})$，从而有

$$u(x) = \sum_{n=1}^{+\infty} a_n\varphi_n(x) \quad \text{和} \quad w(x) = \sum_{n=1}^{+\infty} b_n\varphi_n(x) \tag{5.2.12}$$

其中

$$a_n = \int_\Omega u(y)\varphi_n(y)\mathrm{d}y, \quad b_n = \int_\Omega w(y)\varphi_n(y)\mathrm{d}y, \quad n = 1, 2, \cdots$$

于是，将式 (5.2.12) 代入式 (5.2.11) 并比较系数，得

$$a_n = \frac{1}{\lambda_n + \mu^2 + \eta \mathrm{e}^{-\lambda_n \alpha}} b_n, \quad n = 1, 2, \cdots$$

即

$$u(x) = \sum_{n=1}^{+\infty} \frac{1}{\lambda_n + \mu^2 + \mathrm{e}^{-\alpha \lambda_n}} b_n \varphi_n(x) = \int_\Omega \Gamma(\alpha, x, y) w(y) \mathrm{d}y$$

其中

$$\Gamma(\alpha, x, y) = \sum_{n=1}^{+\infty} \frac{1}{\lambda_n + \mu^2 + \mathrm{e}^{-\alpha \lambda_n}} \varphi_n(x) \varphi_n(y)$$

因此

$$[(\mathcal{L} + \eta \mathcal{K})^{-1} w](x) = \int_\Omega \Gamma(\alpha, x, y) w(y) \mathrm{d}y, \quad \forall w \in X \tag{5.2.13}$$

故，算子 $\mathcal{L} + \eta \mathcal{K}$ 总是正则的。引理证毕。

引理 5.2.2　如果

$$\eta \leqslant \alpha^{-1} \mathrm{e}^{-(\alpha\mu^2 + 1)} \tag{5.2.14}$$

则算子 $(\mathcal{L} + \eta \mathcal{K})^{-1}$ 是正的。

为了证明引理 5.2.2，我们先证明如下引理。

引理 5.2.3　如果 $C_1 \leqslant C_2$，其中 C_1 和 C_2 是两个常数，则

$$\sum_{n=1}^{+\infty} \frac{1}{\lambda_n + C_1} \left[1 - \mathrm{e}^{-(\lambda_n + C_2)\alpha} \right] \varphi_n(x) \varphi_n(y) > 0, \quad \forall x, y \in \Omega$$

证明　由引理 1.4.3，有

$$\sum_{n=1}^{+\infty} \mathrm{e}^{-(\lambda_n + C_1)t} \varphi_n(x) \varphi_n(y) > 0, \quad \forall t > 0, x, y \in \Omega$$

从而

$$\int_0^\alpha \left[\sum_{n=1}^{+\infty} \mathrm{e}^{-(\lambda_n + C_1)t} \varphi_n(x) \varphi_n(y) \right] \mathrm{d}t > 0, \quad \forall x, y \in \Omega$$

又由引理 1.4.2 和 1.4.3，得

$$\sum_{n=1}^{+\infty} \frac{1}{\lambda_n + C_1} \left[\mathrm{e}^{(C_1 - C_2)\alpha} - \mathrm{e}^{-(\lambda_n + C_2)\alpha} \right] \varphi_n(x) \varphi_n(y) > 0, \quad \forall x, y \in \Omega$$

因此，由

$$\sum_{n=1}^{+\infty} \left(1 - \mathrm{e}^{(C_1 - C_2)\alpha}\right) \frac{1}{\lambda_n + C_1} \varphi_n(x)\varphi_n(y) =$$

$$\left(1 - \mathrm{e}^{(C_1 - C_2)\alpha}\right) \int_0^{+\infty} \left[\sum_{n=1}^{+\infty} \mathrm{e}^{-(\lambda_n + C_1)t}\varphi_n(x)\varphi_n(y)\right] \mathrm{d}t \geqslant 0$$

即得引理结论。引理 5.2.3 证毕。

证明　（引理 5.2.2）　由式 (5.2.13)，知

$$\left[(\pounds + \eta\mathcal{K})^{-1}w\right](x) = \int_\Omega \Gamma(\alpha, x, y)w(y)\mathrm{d}y, \quad \forall w \in X$$

因此，我们只需证明

$$\Gamma(\alpha, x, y) > 0, \quad \forall x, y \in \Omega$$

事实上，令 $\eta_1 = \eta\mathrm{e}^{\alpha\mu^2 + 1}$。由于

$$0 < \frac{\eta_1 \left(1 - \mathrm{e}^{-(\lambda_n + \mu^2 + \alpha^{-1})\alpha}\right)}{\lambda_n + \mu^2 + \eta_1} < 1$$

从而，有

$$\frac{1}{\lambda_n + \mu^2 + \eta\mathrm{e}^{-\lambda_n\alpha}} = \left[1 - \frac{\eta_1 \left(1 - \mathrm{e}^{-(\lambda_n + \mu^2 + \alpha^{-1})\alpha}\right)}{\lambda_n + \mu^2 + \eta_1}\right]^{-1} \frac{1}{\lambda_n + \mu^2 + \eta_1} =$$

$$\sum_{m=0}^{+\infty} \left[\frac{\eta_1 \left(1 - \mathrm{e}^{-(\lambda_n + \mu^2 + \alpha^{-1})\alpha}\right)}{\lambda_n + \mu^2 + \eta_1}\right]^m \frac{1}{\lambda_n + \mu^2 + \eta_1} =$$

$$\sum_{m=0}^{+\infty} (\eta_1)^m \left(\frac{1}{\lambda_n + \mu^2 + \eta_1}\right)^{m+1} \left[1 - \mathrm{e}^{-(\lambda_n + \mu^2 + \alpha^{-1})\alpha}\right]^m$$

注意到级数

$$\sum_{n=0}^{+\infty} \frac{1}{\lambda_n + \mu^2 + \eta\mathrm{e}^{-\lambda_n\alpha}} \varphi_n(x)\varphi_n(y)$$

在 $(x, y) \in \Omega \times \Omega$ 上的绝对一致收敛性。从而，由式 (5.2.14)，引理 1.4.4 和引理 5.2.3，得

$$\Gamma(\alpha, x, y) = \sum_{n=0}^{+\infty} \frac{1}{\lambda_n + \mu^2 + \eta\mathrm{e}^{-\lambda_n\alpha}} \varphi_n(x)\varphi_n(y) =$$

$$\sum_{n=0}^{+\infty}\sum_{m=0}^{+\infty} (\eta_1)^m \left(\frac{1}{\lambda_n + \mu^2 + \eta_1}\right)^{m+1} \left[1 - \mathrm{e}^{-(\lambda_n + \mu^2 + \alpha^{-1})\alpha}\right]^m \varphi_n(x)\varphi_n(y) =$$

$$\sum_{m=0}^{+\infty}\sum_{n=0}^{+\infty} (\eta_1)^m \left(\frac{1}{\lambda_n + \mu^2 + \eta_1}\right)^{m+1} \left[1 - \mathrm{e}^{-(\lambda_n + \mu^2 + \alpha^{-1})\alpha}\right]^m \varphi_n(x)\varphi_n(y) > 0,$$

$$\forall x, y \in \Omega$$

引理 5.2.2 证毕。

现在，我们给出并证明本节的主要结论。

定理 5.2.2 假设 $g(0)\mathrm{e}^{-\lambda_1\alpha} > \lambda_1 + \mu^2$，且存在一个正常数 M 使得 $\mu^2 \geqslant g(M)\gamma$，其中

$$\gamma = \max_{x \in \overline{\Omega}} \int_{\overline{\Omega}} k(\alpha, x, y)\mathrm{d}y \tag{5.2.15}$$

如果式 (5.2.14) 成立，则式 (5.2.2) 有唯一正解。

证明 由于 $\lambda_1 + \mu^2 < g(0)\mathrm{e}^{-\lambda_1\alpha}$，则对充分小的 ε，我们有 $\lambda_1 + \mu^2 < g(\varepsilon h)\mathrm{e}^{-\lambda_1\alpha}$，其中 $h = \max\limits_{x \in \overline{\Omega}} \varphi_1(x)$。令 $w^{(l)}(x) = \varepsilon\varphi_1(x)$，$\varepsilon > 0$，则当 ε 充分小时，则有

$$-\Delta w^{(l)}(x) + \mu^2 w^{(l)}(x) - \int_{\overline{\Omega}} k(\alpha, x, y)b(w^{(l)}(y))\mathrm{d}y =$$

$$\varepsilon[(\lambda_1 + \mu^2)\varphi_1(x)] - \varepsilon\int_{\overline{\Omega}} k(\alpha, x, y)\varphi_1(y)g(\varepsilon\varphi_1(y))\mathrm{d}y \leqslant$$

$$\varepsilon[(\lambda_1 + \mu^2)\varphi_1(x)] - \varepsilon g(\varepsilon h)\int_{\overline{\Omega}} k(\alpha, x, y)\varphi_1(y)\mathrm{d}y =$$

$$\varepsilon[(\lambda_1 + \mu^2) - g(\varepsilon h)\mathrm{e}^{-\lambda_1\alpha}]\varphi_1(x) < 0, \quad \forall x \in \Omega$$

这意味着 $w^{(l)}$ 是式 (5.2.2) 的一个下解。

接下来，我们证明 $w^{(u)}(x) \equiv M$ 是式 (5.2.2) 的一个上解。事实上

$$-\Delta w^{(u)}(x) + \mu^2 w^{(u)}(x) - \int_{\overline{\Omega}} k(\alpha, x, y)b(w^{(u)}(y))\mathrm{d}y =$$

$$M\left[\mu^2 - g(M)\int_{\overline{\Omega}} k(\alpha, x, y)\mathrm{d}y\right] \geqslant$$

$$M\left[\mu^2 - g(M)\gamma\right] \geqslant 0$$

现在，我们考虑非线性算子 $\mathcal{T} : X \to Y$

$$(\mathcal{T}w)(x) = (\mathcal{L} + \eta\mathcal{K})^{-1}\int_{\overline{\Omega}} k(\alpha, x, y)b_0(w(y))\mathrm{d}y, \quad \forall w \in X$$

由于 $b_0(w)$ 在 $[0, +\infty)$ 上单调增加，由引理 1.4.3 知，算子 $\widetilde{S} : X \to Y$ 是正的和强单调的，其中 $\widetilde{S}$ 定义为

$$(\widetilde{S}w)(x) = \int_{\overline{\Omega}} k(\alpha, x, y)b_0(w(y))\mathrm{d}y, \quad \forall w \in X$$

由引理 5.2.1 和引理 5.2.2 知，算子 $\mathcal{T}$ 是正的和强单调的。对常数 C，我们用 $\hat{C}$ 表示在区域 $\overline{\Omega}$ 上取值恒为 C 的常数函数。于是，运用经典的上下解方法，由引理 1.4.3，我们知道式 (5.2.2) 在序区间 $[w^{(l)}, \hat{M}]$ 上有一个最大的正解和一个最小的正解，分别用 $\overline{w}(x)$ 和 $\underline{w}(x)$ 表示。

现在证明式 (5.2.2) 在序区间 $[\hat{0}, \hat{M}]$ 上的正解的唯一性。事实上，设 w_0 是方程式 (5.2.2) 的一个正解，并且满足 $w^{(l)} \leqslant w_0 \leqslant \hat{M}$，则对任意 $x \in \overline{\Omega}$，均有 $w_0(x) \leqslant \overline{w}(x)$。如果 $w_0 \neq \overline{w}$，则在 Banach 空间 Y 的序的意义下有 $w_0 < \overline{w}$。

考虑特征值问题

$$-\Delta w(x) + \mu^2 w(x) = \lambda \int_{\overline{\Omega}} g(\overline{w}(y)) k(\alpha, x, y) w(y) \mathrm{d}y, \quad x \in \Omega \left.\right\}$$
$$Bw(x) = 0, \quad x \in \partial\Omega \qquad\qquad (5.2.16)$$

设 $S_1 : X \to Y$ 是一个线性算子，并定义为

$$(S_1 w)(x) = \int_{\overline{\Omega}} g(\overline{w}(y)) k(\alpha, x, y) w(y) \mathrm{d}y, \quad \forall w \in X$$

从而，再定义算子 $\mathfrak{T}_1 : X \to Y$ 为 $\mathfrak{T}_1 = \mathcal{L}^{-1} S_1$。显然，$\mathfrak{T}_1$ 是 $C_e(\overline{\Omega})$ 上的一个强正紧自同态 (参见定理 5.2.1 的证明)。再次运用文献 [3] 中的定理 3.2 知，谱半径 $r(\mathfrak{T}_1)$ 为唯一对应了正特征向量的特征值。而 $\overline{w}$ 恰好为特征值问题 (5.2.16) 的特征值 1 所对应的正特征向量，从而有 $r(\mathfrak{T}_1) = 1$。

类似的，考虑特征值问题

$$-\Delta w(x) + \mu^2 w(x) = \lambda \int_{\overline{\Omega}} g(w_0(y)) k(\alpha, x, y) w(y) \mathrm{d}y, \quad x \in \Omega \left.\right\}$$
$$Bw(x) = 0, \quad x \in \partial\Omega \qquad\qquad (5.2.17)$$

定义算子 $S_2 : X \to Y$

$$(S_2 w)(x) = \int_{\overline{\Omega}} g(w_0(y)) k(\alpha, x, y) w(y) \mathrm{d}y, \quad \forall w \in X$$

并且令 $\mathfrak{T}_2 = \mathcal{L}^{-1} S_2$。则 $\mathfrak{T}_2$ 也是 $C_e(\overline{\Omega})$ 上的一个强正紧自同态。由于 w_0 是特征值问题式 (5.2.17) 的特征值 1 所对应的正特征向量，我们有 $r(\mathfrak{T}_2) = 1$。然而，由于 $w_0 < \overline{w}$，则由假设 (H5.1.1) 知

$$g(w_0(x)) > g(\overline{w}(x)), \quad \forall x \in \overline{\Omega}$$

从而

$$S_2 w > S_1 w, \quad \forall w \in X$$

意味着

$$\mathfrak{T}_2 w > \mathfrak{T}_1 w, \quad \forall w \in X$$

再由谱半径的单调性知，$1 = r(\mathfrak{T}_2) > r(\mathfrak{T}_1) = 1$，而这是一个矛盾。故有

$$w_0(x) \equiv \overline{w}(x), \quad \forall x \in \overline{\Omega}$$

即 $w_0 = \overline{w}$。完全类似地，我们有 $w_0 = \underline{w}$。于是，我们得到了式 (5.2.2) 在序区间 $[w^{(l)}, \hat{M}]$ 上的正解的唯一性。再由 ε 的任意性，我们便得到了式 (5.2.2) 在序区间 $[\hat{0}, \hat{M}]$ 上的正解的唯一性。

由于 g 是单调递减的, 从而能确定式 (5.2.2) 在序区间 $[\hat{0}, \hat{M}]$ 之外没有正解. 事实上, 我们反设式 (5.2.2) 有一个正解, 记为 $\tilde{w}$, 且满足 $\max\limits_{x \in \overline{\Omega}} \tilde{w}(x) > M$. 令 $M_0 = \max\limits_{x \in \overline{\Omega}} \tilde{w}(x)$, 则 $M_0 > M$. 从而有 $g(M_0)\gamma < g(M)\gamma \leqslant \mu^2$. 于是, 在上面的证明中用 M_0 代替 M, 我们可以得到式 (5.2.2) 在序区间 $[\hat{0}, \hat{M}_0]$ 上有唯一正解. 但是, $\overline{w}$ 和 $\tilde{w}$ 都在区间 $[\hat{0}, \hat{M}_0]$ 中, 矛盾! 因此, 唯一性得证. 定理 5.2.2 证毕.

注 5.2.1　为了得到方程式 (5.2.2) 在序区间 $[w^{(l)}, \hat{M}]$ 上正解的存在唯一性, 我们并不需要取 $\eta = \max\left\{0, -\inf\limits_{w \in [0,+\infty)} b'(w)\right\}$. 事实上, 如果取 $\eta = \max\left\{0, -\inf\limits_{w \in [0,M]} b'(w)\right\}$, 则在定理 5.2.2 的结论中, 除全局唯一性外, 其余结论仍然成立.

由注 5.2.1, 我们有如下推论.

推论 5.2.1　设 $g(0)\mathrm{e}^{-\lambda_1 \alpha} > \lambda_1 + \mu^2$. 如果存在一个正常数 M_1 使得

(i) 对任意 $w \in [0, M_1]$, 均有 $b'(w) \geqslant 0$;

(ii) $g(M_1)\gamma \leqslant \mu^2$, 其中 γ 由式 (5.2.15) 给出.

则方程式 (5.2.2) 有唯一正解 $w(x)$, 且满足

$$0 < w(x) \leqslant M_1, \quad \forall x \in \Omega$$

推论 5.2.2　如果推论 5.2.1 的假设全部满足, 并且对任意 $w > M_1$, 均有 $b(w) \leqslant b(M_1)$. 则方程式 (5.2.2) 有唯一正解.

证明　我们只需证明方程式 (5.2.2) 在序区间 $[\hat{0}, \hat{M}_1]$ 之外没有正解. 为此, 反设 $\overline{w}$ 是方程式 (5.2.2) 的一个正解, 且满足 $\max\limits_{x \in \overline{\Omega}} \overline{w}(x) > M_1$. 又设 $x_0 \in \Omega$ 使得 $\overline{w}(x_0) = \max\limits_{x \in \overline{\Omega}} \overline{w}(x)$, 则

$$-\Delta\overline{w}(x_0) + \mu^2\overline{w}(x_0) - \int_{\overline{\Omega}} k(\alpha, x_0, y)b(\overline{w}(y))\mathrm{d}y >$$

$$\mu^2 M_1 - b(M_1)\int_{\overline{\Omega}} k(\alpha, x_0, y)\mathrm{d}y \geqslant$$

$$M_1(\mu^2 - g(M_1)\gamma) \geqslant 0$$

这是一个矛盾. 推论 5.2.2 证毕.

推论 5.2.3　假设 $g(0)\mathrm{e}^{-\lambda_1 \alpha} > \lambda_1 + \mu^2$, 并且对任意 $w \in [0, M_1]$, 均有 $b'(w) \geqslant 0$, 其中 $b(M_1) = \max\limits_{w \in [0,+\infty)} b(w)$. 如果 $g(M_1)\gamma \leqslant \mu^2$, 其中 γ 由式 (5.2.15) 给出, 则方程式 (5.2.2) 有唯一正解.

由假设 (H5.1.1) 知, $g(w)$ 是一个单调递减的函数. 于是, 便有可能出现这样的情形: 对某个 $M_2 > M_1$, 有 $\mu^2 \leqslant g(M_1)\gamma$ 而 $\mu^2 \geqslant g(M_2)\gamma$. 特别是当 $\lim\limits_{w \to +\infty} g(w) = 0$ 时就必然出现这种情形. 对于这种非单调情形, 我们有如下推论.

推论 5.2.4　假设 $g(0)\mathrm{e}^{-\lambda_1\alpha} > \lambda_1 + \mu^2$，$\lim\limits_{w\to+\infty} g(w) = 0$ 以及 (H5.1.1) 成立。如果式 (5.2.14) 满足，则方程式 (5.2.2) 有唯一正解。

证明　由 $\lim\limits_{w\to+\infty} g(w) = 0$ 知，存在一个正常数 M 使得 $\mu^2 \geqslant g(M)\gamma$。再由定理 5.2.2，推论 5.2.4 获证。

现在，我们来总结一下本节的主要结果。由定理 5.2.2，推论 5.2.2，推论 5.2.3 和推论 5.2.4，有

定理 5.2.3　如果 $g(0)\mathrm{e}^{-\lambda_1\alpha} > \lambda_1 + \mu^2$，并且满足下列条件之一：

(i) 存在一个正常数 M 使得 $g(M)\gamma \leqslant \mu^2$，其中 γ 由式 (5.2.15) 给出，并且式 (5.2.14) 成立；

(ii) 存在一个正常数 M_1，当 $w \in [0, M_1]$ 时，$b'(w) \geqslant 0$，而当 $w \in (M_1, +\infty)$ 时，$b(w) \leqslant b(M_1)$，并且 $g(M_1)\gamma \leqslant \mu^2$；

(iii) 当 $w \in [0, M_1]$ 时，$b'(w) \geqslant 0$，其中 $b(M_1) = \max\limits_{w\in[0,+\infty)} b(w)$，并且 $g(M_1)\gamma \leqslant \mu^2$；

(iv) $\lim\limits_{w\to+\infty} g(w) = 0$，并且式 (5.2.14) 成立。

则方程式 (5.2.1) 有唯一正解 $w^*(x)$。

5.3　解的存在性与有界性

设 $C = C([-\tau, 0], X)$，$X^+ = \{w \in X \mid w(x) \geqslant 0, x \in \overline{\Omega}\}$ 以及 $C^+ = C([-\tau, 0], X^+)$。对任意连续函数 $w(\cdot) : [-\tau, \sigma) \to X$，其中 $\sigma > 0$，以及任意 $t \in [0, \sigma)$，定义函数 $w_t \in C$ 为

$$w_t(s) = w(t+s), \quad \forall s \in [-\tau, 0]$$

且其范数为

$$\| w_t \|_C = \sup_{s\in[-\tau,0]} \sup_{x\in\overline{\Omega}} |w(t+s, x)|$$

这里，记

$$w(t, x) = w(t)(x), \quad \forall t \in [-\tau, \sigma), \ x \in \overline{\Omega}$$

定义算子 $F : C \to X$

$$F(\phi) = -d\mu^2\phi(0) + d\int_{\overline{\Omega}} b(\phi(-\tau, y))k(\alpha, \cdot, y)\mathrm{d}y, \quad \forall\phi \in C$$

则我们可以将方程式 (5.2.1) 化为如下非线性抽象泛函微分方程：

$$\left.\begin{array}{l} \dfrac{\mathrm{d}w(t)}{\mathrm{d}t} = Aw(t) + F(w_t), \quad t \geqslant 0 \\[2mm] w_0 = \phi \in C^+ \end{array}\right\} \tag{5.3.1}$$

其中 A 为一个在 X 上的紧解析半群 $\{T(t)\}_{t \geqslant 0}$ 的无穷小生成元，其定义域为

$$\mathrm{Dom}(A) = \{u \in X \mid \Delta u \in X, Bu(x)|_{x \in \partial\Omega} = 0\}$$

且

$$Au = d\Delta u, \quad \forall u \in \mathrm{Dom}(A)$$

将方程式 (5.3.1) 化为如下积分方程：

$$\left.\begin{array}{l} w(t) = T(t)\phi(0) + \displaystyle\int_0^t T(t-s)F(w_s)\mathrm{d}s, \quad t \geqslant 0 \\[3mm] w_0 = \phi \in C^+ \end{array}\right\} \tag{5.3.2}$$

并且称该方程的解为方程式 (5.2.1) 的软解。

由假设 (H5.1.2) 知，$F : C \to X$ 是局部 Lipschitz 连续的，即对任意 $R > 0$，存在常数 $L(R) > 0$，当 $\phi, \psi \in C$，$\| \phi \|_C \leqslant R$，$\| \psi \|_C \leqslant R$ 时，均有

$$|F(\phi) - F(\psi)| \leqslant L(R) \| \phi - \psi \|_C$$

从而，对每个初值 $\phi \in C^+$，方程式 (5.2.1) 均存在一个定义在最大存在区间 $[-\tau, \sigma_\phi)$ 上的软解 $w(t, \phi)$，并且要么 $\sigma_\phi = \infty$，要么 $\displaystyle\lim_{t \to \sigma_\phi^-} \| w_t(\phi) \|_C = \infty$（可参见文献 [148] 的定理 2.2.6）。此外，由于 $\{T(t)\}_{t \geqslant 0}$ 是一个解析半群，则对任意 $t > \tau$，软解 $w(t, \phi)$ 也是其经典解（可参见文献 [148] 的推论 2.2.5）。

接下来，我们证明方程式 (5.2.1) 的始于非负初值函数的解在 $[0, +\infty) \times \overline{\Omega}$ 上都是非负的和有界的。

引理 5.3.1 设 $w(t, x)$ 是方程 (5.2.1) 的解，并且满足

$$w(s, x) \geqslant 0, \quad \forall(s, x) \in [-\tau, 0] \times \overline{\Omega}$$

则 $w(t, x)$ 在 $[0, +\infty) \times \overline{\Omega}$ 上非负且有界。

证明 延拓函数 b 的定义，使得当 $w < 0$ 时，$b(w) = 0$。由引理 1.4.3，有

$$\frac{\partial}{\partial t}w(t, x) \geqslant d\Delta w(t, x) - d\mu^2 w(t, x), \quad \forall t \geqslant 0, x \in \Omega \tag{5.3.3}$$

作变换

$$w(t, x) = u(t, x)\mathrm{e}^{-d\mu^2 t}$$

化式 (5.3.3) 为

$$\frac{\partial}{\partial t}u(t, x) \geqslant d\Delta u(t, x), \quad \forall t \geqslant 0, x \in \Omega \tag{5.3.4}$$

反设 $w(t, x)$ 在 $[0, +\infty) \times \overline{\Omega}$ 上不是非负的，则存在 $t_1 > 0$ 和 $x_1 \in \overline{\Omega}$ 使得

$$u(t_1, x_1) = \min\{u(t, x)|t \in [-\tau, t_1], x \in \overline{\Omega}\} < 0$$

根据最大值原则 (参见文献 [102] 的第 168 页的定理 2)，则有

$$w(0, x) = u(0, x) = u(t_1, x_1) < 0, \quad \forall x \in \overline{\Omega}$$

这是一个矛盾。因此，$w(t, x)$ 在 $[0, +\infty) \times \overline{\Omega}$ 上非负。

接下来，我们证明 $w(t, x)$ 在 $[0, +\infty) \times \overline{\Omega}$ 上有上界。事实上，由假设 (H5.1.2) 知，存在一个正常数 l^* 使得 $b(w) \leqslant l^*$。从而

$$\frac{\partial}{\partial t} w(t, x) \leqslant d\Delta w(t, x) - d\mu^2 w(t, x) + dl^*\gamma, \quad \forall t \geqslant 0, \ x \in \Omega \qquad (5.3.5)$$

其中 γ 由式 (5.2.15) 给出。作变换

$$w(t, x) = v(t, x)\mathrm{e}^{-d\mu^2 t} + \frac{l^*\gamma}{\mu^2} \qquad (5.3.6)$$

化式 (5.3.5) 为

$$\frac{\partial}{\partial t} v(t, x) \leqslant d\Delta v(t, x), \quad \forall t \geqslant 0, \ x \in \Omega \qquad (5.3.7)$$

于是，根据最大值原则 (参见文献 [102] 的第 168 页的定理 2) 知，$v(t, x)$ 在 $[0, +\infty) \times \overline{\Omega}$ 上有上界。因此，由式 (5.3.6)，$w(t, x)$ 在 $[0, +\infty) \times \overline{\Omega}$ 上有上界。引理 5.3.1 证毕。

定理 5.3.1　对每个初值 $\phi \in C^+$，方程式 (5.2.1) 都有在整个 $[-\tau, \infty)$ 上有定义的唯一解 $w(t, \phi)$，并且由此定义了一个具有连通全局吸引子的解半流 $\Phi(t) = w_t(\cdot) : C^+ \to C^+, t \geqslant 0$。

证明　由引理 5.3.1 和文献 [148] 中的定理 2.2.6 知，对每个初值 $\phi \in C^+$，方程式 (5.2.1) 都有在整个 $[-\tau, \infty)$ 上有定义的唯一解 $w(t, \phi)$，并且由此定义了一个解半流 $\Phi(t) = w_t(\cdot) : C^+ \to C^+, t \geqslant 0$,

$$(\Phi(t)\phi)(s, x) = w(t + s, x, \phi), \forall s \in [-\tau, 0], x \in \overline{\Omega}$$

此外，对任意 $t > \tau$，解半流 $\Phi(t) : C^+ \to C^+$ 在 $\phi \in C^+$ 上都是紧的和连续的 (参见文献 [148] 中的定理 2.2.6)。再由引理 5.3.1，我们可得，半流 $\Phi(t) : C^+ \to C^+$ 是点耗散的。因此，由文献 [41] 中的定理 3.4.8 知，$\Phi(t)$ 具有一个在 C^+ 上的连通全局吸引子，并且该吸引子吸引 C^+ 中的每一个有界集。定理证毕。

此外，类似文献 [171] 中定理 3.1 的讨论，我们有如下引理。

引理 5.3.2　如果 $g(0)\mathrm{e}^{-\lambda_1 \alpha} > \lambda_1 + \mu^2$，又设 $w(t, x, \phi)$ 是方程式 (5.2.1) 取初值 $\phi \in C^+$ 的解。则存在 $\sigma > 0$ 使得对任意 $\phi \in C^+$，$\phi(0, \cdot) \not\equiv 0$，均有 $\lim\limits_{t \to +\infty} \inf w(t, x, \phi) \geqslant \sigma\varphi_1(x)$ 在 $x \in \overline{\Omega}$ 上一致成立。

5.4　全局吸引性

本节主要通过运用文献 [171] 中的波动方法 (定理 3.1) 来证明方程式 (5.2.1) 的唯一正平衡态 w^* 的全局吸引性。

令 $C([-\tau,+\infty)\times\overline{\Omega})$ (或者 $C^2([-\tau,+\infty)\times\Omega)$) 表示由所有定义在 $[-\tau,+\infty)\times\overline{\Omega}$ 上的有界连续函数 (或者由所有定义在 $(t,x)\in[-\tau,+\infty)\times\Omega$ 上关于 t 有界连续而关于 x 具有 2 阶有界连续导数的函数) 构成的 Bananch 空间, 其范数 $\|\cdot\|$ 为上确界范数。延拓本章 5.2 节的算子 $\mathcal{K}$ 和算子 $\mathcal{L}$ 的定义, 即, $\mathcal{K}:C([-\tau,+\infty)\times\overline{\Omega})\to C([-\tau,+\infty)\times\overline{\Omega})$

$$(\mathcal{K}w)(t,x)=\begin{cases}\displaystyle\int_{\Omega}k(\alpha,x,y)w(t-\tau,y)\mathrm{d}y, & t\geqslant 0,\ x\in\overline{\Omega}\\[2mm]\displaystyle\int_{\Omega}k(\alpha,x,y)w(-\tau,y)\mathrm{d}y, & t\in[-1,0],\ x\in\overline{\Omega}\end{cases} \tag{5.4.1}$$

和 $\mathcal{L}:C^2([-\tau,+\infty)\times\Omega)\bigcap C([-\tau,+\infty)\times\overline{\Omega})\to C([-\tau,+\infty)\times\overline{\Omega})$

$$(\mathcal{L}w)(t,x)=-\Delta w(t,x)+\mu^2 w(t,x),\quad\forall(t,x)\in[-\tau,+\infty)\times\Omega \tag{5.4.2}$$

显然, 当 $w\in X=C(\overline{\Omega})$ 时, 有

$$(\mathcal{K}w)(x)=\int_{\Omega}k(\alpha,x,y)w(y)\mathrm{d}y,\ \forall x\in\overline{\Omega}$$

当 $w\in Y=C^2(\Omega)\bigcap C(\overline{\Omega})$ 时, 有

$$(\mathcal{L}w)(x)=-\Delta w(x)+\mu^2 w(x),\ \forall x\in\overline{\Omega}$$

这与本章 5.2 节的定义一致。关于算子 $\mathcal{K}$ 和 $\mathcal{L}$, 有如下引理。

引理 5.4.1　如果

$$0\leqslant\eta<\frac{\lambda_1+\mu^2}{C^*\mathrm{mes}(\Omega)} \tag{5.4.3}$$

其中, C^* 同引理 1.4.3, $\mathrm{mes}(\Omega)$ 表示区域 Ω 的 Lebesgue 测度。则 $\|\eta\mathcal{L}^{-1}\mathcal{K}\|<1$。

证明　对任意 $w\in C([-\tau,+\infty)\times\overline{\Omega})$, 当 $t\geqslant 0$, $x\in\overline{\Omega}$ 时, 有

$$(\eta\mathcal{L}^{-1}\mathcal{K}w)(t,x)=\eta\int_{\overline{\Omega}}G(x,u)\left[\int_{\overline{\Omega}}k(\alpha,u,y)w(t-\tau,y)\mathrm{d}y\right]\mathrm{d}u=$$

$$\eta\int_{\overline{\Omega}}\left[\int_{\overline{\Omega}}G(x,u)k(\alpha,u,y)\mathrm{d}u\right]w(t-\tau,y)\mathrm{d}y=$$

$$\eta\sum_{n=1}^{+\infty}\mathrm{e}^{-\lambda_n\alpha}\int_{\overline{\Omega}}\left[\int_{\overline{\Omega}}G(x,u)\varphi_n(u)du\right]\varphi_n(y)w(t-\tau,y)\mathrm{d}y=$$

$$\eta\sum_{n=1}^{+\infty}\mathrm{e}^{-\lambda_n\alpha}\frac{1}{\mu^2+\lambda_n}\varphi_n(x)\int_{\overline{\Omega}}\varphi_n(y)w(t-\tau,y)\mathrm{d}y$$

其中，G 同本章 5.2 节，是算子 $\mathcal{L}$ 对应边界条件 $Bw(t,x)|_{x\in\partial\Omega}=0$ 的格林函数。因此

$$(\eta\mathcal{L}^{-1}\mathcal{K}w)(t,x) \leqslant \eta\sum_{n=1}^{+\infty} \mathrm{e}^{-\lambda_n\alpha}\frac{1}{\mu^2+\lambda_n}|\varphi_n(x)|\int_{\overline{\Omega}}|\varphi_n(y)||w(t-\tau,y)|\mathrm{d}y \leqslant$$

$$\frac{\eta}{\mu^2+\lambda_1}\int_{\overline{\Omega}}\sum_{n=1}^{+\infty}\mathrm{e}^{-\lambda_n\alpha}|\varphi_n(x)||\varphi_n(y)|\mathrm{d}y\cdot\|w\| \leqslant$$

$$\frac{\eta}{\mu^2+\lambda_1}\frac{1}{2}\int_{\overline{\Omega}}\sum_{n=1}^{+\infty}\mathrm{e}^{-\lambda_n\alpha}[\varphi_n(x)^2+\varphi_n(y)^2]\mathrm{d}y\cdot\|w\| =$$

$$\frac{\eta}{\mu^2+\lambda_1}\frac{1}{2}\int_{\overline{\Omega}}[k(\alpha,x,x)+k(\alpha,y,y)]\mathrm{d}y\cdot\|w\| \leqslant$$

$$\frac{\eta}{\mu^2+\lambda_1}C^*\mathrm{mes}(\Omega)\cdot\|w\|$$

当 $t\in[-\tau,0]$，$x\in\overline{\Omega}$ 时，类似可得

$$(\eta\mathcal{L}^{-1}\mathcal{K}w)(t,x) \leqslant \frac{\eta}{\mu^2+\lambda_1}C^*\mathrm{mes}(\Omega)\cdot\|w\|$$

故，由式 (5.4.3)，有

$$\|\eta\mathcal{L}^{-1}\mathcal{K}\| \leqslant \frac{\eta}{\mu^2+\lambda_1}C^*\mathrm{mes}(\Omega) < 1$$

引理 5.4.1 证毕。

考虑积分方程

$$\left.\begin{array}{l} w(x)=\displaystyle\int_{\overline{\Omega}}b_0(w(y))K(\alpha,x,y)\mathrm{d}y, \quad x\in\Omega \\[3mm] Bw(x)=0, \quad x\in\partial\Omega \end{array}\right\} \tag{5.4.4}$$

其中，b_0 同本章 5.2 节，即，$b_0(w)=b(w)+\eta w$，并且

$$K(\alpha,x,y)=\sum_{n=1}^{+\infty}\frac{1}{\lambda_n+\mu^2+\eta\mathrm{e}^{-\lambda_n\alpha}}\mathrm{e}^{-\lambda_n\alpha}\varphi_n(x)\varphi_n(y) \tag{5.4.5}$$

于是，有如下引理。

引理 5.4.2 方程式 (5.2.2) 与方程式 (5.4.4) 同解。

证明 函数 $w\in Y$ 是方程式 (5.2.2) 的解的充要条件为

$$\langle\varphi_n,\ \mathcal{L}w\rangle + \langle\varphi_n,\ \eta\mathcal{K}w\rangle = \langle\varphi_n,\ \mathcal{K}b_0(w)\rangle, \quad \forall n=1,2,\cdots \tag{5.4.6}$$

其中 $\langle\cdot,\ \cdot\rangle$ 表示空间 $L^2(\overline{\Omega})$ 上的内积，即

$$\langle\varphi,\ \psi\rangle = \int_{\overline{\Omega}}\varphi(y)\psi(y)\mathrm{d}y, \quad \forall\varphi,\psi\in L^2(\overline{\Omega})$$

另一方面，对任意 $w \in Y \subset L^2(\overline{\Omega})$，都存在一个数列 $\{a_n\}_{n=1}^{+\infty}$ 使得

$$w(x) = \sum_{n=1}^{+\infty} a_n \varphi_n(x) \tag{5.4.7}$$

因此，由式 (5.4.6) 和式 (5.4.7) 知，$w \in Y$ 是方程式 (5.2.2) 的解的充要条件为

$$a_n = \frac{1}{\lambda_n + \mu^2 + \eta e^{-\lambda_n \alpha}} \langle \varphi_n, \ \mathcal{K}(b_0(w)) \rangle, \quad \forall n = 1, 2, \cdots$$

即

$$w(x) = \sum_{n=1}^{+\infty} \frac{\varphi_n(x)}{\lambda_n + \mu^2 + \eta e^{-\lambda_n \alpha}} \langle \varphi_n, \ \mathcal{K}(b_0(w)) \rangle = \int_{\overline{\Omega}} b_0(w(y)) K(\alpha, x, y) \mathrm{d}y$$

引理 5.4.2 证毕。

接下来，我们将给出本节的主要结果。

定理 5.4.1　如果定理 5.2.3 的假设全部满足，并且式 (5.4.3) 成立。又设 $w(t, x, \phi)$ 是方程式 (5.2.1) 取初值 $\phi \in C^+$ 的解。则对任意 $\phi \in C^+$, $\phi(0, \cdot) \not\equiv 0$，均有

$$\lim_{t \to \infty} w(t, x, \phi) = w^*(x)$$

在 $x \in \overline{\Omega}$ 上一致成立。

证明　对任意 $\phi \in C^+$, $\phi(0, \cdot) \not\equiv 0$，令 $\omega(\phi)$ 为过 ϕ 的解半流 $\Phi(t)$ 的正半轨的 ω– 极限集。由引理 5.3.1 和定理 5.3.1，得

$$\omega(\phi) \subseteq \mathcal{A} \subseteq \mathcal{Y}$$

其中，$\mathcal{A}$ 为解半流 $\Phi(t)$ 的全局吸引子，并且

$$\mathcal{Y} \equiv \left\{ \phi \in C^+ \ \middle| \ 0 \leqslant \phi(\theta, x) \leqslant \frac{l^* \gamma_0}{\mu^2} + 1, \ \forall (\theta, x) \in [-\tau, 0] \times \overline{\Omega} \right\}$$

注意到，全局吸引子 $\mathcal{A}$ 是解半流 $\Phi(t)$ 的最大不变集。因此，只需证明 w^* 在 $\phi \in \mathcal{Y} \backslash \{0\}$ 上的全局吸引性即可。

给定 $\phi \in \mathcal{Y} \backslash \{0\}$。记 $w(t, x) \equiv w(t, x, \phi)$ 为方程式 (5.2.1) 取初值为 ϕ 的解。由题设和引理 5.4.1 知，$\|\eta \mathcal{L}^{-1} \mathcal{K}\| < 1$。从而，$(\mathcal{L} + \eta \mathcal{K})^{-1}$ 存在，且为有界线性算子。于是，方程式 (5.2.1) 可记为

$$\left. \begin{aligned} &\frac{\partial w(t, x)}{\partial t} = d\Delta w(t, x) - d\mu^2 w(t, x) - d\eta \mathcal{K} w(t, x) + d\mathcal{K} b_0(w(t, x)), \ t > 0, x \in \Omega \\ &Bw(t, x) = 0, t > 0, x \in \partial\Omega \\ &w(t, x) = \phi(t, x), t \in [-\tau, 0], x \in \Omega \end{aligned} \right\}$$

$$\tag{5.4.8}$$

令

$$z(t,x) = (\pounds + \eta\mathcal{K})^{-1}w(t,x), \ \forall t \geqslant 0, x \in \overline{\Omega} \tag{5.4.9}$$

则

$$w(t,x) = -\Delta z(t,x) + \mu^2 z(t,x) + \eta\mathcal{K}z(t,x), \ \forall t \geqslant 0, x \in \overline{\Omega} \tag{5.4.10}$$

并且

$$\left.\begin{aligned} &\frac{\partial z(t,x)}{\partial t} = -dw(t,x) + d(\pounds + \eta\mathcal{K})^{-1}\mathcal{K}b_0(w(t,x)), \ t > \tau, x \in \Omega \\ &Bz(t,x) = 0, t > \tau, x \in \partial\Omega \\ &z(t,x) = \psi(t,x), t \in [0,\tau], x \in \Omega \end{aligned}\right\} \tag{5.4.11}$$

其中，$\psi(t,x) = (\pounds + \eta\mathcal{K})^{-1}w(t,x)$。对任意 $r > 0$，记

$$H(z(t,x)) \equiv rz(t,x) - dw(t,x) + d(\pounds + \eta\mathcal{K})^{-1}\mathcal{K}b_0(w(t,x)), \ t > \tau, x \in \Omega \tag{5.4.12}$$

则方程式 (5.4.11) 可记为

$$\left.\begin{aligned} &\frac{\partial z(t,x)}{\partial t} = -rz(t,x) + H(z(t,x)), \ t > \tau, x \in \Omega \\ &Bz(t,x) = 0, t > \tau, x \in \partial\Omega \\ &z(t,x) = \psi(t,x), t \in [0,\tau], x \in \Omega \end{aligned}\right\} \tag{5.4.13}$$

又记 $z(t,x) \equiv z(t,x,\psi)$ 为方程式 (5.4.13) 取初值 $\psi \in C^+$ 的解。则由常数变易法，得

$$z(t,x) = \mathrm{e}^{-rt}z(0,x) + \int_0^t \mathrm{e}^{-rs}H(z(t-s,x))\mathrm{d}s, \ t > \tau, x \in \Omega \tag{5.4.14}$$

又由引理 5.3.1 知，存在给定常数 $M_2 > 0$ 使得 $z(t,x) \leqslant M_2$ 在 $[\tau, +\infty) \times \overline{\Omega}$ 上一致成立。受文献 [120] 的启发，定义函数 $h : [0, M_2] \times [0, M_2] \to \mathbf{R}$

$$h(u,v) = \begin{cases} \min\{H(w) \mid u \leqslant w \leqslant v\}, & \text{如果 } u \leqslant v \\ \max\{H(w) \mid v \leqslant w \leqslant u\}, & \text{如果 } v \leqslant u \end{cases} \tag{5.4.15}$$

则函数 $h(u,v)$ 关于 $u \in [0, M_2]$ 单调增加，而关于 $v \in [0, M_2]$ 却单调递减。此外，$H(w) = h(w,w)$，$\forall w \in [0, M_2]$，并且 $h(u,v)$ 在 $(u,v) \in [0, M_2] \times [0, M_2]$ 上连续 (参见文献 [121] 的第 2 节)。于是，由式 (5.4.14)，有

$$z(t,x) = \mathrm{e}^{-rt}z(0,x) + \int_0^t \mathrm{e}^{-rs}h(z(t-s,x), z(t-s,x))\mathrm{d}s, \ t > \tau, x \in \Omega \tag{5.4.16}$$

令

$$z^{\infty}(x) \equiv \lim_{t \to +\infty} \sup z(t,x), \quad z_{\infty}(x) \equiv \lim_{t \to +\infty} \inf z(t,x), \quad \forall x \in \overline{\Omega}$$

则由式 (5.4.16) 和法都引理，知

$$z^\infty(x) \leqslant \int_0^\infty \mathrm{e}^{-rs} h(z^\infty(x), z_\infty(x)) \mathrm{d}s, \ \forall x \in \Omega \tag{5.4.17}$$

由 h 的定义知，存在 $\overline{z} \in [z_\infty, z^\infty]$ 使得

$$h(z^\infty(x), z_\infty(x)) = H(\overline{z}(x)), \ \forall x \in \overline{\Omega}$$

成立。从而有

$$\overline{z}(x) \leqslant \int_0^\infty \mathrm{e}^{-rs} H(\overline{z}(x)) \mathrm{d}s, \ \forall x \in \Omega \tag{5.4.18}$$

将式 (5.4.12) 代入上式，得

$$\overline{w}(x) \leqslant (\mathcal{L} + \eta\mathcal{K})^{-1} \mathcal{K} b_0(\overline{w}(x)), \ \forall x \in \Omega \tag{5.4.19}$$

其中，$\overline{w} = -\Delta\overline{z} + \mu^2\overline{z} + \eta\mathcal{K}\overline{z}$。同理，存在 $\underline{z} \in [z_\infty, z^\infty]$ 使得

$$h(z_\infty(x), z^\infty(x)) = H(\underline{z}(x)), \ \forall x \in \overline{\Omega}$$

成立，并且

$$\underline{w}(x) \geqslant (\mathcal{L} + \eta\mathcal{K})^{-1} \mathcal{K} b_0(\underline{w}(x)), \ \forall x \in \Omega \tag{5.4.20}$$

其中，$\underline{w} = -\Delta\underline{z} + \mu^2\underline{z} + \eta\mathcal{K}\underline{z}$。

另一方面，式 (5.4.19) 意味着 $\overline{w}(x)$ 是方程式 (5.4.4) 的一个下解。对常数 M，记 $\hat{M}$ 表示在区域 $\overline{\Omega}$ 上取值恒为 M 的常数函数。于是，取充分大的常数 $M_3 > 0$，则由题设知，常数函数 $\hat{M}_3$ 是方程式 (5.4.4) 的一个上解。运用经典的上下解方法，由题设条件和引理 5.4.2 可得，方程式 (5.2.2) 在序区间 $[\overline{w}, \hat{M}_3]$ 上至少有一个解 $w_1(x)$。同理，取充分小正常数 ε，记 $w^{(l)}(x) = \varepsilon\varphi_1(x)$，则由引理 5.3.2 知，方程式 (5.2.2) 在序区间 $[w^{(l)}, \underline{w}]$ 上至少有一个解 $w_2(x)$。但定理 5.2.3 指出，方程式 (5.2.2) 在序区间 $[w^{(l)}, \hat{M}_3]$ 上有且仅有一个解 $w^*(x)$。因此，$w_1(x) = w_2(x) = w^*(x)$。于是，$\overline{w} \leqslant \underline{w}$。

此外，由式 (5.4.15)，知

$$h(z_\infty(x), z^\infty(x)) \leqslant h(z^\infty(x), z_\infty(x)), \ \forall x \in \Omega$$

从而，$H(\underline{z}) \leqslant H(\overline{z})$。记 $H(z(t, x)) = F(w(t, x))$，则

$$H(\underline{z}(x)) = F(\underline{w}(x)), \quad H(\overline{z}(x)) = F(\overline{w}(x))$$

由式 (5.4.9)，引理 5.2.2 以及 r 的任意性知，总可取充分大的 r 使得 $F(w)$ 在 X 上严格增加。因此，$\underline{w} \leqslant \overline{w}$。于是，$\underline{w} = \overline{w}$。再由式 (5.4.9) 知，$\underline{z} = \overline{z}$。从而，$H(\underline{z}) = H(\overline{z})$，即，$h(z^\infty, z_\infty) = h(z_\infty, z^\infty)$。由 h 的定义，则有

$$H(z_1) = H(z_2), \quad \forall z_1, z_2 \in [z_\infty, z^\infty]$$

特别地

$$H(z_\infty) = H(\underline{z}) = H(\overline{z}) = H(z^\infty)$$

由式 (5.4.17)，有

$$z^\infty(x) \leqslant \int_0^\infty \mathrm{e}^{-rs} H(z^\infty(x)) \mathrm{d}s, \quad \forall x \in \Omega$$

同理

$$z_\infty(x) \geqslant \int_0^\infty \mathrm{e}^{-rs} H(z_\infty(x)) \mathrm{d}s, \quad \forall x \in \Omega$$

于是，用 z^∞ 和 z_∞ 分别替换上述证明中的 $\overline{z}$ 和 $\underline{z}$，即得 $z^\infty = z_\infty$。从而，$\lim\limits_{t \to +\infty} z(t, x)$ 存在。因此，由式 (5.4.10) 知，极限 $\lim\limits_{t \to +\infty} w(t, x)$ 存在，并且

$$\lim_{t \to +\infty} w(t, x) = w^*(x), \ \forall x \in \Omega \tag{5.4.21}$$

于是，只需证明式 (5.4.21) 在 $x \in \overline{\Omega}$ 上的一致性即可。事实上，对任意 $\psi \in \omega(\phi)$，必存在数列 t_n 使得 $\Phi(t_n)\phi \to \psi$(当$n \to \infty$时) 在 C 上成立。从而，可得

$$\lim_{n \to +\infty} w(t_n + \theta, x, \phi) = \psi(\theta, x)$$

在 $(\theta, x) \in [-\tau, 0] \times \overline{\Omega}$ 上一致成立。于是，由式 (5.4.21)，得

$$\psi(\theta, x) = w^*(x), \quad \forall (\theta, x) \in [-\tau, 0] \times \overline{\Omega}$$

因此，得到 $\omega(\phi) = \{w^*\}$，这就意味着 $w(t, \cdot, \phi)$ 随着 $t \to +\infty$ 时在 X 上收敛于 $w^*(\cdot)$。定理 5.4.1 证毕。

5.5　全局渐近稳定性

本节研究非局部时滞微分方程式 (5.2.1) 的平凡解和正平衡态的全局渐近稳定性。

为了研究方程式 (5.2.1) 的平凡解的稳定性，考虑方程式 (5.3.1) 在 $w = 0$ 处的线性化方程

$$\left.\begin{aligned} \frac{\mathrm{d}w(t)}{\mathrm{d}t} &= Aw(t) + H(w_t), \quad t \geqslant 0 \\ w_0 &= \phi \in C^+ \end{aligned}\right\} \tag{5.5.1}$$

其中算子 $H : C \to X$ 定义为

$$H(\phi) = -d\mu^2 \phi(0) + dg(0) \int_{\overline{\Omega}} \phi(-\tau, y) k(\alpha, \cdot, y) \mathrm{d}y, \quad \forall \phi \in C$$

注意到假设 (H5.1.1)，我们有如下比较原则。

引理 5.5.1 设 $w(t,\phi)$ 和 $v(t,\phi)$ 分别为方程式 (5.3.1) 和方程式 (5.5.1) 的初值为 $\phi \in C^+$ 的解。则

$$w(t,\phi) \leqslant v(t,\phi), \quad \forall t \geqslant 0 \tag{5.5.2}$$

证明 由假设 (H5.1.1)，引理 1.4.3 和引理 5.3.1，则有

$$\frac{\mathrm{d}}{\mathrm{d}t}(v(t,\phi) - w(t,\phi)) =$$

$$A(v(t,\phi) - w(t,\phi)) - d\mu^2(v(t,\phi) - w(t,\phi)) +$$

$$d\int_{\overline{\Omega}} [g(0)v(t-\tau,y,\phi) - b(w(t-\tau,y,\phi))]\, k(\alpha,\cdot,y)\mathrm{d}y \geqslant$$

$$A(v(t,\phi) - w(t,\phi)) - d\mu^2(v(t,\phi) - w(t,\phi)) +$$

$$dg(0)\int_{\overline{\Omega}}(v(t-\tau,y,\phi) - w(t-\tau,y,\phi))k(\alpha,\cdot,y)\mathrm{d}y \tag{5.5.3}$$

令 $u(t,\phi) = v(t,\phi) - w(t,\phi)$，则

$$\left.\begin{array}{l} \dfrac{\mathrm{d}u(t,\phi)}{\mathrm{d}t} \geqslant Au(t,\phi) - d\mu^2 u(t,\phi) + dg(0)\displaystyle\int_{\overline{\Omega}} u(t-\tau,y,\phi)k(\alpha,\cdot,y)\mathrm{d}y, \quad t \geqslant 0 \\[3mm] u(t,\phi) = 0, \quad t \in [-\tau, 0] \end{array}\right\} \tag{5.5.4}$$

因此，由文献 [113] 中的定理 3.6 知

$$u(t,\phi) \geqslant 0, \quad \forall t \geqslant 0$$

从而，不等式 (5.5.2) 成立。引理 5.5.1 证毕。

此外，由于 $\mathrm{Dom}(A) \subset X \subset L^2(\overline{\Omega})$，则对任意 $u \in \mathrm{Dom}(A)/\{0\}$，均存在一列复数 $a_n, n = 1, 2, \cdots$ 使得

$$u(x) = \sum_{n=1}^{+\infty} a_n \varphi_n(x) \tag{5.5.5}$$

从而，由式 (1.4.2)，式 (1.4.7) 和式 (5.5.5)，有

$$\Theta(\lambda)u(x) = Au(x) - \lambda u(x) + H(\mathrm{e}^{\lambda\cdot}u(x)) =$$

$$d\Delta u(x) - \lambda u(x) - d\mu^2 u(x) + dg(0)\int_{\overline{\Omega}} \mathrm{e}^{-\tau\lambda}u(y)k(\alpha,x,y)\mathrm{d}y =$$

$$\sum_{n=1}^{+\infty} a_n \left[-d\lambda_n - \lambda - d\mu^2 + dg(0)\mathrm{e}^{-\tau\lambda}\mathrm{e}^{-\lambda_n\alpha}\right]\varphi_n(x)$$

因此，方程式 (5.5.1) 的特征值 λ 至少满足下列方程之一：

$$\lambda = -d(\lambda_n + \mu^2) + dg(0)\mathrm{e}^{-\lambda_n\alpha}\mathrm{e}^{-\tau\lambda}, \quad n = 1, 2, \cdots \tag{5.5.6}$$

引理 5.5.2　设 $\beta = \sup\{\mathrm{Re}\lambda | \lambda \in \sigma_p\}$，其中 $\mathrm{Re}\lambda$ 表示复数 λ 的实部，σ_p 表示方程式 (5.5.1) 的所有特征值构成的集合。则

(i) 当 $g(0)\mathrm{e}^{-\lambda_1\alpha} > \lambda_1 + \mu^2$ 时，$\beta > 0$;

(ii) 当 $g(0)\mathrm{e}^{-\lambda_1\alpha} < \lambda_1 + \mu^2$ 时，$\beta < 0$;

(iii) 当 $g(0)\mathrm{e}^{-\lambda_1\alpha} = \lambda_1 + \mu^2$ 时，$\beta = 0$。

证明　(i) 如果 $g(0)\mathrm{e}^{-\lambda_1\alpha} > \lambda_1 + \mu^2$，则由式 (5.5.6) 和文献 [113] 中的命题 4.6 知，至少存在方程式 (5.5.1) 的一个特征值 λ 使得 $\mathrm{Re}\lambda > 0$。因此，$\beta > 0$。

(ii) 如果 $g(0)\mathrm{e}^{-\lambda_1\alpha} < \lambda_1 + \mu^2$，则由 $0 \leqslant \lambda_1 \leqslant \lambda_2 \leqslant \cdots \leqslant \lambda_n \leqslant \cdots$，有

$$g(0)\mathrm{e}^{-\lambda_n\alpha} < \lambda_n + \mu^2, \quad n = 1, 2, \cdots \tag{5.5.7}$$

从而，由式 (5.5.6) 和文献 [113] 中的命题 4.6 知，方程式 (5.5.1) 的所有特征值 λ 都有负实部。因此，再由文献 [148] 中的定理 3.1.10，即得 $\beta < 0$。

(iii) 如果 $g(0)\mathrm{e}^{-\lambda_1\alpha} = \lambda_1 + \mu^2$，则 $\lambda = 0$ 是方程式 (5.5.1) 的一个特征值。从而，$\beta \geqslant 0$。如果 $\beta > 0$，则至少存在方程式 (5.5.1) 的一个特征值 $\lambda^{(0)}$ 和一个正整数 n 使得 $\mathrm{Re}\lambda^{(0)} > 0$，并且

$$\lambda^{(0)} = -d(\lambda_n + \mu^2) + dg(0)\mathrm{e}^{-\lambda_n\alpha}\mathrm{e}^{-\tau\lambda^{(0)}} \tag{5.5.8}$$

令 $\lambda^{(0)} = x^{(0)} + iy(0)$，其中 $x^{(0)}$ 和 $y^{(0)}$ 都是实数，则 $x^{(0)} > 0$。由式 (5.5.8)，有

$$\begin{aligned}
x^{(0)} = &- d(\lambda_n + \mu^2) + dg(0)\mathrm{e}^{-\lambda_n\alpha}\mathrm{e}^{-\tau x^{(0)}}\cos(\tau y^{(0)}) \leqslant \\
&- d(\lambda_1 + \mu^2) + dg(0)\mathrm{e}^{-\lambda_1\alpha}\mathrm{e}^{-\tau x^{(0)}}\cos(\tau y^{(0)}) = \\
&d(\lambda_1 + \mu^2)\left[\mathrm{e}^{-\tau x^{(0)}}\cos(\tau y^{(0)}) - 1\right]
\end{aligned} \tag{5.5.9}$$

由 $x^{(0)} > 0$，我们有 $\mathrm{e}^{-\tau x^{(0)}}\cos(\tau y^{(0)}) > 1$。因此，$\cos(\tau y^{(0)}) > \mathrm{e}^{\tau x^{(0)}} > 1$，这是与 $\cos(\tau y^{(0)}) \leqslant 1$ 矛盾的。故，$\beta = 0$。引理 5.5.2 证毕。

现在，我们来总结一下全局稳定性的主要结果。由引理 5.5.1，引理 5.5.2，文献 [148] 中的推论 3.1.11 以及线性稳定性原则 (例如参见文献 [113])，有

定理 5.5.1　(i) 如果 $g(0)\mathrm{e}^{-\lambda_1\alpha} > \lambda_1 + \mu^2$，则方程式 (5.5.1) 和方程式 (5.2.1) 的零解是不稳定的;

(ii) 如果 $g(0)\mathrm{e}^{-\lambda_1\alpha} < \lambda_1 + \mu^2$，则方程式 (5.5.1) 和方程式 (5.2.1) 的零解是全局渐近稳定的;

(iii) 如果 $g(0)\mathrm{e}^{-\lambda_1\alpha} = \lambda_1 + \mu^2$，则方程式 (5.5.1) 的零解的稳定性处于临界情形，还需更精细的分析。

对于方程式 (5.2.1) 的唯一正平衡态 $w^*(x)$ 的稳定性，由定理 5.2.3，定理 5.3.1，定理 5.4.1 和第 2 章中的定理 2.3.1，有如下定理。

定理 5.5.2 如果 $g(0)\mathrm{e}^{-\lambda_1\alpha} > \lambda_1 + \mu^2$，并且满足下列条件之一：

(i) 定理 5.2.3 中的条件 (ii) 或者条件 (iii) 满足；

(ii) 定理 5.2.3 中的条件 (i) 或者条件 (iv) 满足，式 (5.4.3) 成立，并且对任意 $x \in \overline{\Omega}$，均有 $b'(w^*(x)) \geqslant 0$。

则方程 (5.2.1) 的唯一正平衡态 $w^*(x)$ 全局渐近稳定。

5.6　例子

本节给出四个经典例子说明主要结果的应用。

例 5.6.1 考虑 $\Omega = \underbrace{(0,\pi) \times \cdots \times (0,\pi)}_{m} \subset \mathbf{R}^m$ 以及 $Bw = w$。则方程式 (5.2.1) 退化为如下非局部时滞反应扩散微分方程：

$$
\left.
\begin{aligned}
&\frac{\partial w(t,x)}{\partial t} = d\Delta w(t,x) - d\mu^2 w(t,x) + d\int_{\overline{\Omega}} b(w(t-\tau,y))\widetilde{k}(\alpha,x,y)\mathrm{d}y, t>0, x \in \Omega \\
&w(t,x) = 0, \quad t > 0, \quad x \in \partial\Omega \\
&w(t,x) = \phi(t,x), \quad t \in [-\tau,0], \quad x \in \Omega
\end{aligned}
\right\}
$$

(5.6.1)

其中 $x = (x_1, x_2, \cdots x_m)$，$y = (y_1, y_2, \cdots y_m)$，并且

$$
\widetilde{k}(\alpha,x,y) = \left(\frac{2}{\pi}\right)^m \sum_{n_1,n_2,\cdots,n_m=1}^{+\infty} \mathrm{e}^{-\sum\limits_{i=1}^{m} n_i{}^2\alpha} \prod_{i=1}^{m} [\sin(n_i x_i)\sin(n_i y_i)]
$$

(5.6.2)

于是，有如下引理。

引理 5.6.1 设 $\eta = \max\{0, -\inf\limits_{w \geqslant 0} b'(w)\}$，算子 $\mathcal{K}$ 和 $\mathcal{L}$ 分别由式 (5.4.1) 和式 (5.4.2) 定义，其核函数 $k(\alpha,x,y)$ 替换成 $\widetilde{k}(\alpha,x,y)$。如果

$$
0 \leqslant \eta < (m + \mu^2)\left(\frac{\pi}{4}\right)^m (\mathrm{e}^\alpha - 1)^m
$$

(5.6.3)

则 $\|\eta\mathcal{L}^{-1}\mathcal{K}\| < 1$。

证明 对任意 $w \in C([-\tau,+\infty) \times \overline{\Omega})$，类似引理 5.4.1，有

$$
(\eta\mathcal{L}^{-1}\mathcal{K}w)(t,x) \leqslant \frac{\eta}{m+\mu^2}\left(\frac{2}{\pi}\right)^m \left(\sum_{n=1}^{+\infty}\int_0^\pi \mathrm{e}^{-n^2\alpha}\sin ny\mathrm{d}y\right)^m \|w\|
$$

于是，由式 (5.6.3)，得

$$
\|\eta\mathcal{L}^{-1}\mathcal{K}\| \leqslant \frac{\eta}{m+\mu^2}\left(\frac{4}{\pi}\right)^m (\mathrm{e}^\alpha - 1)^{-m} < 1
$$

引理 5.6.1 证毕。

因此，由引理 5.6.1，定理 5.2.1，定理 5.2.3，定理 5.4.1，定理 5.5.1 和定理 5.5.2，有如下定理：

定理 5.6.1　(i) 如果 $g(0)\mathrm{e}^{-m\alpha} \leqslant m + \mu^2$，则方程式 (5.6.1) 没有正平衡态。

(ii) 如果 $g(0)\mathrm{e}^{-m\alpha} > m + \mu^2$，则方程式 (5.6.1) 的零解不稳定；如果 $g(0)\mathrm{e}^{-m\alpha} < m + \mu^2$，则其零解全局渐近稳定。

定理 5.6.2　如果 $g(0)\mathrm{e}^{-m\alpha} > m + \mu^2$，并且满足下列条件之一：

(i) 存在一个正常数 M_1，当 $w \in [0, M_1]$ 时，$b'(w) \geqslant 0$，而当 $w \in (M_1, +\infty)$ 时，$b(w) \leqslant b(M_1)$，并且 $g(M_1)\gamma_1 \leqslant \mu^2$，其中

$$\gamma_1 = \left(\frac{2\mathrm{e}^\alpha}{\pi} \ln \frac{\mathrm{e}^{2\alpha}+1}{\mathrm{e}^{2\alpha}-1} \right)^m \tag{5.6.4}$$

(ii) 当 $w \in [0, M_1]$ 时，$b'(w) \geqslant 0$，其中 $b(M_1) = \max\limits_{w\in[0,+\infty)} b(w)$，并且 $g(M_1)\gamma_1 \leqslant \mu^2$；

(iii) 存在一个正常数 M 使得 $g(M)\gamma_1 \leqslant \mu^2$，并且

$$\eta < \alpha^{-1}\mathrm{e}^{-(\alpha\mu^2+1)} \tag{5.6.5}$$

(iv) $\lim\limits_{w\to+\infty} g(w) = 0$，并且式 (5.6.5) 成立。

则方程式 (5.6.1) 有唯一正平衡态 $w^*(x)$。

定理 5.6.3　如果 $g(0)\mathrm{e}^{-m\alpha} > m + \mu^2$，并且满足下列条件之一：

(i) 定理 5.6.1 中的条件 (i) 或者条件 (ii) 满足；

(ii) 定理 5.6.1 中的条件 (iii) 或者条件 (iv) 满足，式 (5.6.3) 成立。

则方程式 (5.6.1) 的唯一正平衡态 $w^*(x)$ 全局吸引。

定理 5.6.4　如果 $g(0)\mathrm{e}^{-m\alpha} > m + \mu^2$，并且满足下列条件之一：

(i) 定理 5.6.1 中的条件 (i) 或者条件 (ii) 满足；

(ii) 定理 5.6.1 中的条件 (iii) 或者条件 (iv) 满足，式 (5.6.3) 成立，并且对任意 $x \in \overline{\Omega}$，均有 $b'(w^*(x)) \geqslant 0$。

则方程式 (5.6.1) 的唯一正平衡态 $w^*(x)$ 全局渐近稳定。

注 5.6.1　容易看出，文献 [37] 中讨论的方程为方程式 (5.6.1) 取 $N = 1$ 时的特别情形。因此，由定理 5.6.1 和 5.6.2，我们便得到文献 [37] 的全部结果。

例 5.6.2　考虑如下具有 Dirichlet 边界条件的非局部反应扩散 Nicholson 绿头苍蝇模型：

$$\left.\begin{array}{l} \dfrac{\partial w(t,x)}{\partial t} = H\Delta w(t,x) - hw(t,x) + \displaystyle\int_{\overline{\Omega}} b_1(w(t-\tau,y))\widehat{k}(\alpha,x,y)\mathrm{d}y, t > 0, x \in \Omega \\[3mm] w(t,x) = 0, \quad t > 0, \quad x \in \partial\Omega \\[2mm] w(t,x) = \phi(t,x), \quad t \in [-\tau, 0], \quad x \in \Omega \end{array}\right\} \tag{5.6.6}$$

其中 $x = (x_1, x_2)$, $y = (y_1, y_2)$, $\Omega = (0, \pi) \times (0, \pi)$, $b_1(w) = \varepsilon p w e^{-qw}$, $H > 0$, $h > 0$, $p > 0$, $q > 0$, $\varepsilon > 0$, 并且

$$\widehat{k}(\alpha, x, y) = \frac{4}{\pi^2} \sum_{n_1, n_2 = 1}^{+\infty} e^{-(n_1^2 + n_2^2)\alpha} \prod_{i=1}^{2} [\sin(n_i x_i) \sin(n_i y_i)] \tag{5.6.7}$$

值得一提的是, 该模型中的出生函数 $b_1(w)$ 为种群动力学中的 Ricker 出生函数. 这里的 ε 表示新出生种群能熬过幼年期 τ 并活到成年的概率, 从而便有形式 $\varepsilon = e^{-\sigma\tau}$, 其中 σ 表示未成年种群的死亡率 (参见文献 [66, 118]). 显然, 模型式 (5.6.6) 为在方程式 (5.2.1) 中取 $m = 2$, $\Omega = (0, \pi) \times (0, \pi)$, $b(w) = \frac{1}{H} b_1(w)$, $\mu = \sqrt{\frac{h}{H}}$, $d = H$, $Bw = w$ 时的特别情形. 因此, 由定理 5.6.1, 定理 5.6.2, 定理 5.6.3 和定理 5.6.4, 有如下定理:

定理 5.6.5 (i) 如果 $\varepsilon p \leqslant e^{2\alpha}(2H + h)$, 则模型式 (5.6.6) 没有正平衡态.

(ii) 如果 $\varepsilon p > e^{2\alpha}(2H + h)$, 则模型式 (5.6.6) 的零解不稳定; 如果 $\varepsilon p < e^{2\alpha}(2H + h)$, 则其零解全局渐近稳定.

(iii) 如果

$$e^{2\alpha}(2H + h) < \varepsilon p < \max\left\{ \frac{1}{4} \pi^2 h e^{1-2\alpha} \left(\ln \frac{e^{2\alpha} + 1}{e^{2\alpha} - 1} \right)^{-2}, \ \frac{H}{\alpha} \exp\left(1 - \frac{\alpha h}{H} \right) \right\} \tag{5.6.8}$$

则模型式 (5.6.6) 有唯一正平衡态 $w^*(x)$.

(iv) 如果

$$e^{2\alpha}(2H + h) < \varepsilon p < \max\left\{ \frac{1}{4} \pi^2 h e^{1-2\alpha} \left(\ln \frac{e^{2\alpha} + 1}{e^{2\alpha} - 1} \right)^{-2}, \ \delta_{12} \right\} \tag{5.6.9}$$

其中

$$\delta_{12} = \min\left\{ \frac{H}{\alpha} \exp\left(1 - \frac{\alpha h}{H} \right), \ (2H + h)e^2(e^\alpha - 1)^2 \left(\frac{\pi}{4} \right)^2 \right\}$$

则模型式 (5.6.6) 的唯一正平衡态 $w^*(x)$ 全局吸引.

(v) 如果 $\varepsilon p > e^{2\alpha}(2H + h)$, 并且满足下列条件之一: (a) $\varepsilon p < \frac{1}{4} \pi^2 h e^{1-2\alpha} \cdot \left(\ln \frac{e^{2\alpha} + 1}{e^{2\alpha} - 1} \right)^{-2}$; (b) $\varepsilon p < \delta_{12}$, 并且对任意 $x \in \overline{\Omega}$, 均有 $b_1'(w^*(x)) \geqslant 0$, 则模型式 (5.6.6) 的唯一正平衡态 $w^*(x)$ 全局渐近稳定.

例 5.6.3 考虑如下具有 Dirichlet 边界条件的非局部反应扩散 Mackey-Glass 模型:

$$\left. \begin{array}{l} \dfrac{\partial w(t, x)}{\partial t} = H \Delta w(t, x) - h w(t, x) + \displaystyle\int_{\overline{\Omega}} b_2(w(t - \tau, y)) \bar{k}(\alpha, x, y) \mathrm{d}y, t > 0, x \in \Omega \\[2mm] w(t, x) = 0, \quad t > 0, \quad x \in \partial\Omega \\[2mm] w(t, x) = \phi(t, x), \quad t \in [-\tau, 0], \quad x \in \Omega \end{array} \right\}$$

$$\tag{5.6.10}$$

其中 $x = (x_1, x_2, x_3)$, $y = (y_1, y_2, y_3)$, $\Omega = (0, \pi) \times (0, \pi) \times (0, \pi)$, $b_2(w) = \dfrac{pw}{q + w^l}$, $l > 0$, $p > 0$, $q > 0$, 并且

$$\bar{k}(\alpha, x, y) = \frac{8}{\pi^3} \sum_{n_1, n_2, n_3 = 1}^{+\infty} e^{-(n_1^2 + n_2^2 + n_3^2)\alpha} \prod_{i=1}^{3} [\sin(n_i x_i) \sin(n_i y_i)] \qquad (5.6.11)$$

值得注意的是, 该模型中的出生函数 $b_2(w)$ 曾在文献 [85] 中被用作血细胞的繁殖函数, 并且自从那以后就被广泛使用。显然, 模型式 (5.6.10) 为在方程式 (5.2.1) 中取 $m = 3$, $\Omega = (0, \pi) \times (0, \pi) \times (0, \pi)$, $b(w) = \dfrac{1}{H}b_2(w)$, $\mu = \sqrt{\dfrac{h}{H}}$, $d = H$, $Bw = w$ 时的特别情形。因此, 由定理 5.6.1, 定理 5.6.2, 定理 5.6.3 和定理 5.6.4, 有

定理 5.6.6　(i) 如果 $\dfrac{p}{q} \leqslant e^{3\alpha}(3H + h)$, 则模型式 (5.6.10) 没有正平衡态。

(ii) 如果 $\dfrac{p}{q} > e^{3\alpha}(3H + h)$, 则模型式 (5.6.10) 的零解不稳定; 如果 $\dfrac{p}{q} < e^{3\alpha}(3H + h)$, 则其零解全局渐近稳定。

(iii) 如果 $\dfrac{p}{q} > e^{3\alpha}(3H + h)$, 且满足下列条件之一: **(a)** $l \leqslant 1$; **(b)** $l > 1$, 并且

$$\frac{p}{q} < \max \left\{ \frac{\pi^3 h l e^{-3\alpha}}{8(l-1)} \left(\ln \frac{e^{2\alpha} + 1}{e^{2\alpha} - 1} \right)^{-3}, \quad \frac{4Hl}{\alpha(l-1)^2} \exp\left(-\frac{h\alpha}{H} - 1 \right) \right\} \qquad (5.6.12)$$

则模型式 (5.6.10) 有唯一正平衡态 $w^*(x)$。

(iv) 如果 $\dfrac{p}{q} > e^{3\alpha}(3H + h)$, 且满足下列条件之一: **(a)** $l \leqslant 1$; **(b)** $l > 1$; 并且

$$\frac{p}{q} < \max \left\{ \frac{\pi^3 h l e^{-3\alpha}}{8(l-1)} \left(\ln \frac{e^{2\alpha} + 1}{e^{2\alpha} - 1} \right)^{-3}, \quad \delta_{13} \right\} \qquad (5.6.13)$$

其中

$$\delta_{13} = \min \left\{ \frac{4Hl}{\alpha(l-1)^2} \exp\left(-\frac{h\alpha}{H} - 1 \right), \quad \frac{l\pi^3}{16(l-1)^2}(3H + h)(e^\alpha - 1)^3 \right\}$$

则模型式 (5.6.10) 的唯一正平衡态 $w^*(x)$ 全局吸引。

(v) 如果 $\dfrac{p}{q} > e^{3\alpha}(3H + h)$, 且满足下列条件之一: (a) $l \leqslant 1$; (b) $l > 1$, $\dfrac{p}{q} < \dfrac{\pi^3 h l e^{-3\alpha}}{8(l-1)} \left(\ln \dfrac{e^{2\alpha} + 1}{e^{2\alpha} - 1} \right)^{-3}$; (c) $l > 1$, $\dfrac{p}{q} < \delta_{13}$, 并且对任意 $x \in \overline{\Omega}$, 均有 $b_2'(w^*(x)) \geqslant 0$, 则模型式 (5.6.10) 的唯一正平衡态 $w^*(x)$ 全局渐近稳定。

例 5.6.4　考虑如下具有 Neumann 边界条件的非局部反应扩散 Nicholson 绿头苍蝇模型:

$$\left.\begin{aligned}
&\frac{\partial w(t,x)}{\partial t} = H\Delta w(t,x) - hw(t,x) + \\
&\qquad\qquad \int_0^\pi b_1(w(t-\tau,y))k^N(\alpha,x,y)\mathrm{d}y, t>0, x\in(0,\pi) \\
&\frac{\partial w(t,x)}{\partial x}\bigg|_{x=0} = \frac{\partial w(t,x)}{\partial x}\bigg|_{x=\pi} = 0, \quad t>0 \\
&w(t,x) = \phi(t,x), \quad t\in[-\tau,0], \quad x\in[0,\ \pi]
\end{aligned}\right\}
\tag{5.6.14}$$

其中

$$k^N(\alpha,x,y) = \frac{1}{\pi} + \frac{2}{\pi}\sum_{n=1}^{+\infty} \mathrm{e}^{-n^2\alpha}\cos nx\cos ny \tag{5.6.15}$$

显然, 模型式 (5.6.14) 为在方程式 (5.2.1) 中取 $m=1$, $\Omega=(0,\pi)$, $b(w) = \frac{1}{H}b_1(w)$, $\mu=\sqrt{\frac{h}{H}}$, $d=H$, $Bw=\partial w/\partial\boldsymbol{n}$ 时的特别情形. 于是, 有如下引理.

引理 5.6.2　设 $\eta = \max\left\{0, -\inf\limits_{w\geqslant 0}\dfrac{1}{H}b_1'(w)\right\}$, 算子 $\mathcal{K}$ 和 $\mathcal{L}$ 分别由式 (5.4.1) 和式 (5.4.2) 定义, 其核函数 $k(\alpha,x,y)$ 替换成 $k^N(\alpha,x,y)$. 如果

$$0\leqslant \eta < \frac{h}{H} \tag{5.6.16}$$

则 $\|\eta\mathcal{L}^{-1}\mathcal{K}\| < 1$.

证明　对任意 $w\in C([-\tau,+\infty)\times\overline{\Omega})$, 类似引理 5.4.1, 有

$$(\eta\mathcal{L}^{-1}\mathcal{K}w)(t,x) \leqslant \frac{\eta H}{\pi h}\int_0^\pi \|w\|\mathrm{d}y$$

于是, 由式 (5.6.16), 得

$$\|\eta\mathcal{L}^{-1}\mathcal{K}\| \leqslant \frac{\eta H}{h} < 1$$

引理 5.6.2 证毕.

由引理 5.6.2, 定理 5.2.1, 定理 5.2.3, 定理 5.4.1, 定理 5.5.1 和定理 5.5.2, 有如下定理.

定理 5.6.7　(i) 如果 $\varepsilon p\leqslant h$, 则模型式 (5.6.14) 没有正平衡态.

(ii) 如果 $\varepsilon p > h$, 则模型式 (5.6.14) 的零解不稳定; 如果 $\varepsilon p < h$, 则其零解全局渐近稳定.

(iii) 如果

$$h < \varepsilon p \leqslant \max\left\{eh, \frac{H}{\alpha}\exp\left(1 - \frac{h\alpha}{H}\right)\right\} \tag{5.6.17}$$

则模型式 (5.6.14) 有唯一正平衡态 $w^*(x)$.

(iv) 如果

$$h < \varepsilon p \leqslant \max \left\{ eh, \ \min \left\{ e^2 h, \ \frac{H}{\alpha} \exp \left(1 - \frac{h\alpha}{H} \right) \right\} \right\} \tag{5.6.18}$$

则模型式 (5.6.14) 的唯一正平衡态 $w^*(x)$ 全局吸引。

(v) 如果 $\varepsilon p > h$, 并且满足下列条件之一: (a) $\varepsilon p < eh$; (b) $\varepsilon p < \min \left\{ e^2 h, \ \frac{H}{\alpha} \exp \left(1 - \frac{h\alpha}{H} \right) \right\}$, 并且对任意 $x \in \overline{\Omega}$, 均有 $b_1'(w^*(x)) \geqslant 0$, 则模型式 (5.6.14) 的唯一正平衡态 $w^*(x)$ 全局渐近稳定。

第 6 章 一类时滞反应扩散方程的全局渐近稳定性

本章研究一类较一般的时滞反应扩散方程, 其反应项可以是非单调的和空间非局部的。通过运用波动方法和对相应特征方程的精细分析, 得到在 Neumann 边界条件下的平凡解和正平衡态的全局渐近稳定性。其结果推广了文献 [31, 66, 122, 151, 157, 171] 的相关结果。

6.1 引言

本章紧接第 4 章的工作, 对第 4 章的中心问题在非单调情形下做进一步尝试, 但我们的工作仅限于未成年种群和成年种群都扩散并且边界通量为零的情形, 同时也考虑局部情形。即模型式 (4.1.4) 中取 $D > 0$ 和 $Bw(t,x) = \dfrac{\partial w(t,x)}{\partial \boldsymbol{n}}$ 的情形, 并将正参数 α 放宽至非负。为了方便, 我们考虑该模型的如下版本 (一类较一般的时滞反应扩散方程):

$$
\left.
\begin{aligned}
&\frac{w(t,x)}{\partial t} = D\Delta w(t,x) - f(w(t,x)) + \int_{\overline{\Omega}} k(\alpha, x, y) b(w(t-\tau, y)) \mathrm{d}y \\
&\frac{\partial w(t,x)}{\partial \boldsymbol{n}} = 0, t > 0, x \in \partial\Omega \\
&w(t,x) = \phi(t,x), t \in [-\tau, 0], x \in \Omega
\end{aligned}
\right\}
\tag{6.1.1}
$$

其中, $D > 0$, $\alpha \geqslant 0$, $\tau \geqslant 0$, Δ 为 $\mathbf{R}^m (m \leqslant 3)$ 上的 Laplace 算子, Ω 为 $\mathbf{R}^m$ 上具有光滑边界 $\partial\Omega$ 的有界区域, $\dfrac{\partial}{\partial \boldsymbol{n}}$ 为关于区域边界 $\partial\Omega$ 的外法方向的微分, $k(\alpha, x, y)$ 由式 (1.4.2) 给出。另外, 在本章中, 我们总是对死亡函数 $f(w)$ 和出生函数 $b(w)$ 作如下基本假设:

(**H6.1.1**) $b: \mathbf{R}^+ \to \mathbf{R}^+$ 是 Lipschitz 连续的, 并且 $b(0) = 0$, $b'(0) > 0$, $b(w) \leqslant b'(0)w$, $\forall w \geqslant 0$。

(**H6.1.2**) $f(w) = wg(w)$, $\forall w \geqslant 0$, 其中, $g: \mathbf{R}^+ \to \mathbf{R}^+$ 是 Lipschitz 连续的, 并且 $g'(0) \geqslant 0$, $g(w) > 0$, $g'(w) \geqslant 0$, $\forall w > 0$。

(**H6.1.3**) 存在一个正常数 M 使得 $\overline{b}(w) < f(w)$, $\forall w > M$, 其中, $\overline{b}(w) = \max\limits_{u \in [0,w]} b(u)$。

本章主要研究: 由于出生函数的非单调性, 单纯运用单调动力系统理论方法来研究方程式 (6.1.1) 的全局动力学将很困难 (参见文献 [151, 171])。然而, 波动方法虽然可以用于出生函数的非单调性的情形 (参见文献 [171]), 但该方法依赖于方程解的一个适当表达式, 并且恰好方程式 (6.1.1) 中的死亡函数为非线性的, 常数变易方法失效, 方程解的适当表达式不易给出。为此，本章应用待定系数方法给出了方程式 (6.1.1) 解的一个适当表达式 (见本章引理 6.3.2)，从而解决了这一困难。

本章主要内容：在 6.2 节给出解的存在性与有界性；在 6.3 节和 6.4 节，得到方程式 (6.1.1) 的平凡解和正平衡态全局渐近稳定的一些充分条件；在 6.5 节，给出了四个经典例子。

6.2　解的存在性与有界性

设 $\mathcal{X} = C(\overline{\Omega})$，以及

$$\mathcal{X}^+ = \{\phi \in \mathcal{X} \mid \phi(x) \geqslant 0, \forall x \in \overline{\Omega}\}$$

则 $(\mathcal{X}, \mathcal{X}^+)$ 是一个强序 Banach 空间。众所周知，微分算子 $A = D\Delta$ 生成一个定义在 $\mathcal{X}$ 上的 C_0-半群 $\{T(t)\}_{t \geqslant 0}$。此外，由经典的抛物最大值原则 (参见文献 [114] 的推论 7.2.3) 知，半群 $\{T(t)\}_{t \geqslant 0}$ 是强正的，即

$$T(t)(\mathcal{X}^+ \setminus \{0\}) \subset \operatorname{Int}(\mathcal{X}^+), \forall t > 0$$

又设 $\mathcal{Y} = C([-\tau, 0], \mathcal{X})$，$\mathcal{Y}^+ = C([-\tau, 0], \mathcal{X}^+)$。为了方便，我们将空间 $\mathcal{Y}$ 中的元素 ϕ 看作函数 $\phi : [-\tau, 0] \times \overline{\Omega} \to \mathbf{R}$，$\phi(s, x) = \phi(s)(x)$。对每个 $s \in [-\tau, 0]$，我们记 $f(\phi(s))$ 为定义在 $\overline{\Omega}$ 的函数，且 $f(\phi(s)) = f(\phi(s, \cdot))$。对任意函数 $w(\cdot) : [-\tau, \sigma) \to \mathcal{X}$，其中 $\sigma > 0$，以及任意 $t \in [0, \sigma)$，我们定义函数 $w_t \in \mathcal{Y}$ 为

$$w_t(s) = w(t + s), \quad \forall s \in [-\tau, 0]$$

我们又定义算子 $F : \mathcal{Y}^+ \to \mathcal{X}$ 为

$$F(\phi)(x) = -f(\phi(0, x)) + \int_{\overline{\Omega}} k(\alpha, x, y) b(\phi(-\tau, y)) \mathrm{d}y, \quad \forall x \in \overline{\Omega}, \ \phi \in \mathcal{Y}^+$$

则可以将方程式 (6.1.1) 化为如下抽象泛函微分方程：

$$\left.\begin{array}{l} \dfrac{\mathrm{d}w(t)}{\mathrm{d}t} = Aw(t) + F(w_t), \quad t \geqslant 0 \\[2mm] w_0 = \phi \in \mathcal{Y}^+ \end{array}\right\} \tag{6.2.1}$$

于是，可以化方程式 (6.2.1) 为如下积分方程：

$$\left.\begin{array}{l} w(t) = T(t)\phi(0) + \displaystyle\int_0^t T(t - s) F(w_s) \mathrm{d}s, \quad t \geqslant 0 \\[2mm] w_0 = \phi \in \mathcal{Y}^+ \end{array}\right\} \tag{6.2.2}$$

并称该方程的解为方程式 (6.1.1) 的软解。

由于 $T(t): \mathcal{X} \to \mathcal{X}$ 是强正的，则有

$$\lim_{h \to 0^+} \text{dist}(\phi(0) + hF(\phi), \mathcal{X}^+) = 0, \ \forall \phi \in \mathcal{Y}^+$$

从而，由文献 [86] 的命题 3 和注 2.4(或者参见文献 [148] 的推论 8.1.3)，对任意 $\phi \in \mathcal{Y}^+$，方程式 (6.1.1) 均有唯一软解 $w(t, \phi)$，并且

$$w_0 = \phi, \quad w(t, \phi) \in \mathcal{X}^+, \quad \forall t \in (0, \sigma_\phi)$$

此外，由文献 [148] 的推论 2.2.5 知，$w(t, \phi)$ 是方程式 (6.1.1) 在 $t > \tau$ 上的软解。

因此，由类似文献 [151] 中定理 2.1 和定理 3.1 的讨论，我们有如下两个引理。

引理 6.2.1 设基本假设 (H6.1.1)~(H6.1.3) 满足。则对任意 $\phi \in \mathcal{Y}^+$，方程式 (6.1.1) 有唯一解 $w(t, \phi)$，它在整个区间 $[-\tau, \infty)$ 上有定义，并且 $\lim\limits_{t \to +\infty} \sup w(t, x, \phi) \leqslant M$ 在 $x \in \overline{\Omega}$ 上一致成立，解半流 $\Phi(t) = w_t(\cdot) : \mathcal{Y}^+ \to \mathcal{Y}^+$, $t \geqslant 0$ 获得一个连通的全局吸引子。

引理 6.2.2 设基本假设 (H6.1.1)~(H6.1.3) 满足。又设 $w(t, x, \phi)$ 是方程式 (6.1.1) 取初值 $\phi \in \mathcal{Y}^+$ 的解。则

(i) 如果 $b'(0) < g(0)$，则对任意 $\phi \in \mathcal{Y}^+$，均有

$$\lim_{t \to +\infty} \sup w(t, x, \phi) = 0$$

在 $x \in \overline{\Omega}$ 上一致成立；

(ii) 如果 $b'(0) > g(0)$，则方程式 (6.1.1) 至少有一个常数平衡态 $w^* \in (0, M]$，并且存在正常数 $\eta > 0$ 使得对任意 $\phi \in \mathcal{Y}^+$, $\phi(0, \cdot) \not\equiv 0$，均有

$$\lim_{t \to +\infty} \inf w(t, x, \phi) \geqslant \eta$$

在 $x \in \overline{\Omega}$ 上一致成立。

值得注意的是，在引理 6.2.2 的部分 (ii) 中，由于函数 $S(w) = b(w) - f(w)$ 满足 $S(0) = 0$, $S'(0) > 0$ 和 $S(M) \leqslant 0$。于是，至少存在一个正常数 $w^* \in (0, M]$ 使得 $S(w^*) = 0$。因此，w^* 是方程式 (6.1.1) 的常数平衡态。

6.3   全局吸引性

本节主要通过运用文献 [171] 中的波动方法 (定理 3.1) 来证明方程式 (6.1.1) 的正常数平衡态 w^* 的全局吸引性。

受文献 [171](其中的第 3 小节) 的启发，我们进一步假设函数 $f(w)$ 和 $b(w)$ 满足：

(**H6.3.1**) $b'(0) > g(0)$, $\dfrac{b(w)}{f(w)}$ 在 $w \in (0, M]$ 上是严格单调增加的，并且函数 $f(w)$ 和 $b(w)$ 满足如下性质：

(P6.3.1) 对任意 $u, v \in (0, M]$, 如果满足 $u \leqslant w^* \leqslant v$, $f(u) \geqslant b(v)$ 和 $f(v) \leqslant b(u)$, 则必有 $u = v$.

值得注意的是, 如果函数 $b(w)$ 在 $w \in (0, M]$ 上单调增加, 则函数 $f(w)$ 和 $b(w)$ 必满足性质 (P6.3.1)。事实上, 对任意 $0 < u \leqslant w^* \leqslant v \leqslant M$, 如果满足 $f(u) \geqslant b(v)$ 和 $f(v) \leqslant b(u)$, 则必有

$$f(w^*) \leqslant f(v) \leqslant b(u) \leqslant b(w^*) \leqslant b(v) \leqslant f(u) \leqslant f(w^*)$$

这意味着 $u = v = w^*$。由上述分析, 并用 $f(w)$ 替换文献 [171] 中引理 3.1 的 μw, 则容易获得如下引理。

引理 6.3.1 如果满足下列条件之一:

(i) 函数 $b(w)$ 在 $w \in [0, M]$ 上单调增加;

(ii) 函数 $f(w)b(w)$ 在 $w \in (0, M]$ 上严格单调增加。

则函数 $f(w)$ 和 $b(w)$ 满足性质 (P6.3.1)。

接下来将给出并证明本节的主要结果。

定理 6.3.1 设 (H6.1.1)~(H6.1.3) 和 (H6.3.1) 满足。又设 $w(t, x, \phi)$ 是方程式 (6.1.1) 取初值 $\phi \in \mathcal{Y}^+$ 的解。则对任意 $\phi \in \mathcal{Y}^+$, $\phi(0, \cdot) \not\equiv 0$, 均有

$$\lim_{t \to \infty} w(t, x, \phi) = w^*$$

在 $x \in \overline{\Omega}$ 上一致成立。

为了证明定理 6.3.1, 我们需要先证明如下引理。

引理 6.3.2 设 (H6.1.1)~(H6.1.3) 满足。又设 $w(t, x) = w(t, x, \phi)$ 是方程式 (6.1.1) 取初值 $\phi \in \mathcal{Y}^+$ 的解。则 $w(t, x)$ 满足

$$w(t, x) = \mathrm{e}^{-\gamma t} \int_\Omega k(Dt, x, y) \phi(0, y) \mathrm{d}y + \int_0^t \mathrm{e}^{-\gamma s} \int_\Omega k(Ds, x, y) \left[\gamma w(t-s, y) - \right.$$

$$\left. f(w(t-s, y)) + \int_\Omega k(\alpha, y, z) b(w(t-s-\tau, z)) dz \right] \mathrm{d}y \mathrm{d}s \tag{6.3.1}$$

其中, $\gamma = \max\limits_{w \in [0, M]} f'(w)$, 核函数 k 由式 (1.4.2) 给出。

证明 令

$$H(t, x) \equiv \gamma w(t, x) - f(w(t, x)) + \int_\Omega k(\alpha, x, y) b(w(t-\tau, y)) \mathrm{d}y \tag{6.3.2}$$

由于 $\mathcal{X} \subset L^2(\overline{\Omega})$, 则对每个 $t \geqslant 0$, 总存在实数列 $a_n(t)$ 和 $b_n(t)$, $n = 1, 2, \cdots$ 使得

$$w(t, x) = \sum_{n=1}^{+\infty} a_n(t) \varphi_n(x) \tag{6.3.3}$$

和

$$H(t,x) = \sum_{n=1}^{+\infty} b_n(t)\varphi_n(x) \tag{6.3.4}$$

成立。从而，由式 (6.3.3)，式 (6.3.4) 和式 (6.1.1)，有

$$a_n(0) = \int_{\Omega} \phi(0,y)\varphi_n(y)\mathrm{d}y, \qquad b_n(s) = \int_{\Omega} H(s,y)\varphi_n(y)\mathrm{d}y \tag{6.3.5}$$

和

$$\frac{\mathrm{d}a_n(t)}{\mathrm{d}t} = -(D\lambda_n + \gamma)a_n(t) + b_n(t), \qquad n = 1, 2, \cdots \tag{6.3.6}$$

运用常数变易法，解式 (6.3.6)，得

$$a_n(t) = \left[a_n(0) + \int_0^t \mathrm{e}^{(D\lambda_n+\gamma)s} b_n(s)\mathrm{d}s \right] \mathrm{e}^{-(D\lambda_n+\gamma)t}, \qquad n = 1, 2, \cdots \tag{6.3.7}$$

于是，由式 (6.3.3)，式 (6.3.5) 和式 (6.3.7)，得

$$w(t,x) = \sum_{n=1}^{+\infty} \left[a_n(0) + \int_0^t \mathrm{e}^{(D\lambda_n+\gamma)s} b_n(s)\mathrm{d}s \right] \mathrm{e}^{-(D\lambda_n+\gamma)t}\varphi_n(x) =$$

$$\mathrm{e}^{-\gamma t} \sum_{n=1}^{+\infty} \int_{\Omega} \phi(0,y)\mathrm{e}^{-D\lambda_n t}\varphi_n(x)\varphi_n(y)\mathrm{d}y +$$

$$\int_0^t \mathrm{e}^{-\gamma(t-s)} \sum_{n=1}^{+\infty} \int_{\Omega} \mathrm{e}^{-D\lambda_n(t-s)} H(s,y)\varphi_n(x)\varphi_n(y)\mathrm{d}y\mathrm{d}s =$$

$$\mathrm{e}^{-\gamma t} \int_{\Omega} \phi(0,y)k(Dt,x,y)\mathrm{d}y + \int_0^t \mathrm{e}^{-\gamma(t-s)} \int_{\Omega} H(s,y)k(D(t-s),x,y)\mathrm{d}y\mathrm{d}s =$$

$$\mathrm{e}^{-\gamma t} \int_{\Omega} \phi(0,y)k(Dt,x,y)\mathrm{d}y + \int_0^t \mathrm{e}^{-\gamma s} \int_{\Omega} H(t-s,y)k(Ds,x,y)\mathrm{d}y\mathrm{d}s \tag{6.3.8}$$

由式 (6.3.2) 和式 (6.3.8) 即得式 (6.3.1)。引理 6.3.2 证毕。

　　证明　（定理 6.3.1）　对任意 $\phi \in \mathcal{Y}^+$，$\phi(0,\cdot) \not\equiv 0$，令 $\omega(\phi)$ 为过 ϕ 的解半流 $\Phi(t)$ 的正半轨的 ω–极限集。由引理 6.2.1，得

$$\omega(\phi) \subset \mathcal{A} \subseteq \mathcal{Y}_{[0,M]}$$

其中，$\mathcal{A}$ 是解半流 $\Phi(t)$ 的全局吸引子，并且

$$\mathcal{Y}_{[0,M]} \equiv \{ \phi \in \mathcal{Y} \mid 0 \leqslant \phi(\theta,x) \leqslant M, \ \forall (\theta,x) \in [-\tau,0] \times \overline{\Omega} \}$$

　　注意到，全局吸引子 $\mathcal{A}$ 是解半流 $\Phi(t)$ 的最大不变集。因此，只需证明 w^* 在 $\phi \in \mathcal{Y}_{[0,M]} \backslash \{0\}$ 上的全局吸引性即可。

给定 $\phi \in \mathcal{Y}_{[0,M]} \backslash \{0\}$。则由引理 6.3.2，得

$$w(t,x) = \mathrm{e}^{-\gamma t} \int_{\Omega} k(Dt,x,y)\phi(0,y)\mathrm{d}y + \int_0^t \mathrm{e}^{-\gamma s} \int_{\Omega} k(Ds,x,y) \left[\gamma w(t-s,y) - \right.$$

$$\left. f(w(t-s,y)) + \int_{\Omega} k(\alpha,y,z)b(w(t-s-\tau,z))\mathrm{d}z \right] \mathrm{d}y\mathrm{d}s \qquad (6.3.9)$$

其中，$w(t,x) \equiv w(t,x,\phi)$ 是方程式 (6.1.1) 取初值 ϕ 的解。受文献 [120] 的启发，定义函数 $h : [0,M] \times [0,M] \to \mathbf{R}$，则有

$$h(u,v) = \begin{cases} \min\{b(w) \mid u \leqslant w \leqslant v\}, & \text{如果 } u \leqslant v \\ \max\{b(w) \mid v \leqslant w \leqslant u\}, & \text{如果 } v \leqslant u \end{cases} \qquad (6.3.10)$$

则函数 $h(u,v)$ 关于 $u \in [0,M]$ 单调增加，而关于 $v \in [0,M]$ 却单调递减。此外，$b(w) = h(w,w)$，$\forall w \in [0,M]$，并且 $h(u,v)$ 在 $(u,v) \in [0,M] \times [0,M]$ 上连续 (参见文献 [121] 的第 2 节)。于是，由式 (6.3.9)，得

$$w(t,x) = \mathrm{e}^{-\gamma t} \int_{\Omega} k(Dt,x,y)\phi(0,y)\mathrm{d}y + \int_0^t \mathrm{e}^{-\gamma s} \int_{\Omega} k(Ds,x,y) \left[\gamma w(t-s,y) - \right.$$

$$\left. f(w(t-s,y)) + \int_{\Omega} k(\alpha,y,z)h(w(t-s-\tau,z),w(t-s-\tau,z))\mathrm{d}z \right] \mathrm{d}y\mathrm{d}s$$

$$(6.3.11)$$

令

$$w^{\infty}(x) \equiv \limsup_{t \to \infty} w(t,x), \quad w_{\infty}(x) \equiv \liminf_{t \to \infty} w(t,x), \quad \forall x \in \overline{\Omega}$$

则引理 6.2.2 意味着

$$M \geqslant w^{\infty}(x) \geqslant w_{\infty}(x) \geqslant \eta > 0, \quad \forall x \in \overline{\Omega}$$

另外，注意到，$\gamma = \max\limits_{w \in [0,M]} f'(w)$。从而，函数 $\gamma w - f(w)$ 在 $w \in [0,M]$ 上单调增加。因此，由 Fatou 引理和式 (6.3.11)，得

$$w^{\infty}(x) \leqslant \int_0^{\infty} \mathrm{e}^{-\gamma s} \int_{\Omega} k(Ds,x,y) \left[\gamma w^{\infty}(y) - f(w^{\infty}(y)) + \right.$$

$$\left. \int_{\Omega} k(\alpha,y,z)h(w^{\infty}(z),w_{\infty}(z))\mathrm{d}z \right] \mathrm{d}y\mathrm{d}s \qquad (6.3.12)$$

令

$$w^{\infty} \equiv \sup_{x \in \overline{\Omega}} w^{\infty}(x), \quad w_{\infty} \equiv \inf_{x \in \overline{\Omega}} w_{\infty}(x)$$

则

$$M \geqslant w^{\infty} \geqslant w_{\infty} \geqslant \eta > 0$$

此外，由引理 1.4.3，有

$$\int_\Omega k(Ds,x,y)\mathrm{d}y = 1, \quad \int_\Omega k(\alpha,x,y)\mathrm{d}y = 1, \quad \forall s \geqslant 0,\ x \in \overline{\Omega}$$

从而，由式 (6.3.12)，得

$$w^\infty \leqslant [\gamma w^\infty - f(w^\infty) + h(w^\infty, w_\infty)] \int_0^\infty \mathrm{e}^{-\gamma s}\mathrm{d}s =$$
$$\frac{1}{\gamma}[\gamma w^\infty - f(w^\infty) + h(w^\infty, w_\infty)]$$

因此

$$f(w^\infty) \leqslant h(w^\infty, w_\infty) \tag{6.3.13}$$

同理，可得

$$f(w_\infty) \geqslant h(w_\infty, w^\infty) \tag{6.3.14}$$

另外，由函数 $h(u,v)$ 的定义式 (6.3.10) 可知，存在 $u,v \in [w_\infty, w^\infty] \subset (0,M]$ 使得

$$h(w^\infty, w_\infty) = b(u) \quad 和 \quad h(w_\infty, w^\infty) = b(v)$$

成立。于是，由式 (6.3.13) 和式 (6.3.14)，得

$$b(u) \geqslant f(w^\infty) \geqslant f(u) \quad 和 \quad b(v) \leqslant f(w_\infty) \leqslant f(v) \tag{6.3.15}$$

从而有

$$\frac{b(v)}{f(v)} \leqslant 1 = \frac{b(w^*)}{f(w^*)} \leqslant \frac{b(u)}{f(u)}$$

因此，由函数 $b(w)/f(w)$ 在 $w \in (0,M]$ 上的严格单调性知，上式意味着 $u \leqslant w^* \leqslant v$。此外，由式 (6.3.13) 和式 (6.3.14)，还可得

$$b(u) \geqslant f(w^\infty) \geqslant f(v) \quad 和 \quad b(v) \leqslant f(w_\infty) \leqslant f(u)$$

从而，性质 (P6.3.1) 意味着

$$u = v = w^*$$

于是，由式 (6.3.15)，得

$$w^\infty = w_\infty = w^*$$

又由于

$$w^\infty \geqslant w^\infty(x) \geqslant w^\infty(x) \geqslant w^\infty, \quad x \in \overline{\Omega}$$

从而

$$w^\infty(x) = w_\infty(x) = w^*, \quad x \in \overline{\Omega}$$

这意味着

$$\lim_{t \to \infty} w(t,x) = w^*, \quad x \in \overline{\Omega} \tag{6.3.16}$$

于是，只需要证明式 (6.3.16) 在 $x \in \overline{\Omega}$ 上的一致性即可。事实上，对任意 $\psi \in \omega(\phi)$，必存在数列 $t_n(\to \infty)$ 使得 $\Phi(t_n)\phi \to \psi$（当 $n \to \infty$时）在 $\mathcal{Y}$ 成立。从而，可得

$$\lim_{n \to \infty} w(t_n + \theta, x, \phi) = \psi(\theta, x)$$

在 $(\theta, x) \in [-\tau, 0] \times \overline{\Omega}$ 上一致成立。于是，由式 (6.3.16)，得

$$\psi(\theta, x) = w^*, \qquad \forall (\theta, x) \in [-\tau, 0] \times \overline{\Omega}$$

因此，获得 $\omega(\phi) = \{w^*\}$，这就意味着 $w(t, \cdot, \phi)$ 随着 $t \to \infty$ 时在 $\mathcal{X}$ 上收敛于 w^*。定理 6.3.1 证毕。

6.4　全局渐近稳定性

本节的主要目标是通过运用 6.3 节的结果和对方程式 (6.1.1) 的相应特征方程的精细分析来得到其平凡解和正常数平衡态的全局渐近稳定性的充分条件。为此，设 $\widehat{w}$ 是方程式 (6.1.1) 的平衡态 (比如平凡解和 w^*)。定义算子 $G: \mathcal{Y}^+ \to \mathcal{X}$

$$G(\phi)(x) = -f'(\widehat{w})\phi(0, x) + b'(\widehat{w}) \int_{\overline{\Omega}} k(\alpha, x, y)\phi(-\tau, y)\mathrm{d}y, \quad \forall x \in \overline{\Omega}, \ \phi \in \mathcal{Y}^+$$

注意，这里的 $k(\alpha, x, y)$ 由式 (1.4.2) 给出。于是，我们可以将方程式 (6.1.1) 在 $w = \widehat{w}$ 处的线性方程化为如下抽象泛函微分方程：

$$\left.\begin{array}{l} \dfrac{\mathrm{d}w(t)}{\mathrm{d}t} = Aw(t) + G(w_t), \quad t \geqslant 0 \\ w_0 = \phi \in \mathcal{Y}^+ \end{array}\right\} \tag{6.4.1}$$

其中，算子 A 同 6.2 节。由于 $\mathrm{Dom}(A) \subset \mathcal{X} \subset L^2(\overline{\Omega})$，则对任意 $u \in \mathrm{Dom}(A)\backslash\{0\}$，总存在复数列 $a_n, n = 1, 2, \cdots$ 使得

$$u(x) = \sum_{n=1}^{+\infty} a_n \varphi_n(x) \tag{6.4.2}$$

成立。于是，由式 (1.4.2)，式 (1.4.7) 和式 (6.4.2)，有

$$\Theta(\lambda)u(x) = d\Delta u(x) - \lambda u(x) - f'(\widehat{w})u(x) + b'(\widehat{w}) \int_{\overline{\Omega}} \mathrm{e}^{-\tau\lambda} u(y)k(\alpha, x, y)\mathrm{d}y = \sum_{n=1}^{+\infty} a_n \left[-D\lambda_n - \lambda - f'(\widehat{w}) + b'(\widehat{w})\mathrm{e}^{-\tau\lambda}\mathrm{e}^{-\lambda_n\alpha} \right] \varphi_n(x)$$

因此，方程式 (6.4.1) 的特征值 λ 至少满足下列方程之一：

$$\lambda = -D\lambda_n - f'(\widehat{w}) + b'(\widehat{w})\mathrm{e}^{-\lambda_n\alpha}\mathrm{e}^{-\tau\lambda}, \quad n = 1, 2, \cdots \tag{6.4.3}$$

引理 6.4.1　设基本假设 (H6.1.1)~(H6.1.3) 满足。又设 $\beta = \sup\{\mathrm{Re}\lambda | \lambda \in \sigma_p\}$，其中，$\mathrm{Re}\lambda$ 表示复数 λ 的实部，σ_p 表示方程式 (6.4.1) 的所有特征值构成的集合。则

(i) 如果 $b'(\widehat{w}) > f'(\widehat{w})$，则 $\beta > 0$;

(ii) 如果 $-f'(\widehat{w}) \leqslant b'(\widehat{w}) < f'(\widehat{w})$，则 $\beta < 0$;

(iii) 如果 $b'(\widehat{w}) = f'(\widehat{w})$，则 $\beta = 0$。

证明　(i) 如果 $b'(\widehat{w}) > f'(\widehat{w})$，则由式 (6.4.3) 和文献 [113] 中的命题 4.6 知，方程式 (6.4.1) 至少存在一个具有正实部特征值 λ。因此，$\beta > 0$。

(ii) 如果 $-f'(\widehat{w}) \leqslant b'(\widehat{w}) < f'(\widehat{w})$，则由 $0 = \lambda_1 < \lambda_2 \leqslant \cdots \leqslant \lambda_n \leqslant \cdots$ 知

$$- [D\lambda_n + f'(\widehat{w})] \mathrm{e}^{\lambda_n\alpha} \leqslant b'(\widehat{w}) < [D\lambda_n + f'(\widehat{w})] \mathrm{e}^{\lambda_n\alpha}, \quad n = 1, 2, \cdots \tag{6.4.4}$$

从而，式 (6.4.3) 和文献 [113] 中的命题 4.6 意味着方程式 (6.4.1) 的所有特征值均具有负实部。因此，再运用文献 [148] 中的定理 3.1.10，即得 $\beta < 0$。

(iii) 如果 $b'(\widehat{w}) = f'(\widehat{w})$，则 $\lambda = 0$ 是方程式 (6.4.1) 的一个特征值。从而，$\beta \geqslant 0$。反设 $\beta > 0$，则至少存在一个方程式 (6.4.1) 的具有正实部的特征值 $\lambda^{(0)}$ 和一个正整数 n 使得

$$\lambda^{(0)} = -D\lambda_n - f'(\widehat{w}) + b'(\widehat{w})\mathrm{e}^{-\lambda_n\alpha}\mathrm{e}^{-\tau\lambda^{(0)}} \tag{6.4.5}$$

成立。设 $\lambda^{(0)} = x^{(0)} + iy^{(0)}$，其中，$x^{(0)}$ 和 $y^{(0)}$ 都是实数，则 $x^{(0)} > 0$。由式 (6.4.5)，有

$$x^{(0)} = -D\lambda_n - f'(\widehat{w}) + f'(\widehat{w})\mathrm{e}^{-\lambda_n\alpha}\mathrm{e}^{-\tau x^{(0)}} \cos(\tau y^{(0)})$$

从而，$\cos(\tau y^{(0)}) > 0$。这意味着

$$x^{(0)} \leqslant -f'(\widehat{w}) + f'(\widehat{w})\mathrm{e}^{-\tau x^{(0)}} \cos(\tau y^{(0)}) = f'(\widehat{w}) \left[\mathrm{e}^{-\tau x^{(0)}} \cos(\tau y^{(0)}) - 1 \right]$$

但是，由于 $x^{(0)} > 0$，知 $\mathrm{e}^{-\tau x^{(0)}} \cos(\tau y^{(0)}) < 1$。从而

$$x^{(0)} \leqslant f'(\widehat{w}) \left[\mathrm{e}^{-\tau x^{(0)}} \cos(\tau y^{(0)}) - 1 \right] < 0$$

此与 $x^{(0)} > 0$ 矛盾。因此，$\beta = 0$。引理 6.4.1 证毕。

现在，我们总结本章的主要结论。由定义 1.4.1，引理 6.2.2，引理 6.4.1，定理 6.3.1，文献 [148] 中的推论 3.1.11 和线性稳定性原则 (参见文献 [113])，我们获得如下两个定理。

定理 6.4.1　设基本假设 (H6.1.1)~(H6.1.3) 满足。则下面的两个结论成立。

(i) 如果 $b'(0) < g(0)$，则方程式 (6.1.1) 的零解在 $\mathcal{Y}^+$ 上全局渐近稳定;

(ii) 如果 $b'(0) > g(0)$，则方程式 (6.1.1) 的零解不稳定，并且方程式 (6.1.1) 至少有一个常数平衡态 $w^* \in (0, M]$。

定理 6.4.2　设基本假设 (H6.1.1)~(H6.1.3) 满足，并且 $b'(0) > g(0)$。则下面关于方程式 (6.1.1) 的正常数平衡态 w^* 的两个结论成立。

(i) 如果 $b'(w^*) > f'(w^*)$，则 w^* 不稳定;

(ii) 如果 $-f'(w^*) \leqslant b'(w^*) < f'(w^*)$，并且假设 (H6.3.1) 满足，则 w^* 在 $\mathcal{Y}^+ \setminus \{0\}$ 上全局渐近稳定。

6.5　例子

本节通过四个经典例子来证明主要结果的应用。

例 6.5.1(Zhao[171])　考虑在方程式 (6.1.1) 中取 $f(w) = \mu w$ 的特别方程, 即

$$\left.\begin{array}{l} \dfrac{\partial w(t,x)}{\partial t} = D\Delta w(t,x) - \mu w(t,x) + \displaystyle\int_{\Omega} k(\alpha, x, y) b(w(t-\tau, y)) \mathrm{d}y \\[3mm] \dfrac{\partial w(t,x)}{\partial \boldsymbol{n}} = 0, \qquad t > 0,\ x \in \partial\Omega \\[3mm] w(t,x) = \phi(t,x) \geqslant 0, \qquad t \in [-\tau, 0],\ x \in \Omega \end{array}\right\} \tag{6.5.1}$$

其中 μ 为正常数。

在这种情形下, 我们使用如下假设来替换上述假设 (H6.1.2), (H6.1.3) 和 (H6.3.1):

(H6.5.1) 存在一个正常数 M 使得 $\overline{b}(w) < \mu w$, $\forall w > M$, 其中, $\overline{b}(w)$ 同 6.1 节。

(H6.5.2) $b'(0) > \mu$, $\dfrac{b(w)}{w}$ 在 $w \in (0, M]$ 上是严格单调增加的, 并且函数 $b(w)$ 满足如下性质:

(P6.5.1) 对任意 $u, v \in (0, M]$, 如果满足 $u \leqslant w^* \leqslant v$, $\mu u \geqslant b(v)$ 和 $\mu v \leqslant b(u)$, 则必有 $u = v$。

于是, 运用定理 6.4.1 和定理 6.4.2, 我们有如下定理。

定理 6.5.1　设基本假设 (H6.1.1) 和 (H6.5.1) 满足。则下面的两个结论成立:

(i) 如果 $b'(0) < \mu$, 则方程式 (6.5.1) 的零解在 $\mathcal{Y}^+$ 上全局渐近稳定;

(ii) 如果 $b'(0) > \mu$, 则方程式 (6.5.1) 的零解不稳定, 并且方程式 (6.5.1) 至少有一个常数平衡态 $w^* \in (0, M]$。

定理 6.5.2　设基本假设 (H6.1.1) 和 (H6.5.1) 满足, 并且 $b'(0) > \mu$。则下面关于方程式 (6.5.1) 的正常数平衡态 w^* 的两个结论成立:

(i) 如果 $b'(w^*) > \mu$, 则 w^* 不稳定;

(ii) 如果 $-\mu \leqslant b'(w^*) < \mu$, 并且假设 (H6.5.2) 满足, 则 w^* 在 $\mathcal{Y}^+ \setminus \{0\}$ 上全局渐近稳定。

注 6.5.1　显然, 方程式 (6.5.1) 为文献 [171] 讨论的方程。因此, 由定理 6.5.1 和定理 6.5.2, 我们便得到文献 [171] 的全部结果。

例 6.5.2(Yi 和 Zou[157])　考虑在方程式 (6.1.1) 中取 $f(w) = \mu w$ 和 $b(w) = pwe^{-q}$ 的如下 Nicholson 绿头苍蝇模型:

$$\left.\begin{array}{l} \dfrac{\partial w(t,x)}{\partial t} = D\Delta w(t,x) - \mu w(t,x) + \displaystyle\int_{\Omega} pw(t-\tau, y) \mathrm{e}^{-qw(t-\tau, y)} k(\alpha, x, y) \mathrm{d}y \\[3mm] \dfrac{\partial w(t,x)}{\partial \boldsymbol{n}} = 0, \qquad t > 0,\ x \in \partial\Omega \\[3mm] w(t,x) = \phi(t,x) \geqslant 0, \qquad t \in [-\tau, 0],\ x \in \Omega \end{array}\right\} \tag{6.5.2}$$

其中，p 和 q 为两个正常数。

类似文献 [171] 中第 4 节的讨论，由定理 6.5.1 和 6.5.2，我们有如下定理。

定理 6.5.3 (i) 如果 $p < \mu$，则方程 (6.5.2) 的零解在 $\mathcal{Y}^+$ 上全局渐近稳定；

(ii) 如果 $p > \mu$，则方程式 (6.5.2) 的零解不稳定，并且方程式 (6.5.2) 有唯一正常数平衡态 $w^* = (\ln(p/\mu))/q$。

定理 6.5.4 如果 $\mu < p \leqslant \mathrm{e}^2\mu$，则方程式 (6.5.2) 的唯一正常数平衡态 $w^* = (\ln(p/\mu))/q$ 在 $\mathcal{Y}^+ \setminus \{0\}$ 上全局渐近稳定。

注 6.5.2 容易看出，文献 [157] 中讨论的方程为方程式 (6.5.2) 取 $\alpha = 0$ 时的特别情形。因此，文献 [157] 中所获得的所有主要结果均为定理 6.5.3 和 6.5.4 的特别情形。

例 6.5.3 考虑在方程式 (6.1.1) 中取 $f(w) = \mu w^{l+1}$ 和 $b(w) = \dfrac{pw}{q+w^l}$ 时的如下 Mackey-Glass 模型：

$$
\left.
\begin{aligned}
&\frac{\partial w(t,x)}{\partial t} = D\Delta w(t,x) - \mu w^{l+1}(t,x) + \int_\Omega \frac{pw(t-\tau,y)}{q+w^l(t-\tau,y)}k(\alpha,x,y)\mathrm{d}y \\
&\frac{\partial w(t,x)}{\partial \boldsymbol{n}} = 0, \qquad t > 0,\ x \in \partial\Omega \\
&w(t,x) = \phi(t,x) \geqslant 0, \qquad t \in [-\tau,0],\ x \in \Omega
\end{aligned}
\right\}
\tag{6.5.3}
$$

其中，l 为正常数。

类似文献 [171] 中第 4 节的讨论，由定理 6.4.1 和定理 6.4.2，我们有如下定理。

定理 6.5.5 方程式 (6.5.3) 的零解总是不稳定的，并且具有唯一正常数平衡态 $w^* = (Z_0)^{\frac{1}{l}}$，其中

$$
Z_0 = \frac{1}{2}\left(-q + \sqrt{q^2 + 4p/\mu}\right)
$$

定理 6.5.6 如果 $\dfrac{pq + p(1-l)Z_0}{(q+Z_0)^2} > \mu(1+l)Z_0$，则方程式 (6.5.3) 的唯一正常数平衡态 $w^* = (Z_0)^{\frac{1}{l}}$ 不稳定；如果 $-\mu(1+l)Z_0 \leqslant \dfrac{pq + p(1-l)Z_0}{(q+Z_0)^2} < \mu(1+l)Z_0$，则该平衡态在 $\mathcal{Y}^+ \setminus \{0\}$ 上全局渐近稳定。

例 6.5.4(Gourley 和 Kuang[31]) 考虑在方程式 (6.1.1) 中取 $f(w) = \mu w^2$ 和 $b(w) = pw\left(1 - \dfrac{w}{r}\right)$ 时的特别情形，即

$$
\left.
\begin{aligned}
\frac{\partial w(t,x)}{\partial t} &= D\Delta w(t,x) - \mu w^2(t,x) + \int_\Omega pw(t-\tau,y)\left(1 - \frac{w(t-\tau,y)}{r}\right)k(\alpha,x,y)\mathrm{d}y \\
\frac{\partial w(t,x)}{\partial \boldsymbol{n}} &= 0, \qquad t > 0,\ x \in \partial\Omega \\
w(t,x) &= \phi(t,x) \geqslant 0, \qquad t \in [-\tau, 0],\ x \in \Omega
\end{aligned}
\right\}
$$
$$(6.5.4)$$

其中 $0 < r \leqslant +\infty$。

显然，$w^* = \dfrac{p}{\mu + pr^{-1}}$，$\max\limits_{w \geqslant 0} b(w) = b(r/2)$，并且基本假设 (H6.1.1)～(H6.1.3) 满足，这里，如果 $r = +\infty$，则 $r^{-1} = 0$。此外，如果 $\mu \geqslant pr^{-1}$，则 $0 < w^* \leqslant r/2$。因此，如果 $\mu \geqslant pr^{-1}$，则假设 (H6.3.1) 满足。于是，由定理 6.4.1 和定理 6.4.2，我们有如下定理。

定理 6.5.7　方程式 (6.5.4) 的零解总是不稳定的，并且具有唯一正常数平衡态 $w^* = \dfrac{p}{\mu + pr^{-1}}$。

定理 6.5.8　如果 $\mu \geqslant pr^{-1}$，则方程式 (6.5.4) 的唯一正常数平衡态 $w^* = \dfrac{p}{\mu + pr^{-1}}$ 在 $\mathcal{Y}^+ \setminus \{0\}$ 上全局渐近稳定。

注 6.5.3　容易看出，文献 [31] 中讨论的方程为在式 (6.5.4) 中取 $r \to +\infty$ 时的特别情形。因此，定理 6.5.7 和定理 6.5.8 推广了文献 [31] 中的相关结果。

第 7 章　一类非单调时滞反应扩散方程的动力学行为

本章研究一类非单调时滞反应扩散方程,且该方程的反应项可以是空间非局部的。考虑了方程正平衡态的存在性、不存在性、唯一性和全局吸引性。为了克服非单调困难,本章发展了一种全新的研究思路,即综合运用上下解方法、时滞微分方程的常数变易法以及对积分核的仔细估计这一研究思路。该研究思路使我们获得了方程唯一正平衡态的全局吸引性的一些充分条件。

7.1　引言

考虑如下非单调时滞反应扩散方程:

$$\left.\begin{array}{l} \dfrac{\partial u(t,x)}{\partial t} = d\Delta u(t,x) - g(u(t,x)) + \mu \displaystyle\int_{\overline{\Omega}} \rho(\eta,x,y)f(u(t-\tau,y))\mathrm{d}y, \ t > 0, \ x \in \Omega \\ Bu(t,x) = 0, \ t > 0, \ x \in \partial\Omega \end{array}\right\}$$

$$(7.1.1)$$

这里, $d > 0$, $\mu > 0$, $\eta \geqslant 0$, $\tau > 0$; Δ 是 $\mathbf{R}^m$ 上的 Laplace 算子, 其中 $m \geqslant 1$, $\mathbf{R} = (-\infty, +\infty)$。 Ω 是一个 $\mathbf{R}^m$ 上具有光滑边界 $\partial\Omega$ 的有界开凸区域。 $\overline{\Omega}$ 是区域 Ω 的凸包。 $Bu = u$, 或 $Bu = \partial u/\partial\boldsymbol{n}$, 其中, $\partial/\partial\boldsymbol{n}$ 表示沿外法 $\boldsymbol{n}$ 的导数。核函数 $\rho(\eta,x,y)$ 是算子 $\partial_\eta - \Delta_x$ 带着边界条件 $Bu = 0$ 的基本解。这个方程源于结构种群中本征动力学与空间扩散的相互作用[89]。如果方程式 (7.1.1) 中的 u 表示两段年龄结构种群 (成年种群和幼年种群, 成年期为 τ) 中成年种群的密度, 则函数 $g(u)$ 和 $f(u)$ 分别表示成年种群的死亡率和出生率, $\displaystyle\int_{\overline{\Omega}} \rho(\eta,x,y)f(u(t-\tau,y))\mathrm{d}y$ 项恰好表示在 τ 时间以前出生的幼年种群的成年率。对于模型 (方程) 的推导及发展的历史背景, 可参见 Gourley 和 Wu 的综述文章 (文献 [33], 及其参考文献)。

为了理清方程式 (7.1.1) 的全局动力学, 其中心任务就是研究方程正平衡态的存在性、唯一性和全局吸引性。如果出生函数 $f(u)$ 总是随 $u > 0$ 的增加而增加, 则可运用单调动力系统方法来处理。并且在这种情形下已获得了很好的结果[151]。然而, 在现实中, 出生函数 $f(u)$ 通常是不单调的。更常见的做法是假设出生函数 $f(u)$ 对充分的 u 将反而单调递减。例如, 研究者通常在流行的 Logistic 模型中假设 $f(u) = pu(q - u)$, 在

Mackey-Glass 模型中假设 $f(u) = \dfrac{pu}{q + u^\beta}$, 在 Nicholson 苍蝇模型中假设 $f(u) = pue^{-qu}$, 这里 $p, q, \beta > 0$。对非单调的出生函数 $f(u)$, 单调动力系统理论有些不够用, 从而导致问题变得非常棘手。正是出于这种原因, 许多研究者对方程式 (7.1.1) 的一些特殊情形进行了研究 [37,66,157,161,163–165,171]。例如, Zhao[171] 对方程式 (7.1.1) 中取 $Bu = \partial u / \partial \boldsymbol{n}$ 及 $g(u) = \alpha u$ 的特殊情形进行了研究, 通过运用波动方法 [122], 获得了方程在这种情形下其正常数平衡态的全局吸引性, 这里 $\alpha > 0$。郭志明, Yang 和 Zou[37] 考虑了方程式 (7.1.1) 中取 $Bu = u$, $\Omega = (0, \pi)$, $g(u) = \alpha u$ 及 $\eta > 0$ 的特殊情形。通过运用上下解方法并配合对核函数 $\rho(\eta, x, y)$ 的仔细分析, 他们证明了正平衡态的存在性、不存在性和唯一性 [37]。同时, 易泰山和 Zou[161] 分析了方程式 (7.1.1) 中取 $Bu = u$, $g(u) = \alpha u$ 及 $\eta > 0$ 的特殊情形。通过比较技术和运用单调动力系统理论, 他们找到了一些方程正平衡态的存在性和全局吸引性的充分条件 [161]。对于方程式 (7.1.1) 的一般情形, 问题仍然没有解决。

为此, 我们将对方程式 (7.1.1) 的全局渐近行为进行研究。为了方便, 我们考虑如下版本:

$$
\left.
\begin{aligned}
&\frac{\partial u(t,x)}{\partial t} = d\Delta u(t,x) - g(u(t,x)) + \int_{\overline{\Omega}} \rho(\eta, x, y) f(u(t - \tau, y)) \mathrm{d}y, \ t > 0, \ x \in \Omega \\
&Bu(t,x) = 0, \ t > 0, \ x \in \partial\Omega \\
&u(\theta, x) = \varphi(\theta, x), \ \theta \in [-\tau, 0], \ x \in \Omega
\end{aligned}
\right\}
$$
$$(7.1.2)$$

其中, $\varphi : [-\tau, 0] \times \Omega \to \mathbf{R}$ 是一个有界的、连续的、正的初值函数。由文献 [151] 中的推导知, 核函数 $\rho(\eta, x, y)$ 由

$$
\rho(\eta, x, y) =
\begin{cases}
\displaystyle\sum_{n=1}^{+\infty} \mathrm{e}^{-\eta\xi_n} \psi_n(x) \psi_n(y), & \text{当 } \eta > 0 \text{ 时} \\
\delta(x - y), & \text{当 } \eta = 0 \text{ 时}
\end{cases}
$$
$$(7.1.3)$$

给出。这里, $0 \leqslant \xi_1 < \xi_2 \leqslant \cdots \leqslant \xi_n \leqslant \cdots$ 是算子 $-\Delta$ 在 $\partial\Omega$ 上对应齐次 Neumann 边界条件 (或者齐次 Dirichlet 边界条件) 的特征值, 并且满足 $\lim\limits_{n\to\infty} \xi_n = +\infty$。函数 ψ_n 是对应特征值 ξ_n 的特征向量。$\{\psi_n\}_{n=1}^{+\infty}$ 恰好构成 Banach 空间 $L^2(\overline{\Omega})$ 的一个完全正交基, 并且 $\psi_1(x) > 0$ 对所有 $x \in \Omega$ 都成立。函数 $\delta(x)$ 是定义在 $\mathbf{R}^m$ 上的 Dirac 函数 [24,171]。对任意函数 $a(x)$, 我们总是用 $a'(x)$ 表示函数 $a(x)$ 关于变量 x 的导数。在本章中, 做以下假设:

(H7.1.1) $f \in C^1(\mathbf{R}^+, \mathbf{R}^+)$, $f(u) = uh_1(u)$, $h_1(u) > 0$ 和 $h_1'(u) < 0$ 对所有 $u \geqslant 0$ 都成立, 这里 $\mathbf{R}^+ = [0, +\infty)$。

(H7.1.2) 函数 $f(u)$ 和 $f'(u)$ 在 $u \geqslant 0$ 上有界。

(H7.1.3) $g \in C^1(\mathbf{R}^+, \mathbf{R}^+)$, $g(u) = uh_2(u)$, $h_2(u) > 0$ 和 $h_2'(u) \geqslant 0$ 对所有 $u \geqslant 0$ 都成立。

(H7.1.4) 存在一个实数 $M > 0$ 使得 $\hat{f}(u) < g(u)$ 对所有 $u > M$ 都成立, 这里 $\hat{f}(u) = \max_{v \in [0, u]} f(v)$。

(H7.1.5) 存在一个正实数 M_0 使得 $h_2(M_0) \geqslant h_1(M_0)\alpha_0$ 成立, 这里

$$\alpha_0 = \max_{x \in \overline{\Omega}} \int_{\Omega} \rho(\eta, x, y)\mathrm{d}y$$

显然, 大多数种群模型中死亡率函数 $g(u) = \alpha u$ 和 Nicholson 苍蝇模型[38] 中的出生率函数 $f(u) = pue^{-qu}$ 都满足假设 (H7.1.1)~(H7.1.5), 这里 $p, q, \alpha > 0$。

本章的主要内容: 在 7.2 节, 我们将给出一些预备结果。其主要结果将呈现在 7.3 节和 7.4 节。在 7.3 节, 我们将运用上下解方法证明方程式 (7.1.2) 的正平衡态的存在性和唯一性。在 7.4 节, 为了克服函数 $f(u)$ 的非单调性, 我们将发展一种新方法, 即综合运用上下解方法、时滞微分方程的常数变易方法和对积分核的仔细估计的方法。这种方法可使我们获得方程式 (7.1.2) 的正平衡态的全局吸引性的一些充分条件。7.5 节, 我们给出了 2 个例子以例证所获得的主要结果。

注 7.1.1 如果取 $\eta = 0$, 则方程式 (7.1.2) 退化为如下局部时滞反应扩散方程:

$$\left.\begin{array}{l} \dfrac{\partial u(t,x)}{\partial t} = d\Delta u(t,x) - g(u(t,x)) + f(u(t-\tau,x)), \ t > 0, \ x \in \Omega \\ Bu(t,x) = 0, \ t > 0, \ x \in \partial\Omega \\ u(\theta,x) = \varphi(\theta,x), \ \theta \in [-\tau,0], \ x \in \Omega \end{array}\right\} \quad (7.1.4)$$

易泰山和 Zou[157] 分析了方程式 (7.1.4) 取 $Bu = \partial u/\partial \boldsymbol{n}$, $g(u) = \alpha u$ 及 $f(u) = pue^{-qu}$ 时的特殊情形, 这里 $\alpha, p, q > 0$。他们通过综合运用动力系统理论和一些复杂不等式证明了方程在这种情形下其唯一正平衡态的全局吸引性[157]。

注 7.1.2 如果在式 (7.1.2) 中令 $\eta > 0$ 及 $d \to 0^+$, 则我们获得如下非局部时滞微分方程:

$$\left.\begin{array}{l} \dfrac{\partial u(t,x)}{\partial t} = -g(u(t,x)) + \displaystyle\int_{\Omega} \rho(\eta,x,y)f(u(t-\tau,y))\mathrm{d}y, \ t > 0, \ x \in \Omega \\ Bu(t,x) = 0, \ t > 0, \ x \in \partial\Omega \\ u(\theta,x) = \varphi(\theta,x), \ \theta \in [-\tau,0], \ x \in \Omega \end{array}\right\} \quad (7.1.5)$$

袁月定和郭志明[164] 考虑了这个方程。通过运用上下解方法, 配合运用对积分核 $\rho(\eta,x,y)$ 的仔细分析, 他们证明了方程式 (7.1.5) 的正平衡态的不存在性、存在性和唯一性。在一个比较原则的帮助下, 他们通过运用耗散系统理论获得了方程式 (7.1.5) 的唯一正平衡态的全局渐近稳定性。

注 7.1.3 如果令 $\eta = 0$ 及 $d \to 0^+$, 则方程式 (7.1.2) 退化为如下时滞微分方程:

$$\left.\begin{array}{l} \dfrac{\mathrm{d}u(t)}{\mathrm{d}t} = -g(u(t)) + f(u(t-\tau)), \ t > 0 \\ u(\theta) = \varphi(\theta), \ \theta \in [-\tau,0] \end{array}\right\} \quad (7.1.6)$$

对方程式 (7.1.6) 取 $g(u) = \alpha u$ 时的特别情形已被广泛研究, 这里 $\alpha > 0$, 参见文献 [19,25,38,39,47,53,54,71,72,105,124] 及其参考文献。

7.2　预备知识

记 $\mathcal{Y} = C(\overline{\Omega}, \mathbf{R})$, $\mathcal{Y}^+ = \left\{ \varphi \in \mathcal{Y} \mid \varphi(x) \geqslant 0 \text{ 对所有 } x \in \overline{\Omega} \text{ 都成立} \right\}$。则 $(\mathcal{Y}, \mathcal{Y}^+)$ 是一个强序 Banach 空间。众所周知, 算子 $d\Delta$ 在 $\mathcal{Y}$ 上生成一个 C^0-半群 $S(t)$。于是, 标准抛物最大值原则 (参见文献 [114] 中的推论 7.2.3) 意味着半群 $S(t): \mathcal{Y} \to \mathcal{Y}$ 在 $S(t)(\mathcal{Y}^+ \setminus \{0\}) \subset \text{int}(\mathcal{Y}^+)$ 对所有 $t > 0$ 都成立的意义下是强正的。

令 $\mathcal{C} = C([-\tau, 0], \mathcal{Y})$, $\mathcal{C}^+ = C([-\tau, 0], \mathcal{Y}^+)$。对任意连续函数 $u(\cdot): [-\tau, \varrho) \to \mathcal{Y}$, 这里 $\varrho > 0$, 定义 $u_t \in \mathcal{C}$, $t \in [0, \varrho)$, 则

$$u_t(\theta) = u(t + \theta), \quad \forall \theta \in [-\tau, 0]$$

并且其范数为

$$\| u_t \|_{\mathcal{C}} = \sup_{\theta \in [-\tau, 0]} \sup_{x \in \overline{\Omega}} | u(t + \theta, x) |$$

其中, 记

$$u(t, x) = u(t)(x), \quad \forall t \in [-\tau, \varrho), \ x \in \overline{\Omega}$$

又定义 $G: \mathcal{C}^+ \to \mathcal{Y}$,

$$G(\varphi)(x) = -g(\varphi(0, x)) + \int_{\overline{\Omega}} \rho(\eta, x, y) f(\varphi(-\tau, y)) \mathrm{d}y, \ \forall x \in \overline{\Omega}, \ \varphi \in \mathcal{C}^+$$

则方程式 (7.1.2) 可改写为如下积分方程:

$$\left.\begin{array}{l} u(t) = S(t)\varphi(0) + \displaystyle\int_0^t S(t - s) G(u_s) \mathrm{d}s, \ t \geqslant 0 \\[2mm] u_0 = \varphi \in \mathcal{C}^+ \end{array}\right\} \tag{7.2.1}$$

其解称为方程式 (7.1.2) 的软解。

由于半群 $S(t): \mathcal{Y} \to \mathcal{Y}$ 是强正的, 则有

$$\lim_{\varepsilon \to 0^+} \text{dist}(\varphi(0) + \varepsilon G(\varphi), \mathcal{Y}^+) = 0, \ \forall \varphi \in \mathcal{C}^+$$

由文献 [148] 中的推论 8.1.3 (或者文献 [86] 中的命题 3 和注 2.4) 知, 对任意 $\varphi \in \mathcal{C}^+$, 方程式 (7.1.2) 有唯一以 $u_0 = \varphi$ 为初值的非连续软解 $u(t, \varphi)$, 并且 $u(t, \varphi) \in \mathcal{Y}^+$ 对所有 $t \in (0, \varrho_\varphi)$ 都成立。于是, 对任意 $t > \tau$, $u(t, \varphi)$ 也是方程式 (7.1.2) 的经典解 (参见文献 [148] 中的推论 2.2.5)。

因此, 由文献 [151] 中的定理 2.1 的一个类似讨论, 我们获得如下引理。

引理 7.2.1 如果 (H7.1.1)~(H7.1.4) 满足, 则对任意 $\varphi \in \mathcal{C}^+$, 方程式 (7.1.2) 的唯一解 $u(t, \varphi)$ 在 $[-\tau, \infty)$ 上全局存在, 并且

$$\lim_{t \to +\infty} \sup u(t, x, \varphi) \leqslant M$$

对所有 $x \in \overline{\Omega}$ 一致成立。此外, 解半流 $\Psi(t) = u_t(\cdot): \mathcal{C}^+ \to \mathcal{C}^+, t \geqslant 0$ 获得一个连通的全局吸引子。

接下来, 考虑如下椭圆特征值问题:

$$\left.\begin{aligned}&\lambda u(x) = d\Delta u(x) - h_2(0)u(x) + h_1(0)\int_{\overline{\Omega}} u(y)\rho(\eta, x, y)\mathrm{d}y, \ x \in \Omega\\&Bu(x) = 0, \ x \in \partial\Omega\end{aligned}\right\}\tag{7.2.2}$$

由文献 [114] 中定理 7.6.1 的一个类似讨论知, 特征值问题式 (7.2.2) 有一个主特征值 ξ_0。事实上，易得该主特征值 ξ_0 为

$$\xi_0 = -d\xi_1 - h_2(0) + h_1(0)\mathrm{e}^{-\eta\xi_1}$$

通过一个类似文献 [151] 中定理 3.1 的讨论, 可得如下方程式 (7.1.2) 一致持久性和零解的全局吸引性的阈值型结果。

引理 7.2.2 给定 $\psi^* \in \mathrm{int}(\mathcal{Y}^+)$, 并假设 (H7.1.1)$\sim$(H7.1.4) 成立。对任意 $\varphi \in \mathcal{C}^+$, 用 $u(t, x, \varphi)$ 或者 $u(t, \varphi)$ 表示方程式 (7.1.2) 的解。则如下两个论述正确。

(i) 如果 $h_1(0)\mathrm{e}^{-\eta\xi_1} < d\xi_1 + h_2(0)$, 则

$$\lim_{t \to +\infty} \| u(t, \varphi) \|_{\mathcal{Y}} = 0, \quad \forall\varphi \in \mathcal{C}^+$$

(ii) 如果 $h_1(0)\mathrm{e}^{-\eta\xi_1} > d\xi_1 + h_2(0)$, 则方程式 (7.1.2) 至少有一个平衡态 u^*, 且 $u^*(x) \in (0, M]$ 对所有 $x \in \Omega$ 都成立。此外, 存在 $\delta > 0$, 当 $\varphi \in \mathcal{C}^+$ 且 $\varphi(0, \cdot) \not\equiv 0$ 时, 存在 $t_0 = t_0(\varphi) > 0$ 使得

$$u(t, x, \varphi) \geqslant \delta\psi^*(x), \quad \forall x \in \overline{\Omega}, \ t \geqslant t_0$$

7.3　正平衡态的存在唯一性

本节考虑方程式 (7.1.2) 的正平衡态的存在性与唯一性。而方程式 (7.1.2) 的平衡态也就是如下边值问题:

$$\left.\begin{aligned}&-d\Delta u(x) + g(u(x)) = \int_{\overline{\Omega}} \rho(\eta, x, y)f(u(y))\mathrm{d}y, \ x \in \Omega\\&Bu(x) = 0, \ x \in \partial\Omega\end{aligned}\right\}\tag{7.3.1}$$

的正解。由著名的 Krein-Rutman 定理 (参见文献 [3]) 和一个类似文献 [164] 中定理 2.3 (或者文献 [165] 中定理 2.6) 的讨论, 我们能获得如下定理。该定理给出了方程式 (7.1.2) 的正平衡态的不存在性。

定理 7.3.1 如果 (H7.1.1) 和 (H7.1.3) 成立, 并且

$$h_1(0)\mathrm{e}^{-\eta\xi_1} \leqslant d\xi_1 + h_2(0)\tag{7.3.2}$$

则边值问题式 (7.3.1) 没有正解。

接下来, 将运用文献 [37] 发展的一个技巧来分析方程式 (7.1.2) 的正平衡态的存在唯一性, 也就是边值问题式 (7.3.1) 的正解的存在唯一性。

显然, 由假设 (H7.1.2) 知, $f'(u)$ 从下方有界。于是, 可以令 $\widetilde{\gamma} = \inf\limits_{u \geqslant 0} f'(u)$。从而, 可以令 $g_0(u) = \alpha u - g(u)$ 和 $f_0(u) = f(u) + \gamma u$。这里 $\alpha = \max\limits_{u \in [0, M_1]} g'(u)$, $M_1 = \max\{1 + M, M_0\}$ 且

$$\gamma = \begin{cases} -\widetilde{\gamma}, & \widetilde{\gamma} < 0 \\ 0, & \widetilde{\gamma} \geqslant 0 \end{cases} \tag{7.3.3}$$

因此, $f_0'(u) \geqslant 0$ 对所有 $u \geqslant 0$ 都成立。定义算子 $F : \mathcal{Y} \to \mathcal{Y}$

$$F(u)(x) = g_0(u(x)) + \int_{\overline{\Omega}} \rho(\eta, x, y) f_0(u(y)) \mathrm{d}y, \ \forall x \in \overline{\Omega}, u \in \mathcal{Y} \tag{7.3.4}$$

则边值问题式 (7.3.1) 可以改写为

$$\left. \begin{array}{l} -d\Delta u(x) + \alpha u(x) + \gamma \int_{\overline{\Omega}} \rho(\eta, x, y) u(y) \mathrm{d}y = F(u)(x), \ x \in \Omega \\ Bu(x) = 0, \ x \in \partial\Omega \end{array} \right\} \tag{7.3.5}$$

对任意常数 C, 我们总是用 $\widehat{C}$ 表示一个在 $\overline{\Omega}$ 上取常数值 C 的常量函数。则由文献 [165] 中引理 2.3 知, 算子 F 在序区间 $[\widehat{0}, \widehat{M_1}]$ 上是正的和单调的。现在, 我们考虑积分方程

$$\left. \begin{array}{l} u(x) = \int_{\overline{\Omega}} k(\eta, x, y) F(u)(y) \mathrm{d}y, \ x \in \Omega \\ Bu(x) = 0, \ x \in \partial\Omega \end{array} \right\} \tag{7.3.6}$$

这里

$$k(\eta, x, y) = \sum_{n=1}^{+\infty} \frac{1}{d\xi_n + \alpha + \gamma \mathrm{e}^{-\eta\xi_n}} \psi_n(x)\psi_n(y) \tag{7.3.7}$$

受文献 [165] (第 2 节) 的启发, 我们假设常数 γ 满足如下假设:

(H7.3.1)

$$\gamma \in \begin{cases} \left\{\lambda \in \mathbf{R} \,\middle|\, 0 \leqslant \lambda \leqslant \dfrac{d}{\eta} \mathrm{e}^{-\left(\frac{\alpha\eta}{d} + 1\right)}\right\}, & \text{当 } \eta > 0 \text{ 时} \\ \{\lambda \in \mathbf{R} \,|\, 0 \leqslant \lambda < +\infty\}, & \text{当 } \eta = 0 \text{ 时} \end{cases} \tag{7.3.8}$$

由一个类似于文献 [165] 中引理 2.7, 引理 2.8 及定理 2.9 的讨论, 我们获得如下引理和定理。

引理 7.3.1　如果 $u \in \mathcal{Y}$ 是边值问题式 (7.3.5) 的一个解, 则它也是边值问题 (7.3.6) 的解, 反之也成立。

引理 7.3.2　如果 (H7.3.1) 成立, 则

$$k(\eta, x, y) > 0, \qquad \forall x, y \in \Omega$$

定理 7.3.2 如果 (H7.1.1)~(H7.1.5) 和 (H7.3.1) 成立，并且

$$d\xi_1 + h_2(0) < h_1(0)\mathrm{e}^{-\eta\xi_1} \tag{7.3.9}$$

则边值问题式 (7.3.1) 有唯一正解。

7.4　全局吸引性

本节将通过发展一种新方法来建立方程式 (7.1.2) 的正平衡态 u^* 的全局吸引性。

由时滞微分方程的常数变易法，我们获得如下重要引理。该引理在非单调情形下证明全局吸引性中将起关键作用。

引理 7.4.1 假设 (H7.1.1)~(H7.1.4) 成立。令 $u(t, x) \equiv u(t, x, \varphi)$ 是方程式 (7.1.2) 取初值 $\varphi \in \mathcal{C}^+$ 的解。则 $u(t, x)$ 满足

$$u(t,x) = \int_\Omega \mathcal{K}(t,x,y)\varphi(0,y)\mathrm{d}y + \int_0^t \int_\Omega \mathcal{K}_1(s,x,y)\varphi(t-s-\tau,y)\mathrm{d}y\mathrm{d}s +$$

$$\int_0^t \int_\Omega \mathcal{K}(s,x,y)F(u)(t-s,y)\mathrm{d}y\mathrm{d}s, \ \forall t > \tau, x \in \Omega \tag{7.4.1}$$

这里，我们已通过让函数 $\varphi(t)$ 在 $t > 0$ 时取值为零将其延拓到了区间 $[-\tau, \infty)$ 上。实数 α 和 γ 的含义同 7.3 节。算子 F 由式 (7.3.4) 给出，即，对任意 $t > 0$，有

$$F(u)(t,x) = g_0(u(t,x)) + \int_{\overline{\Omega}} \rho(\eta,x,y)f_0(u(t-\tau,y))\mathrm{d}y, \ \forall u \in \mathcal{Y}, \ x \in \Omega \tag{7.4.2}$$

核函数 $\mathcal{K}(t,x,y)$ 和 $\mathcal{K}_1(t,x,y)$ 分别由

$$\mathcal{K}(t,x,y) = \sum_{n=1}^{+\infty} K_n(t)\mathrm{e}^{-(\alpha+d\xi_n)t}\psi_n(x)\psi_n(y), \ \forall x,y \in \Omega \tag{7.4.3}$$

和

$$\mathcal{K}_1(t,x,y) = \sum_{n=1}^{+\infty} \widetilde{\gamma}_n K_n(t)\mathrm{e}^{-(\alpha+d\xi_n)(t+\tau)}\psi_n(x)\psi_n(y), \ \forall x,y \in \Omega \tag{7.4.4}$$

给出，其中

$$K_n(t) = \sum_{j=0}^{l} \frac{1}{j!}\widetilde{\gamma}_n^j(t-j\tau)^j, \ l\tau \leqslant t < (l+1)\tau, \ l = 0,1,2,\cdots \tag{7.4.5}$$

且

$$\widetilde{\gamma}_n = -\gamma\mathrm{e}^{-\eta\xi_n}\mathrm{e}^{(\alpha+d\xi_n)\tau} \tag{7.4.6}$$

证明　由于 $\mathcal{Y} \subset L^2(\overline{\Omega})$，则对每个 $t \geqslant 0$，均存在实数 $a_n(t)$ 和 $b_n(t)$, $n = 1, 2, \cdots$，使得

$$u(t,x) = \sum_{n=1}^{+\infty} a_n(t)\psi_n(x) \tag{7.4.7}$$

且

$$F(u)(t,x) = \sum_{n=1}^{+\infty} b_n(t)\psi_n(x) \tag{7.4.8}$$

于是, 由式 (7.4.7), 式 (7.4.8) 和式 (7.1.2), 可得

$$a_n(0) = \int_\Omega \varphi(0,y)\psi_n(y)\mathrm{d}y \tag{7.4.9}$$

$$b_n(t) = \int_\Omega F(u)(t,y)\psi_n(y)\mathrm{d}y \tag{7.4.10}$$

及

$$a_n'(t) = -(\alpha + d\xi_n)a_n(t) - \gamma \mathrm{e}^{-\eta\xi_n}a_n(t-\tau) + b_n(t),\ n = 1,2,\cdots \tag{7.4.11}$$

通过运用非齐次线性时滞微分方程的常数变易法 (参见文献 [113] 的第 4.2 节), 可得

$$a_n(t) = \mathrm{e}^{-(\alpha+d\xi_n)t}\left(K_n(t)a_n(0) + \widetilde{\gamma}_n \int_0^t K_n(s)\varphi_n(t-s-\tau)\mathrm{d}s\right) +$$

$$\int_0^t K_n(s)b_n(t-s)\mathrm{e}^{-(\alpha+d\xi_n)s}\mathrm{d}s,\ t > \tau,\ n = 1,2,\cdots \tag{7.4.12}$$

这里, $K_n(t)$ 和 $\widetilde{\gamma}_n$ 分别由式 (7.4.5) 和式 (7.4.6) 给出, 并且

$$\varphi_n(t) = \begin{cases} \mathrm{e}^{(\alpha+d\xi_n)t}\displaystyle\int_\Omega \varphi(t,y)\psi_n(y)\mathrm{d}y,\ t \in [-\tau,0] \\ 0,\ t > 0 \end{cases} \tag{7.4.13}$$

从而, 由式 (7.4.7), 式 (7.4.9), 式 (7.4.10), 式 (7.4.12) 及式 (7.4.13), 则有

$$u(t,x) = \sum_{n=1}^{+\infty} \mathrm{e}^{-(\alpha+d\xi_n)t}\left(K_n(t)a_n(0) + \widetilde{\gamma}_n \int_0^t K_n(s)\varphi_n(t-s-\tau)\mathrm{d}s\right)\psi_n(x) +$$

$$\sum_{n=1}^{+\infty} \psi_n(x)\int_0^t K_n(s)b_n(t-s)\mathrm{e}^{-(\alpha+d\xi_n)s}\mathrm{d}s =$$

$$\int_\Omega \left[\sum_{n=1}^{+\infty} K_n(t)\mathrm{e}^{-(\alpha+d\xi_n)t}\psi_n(x)\psi_n(y)\right]\varphi(0,y)\mathrm{d}y +$$

$$\int_0^t \int_\Omega \left[\sum_{n=1}^{+\infty} \widetilde{\gamma}_n K_n(s)\mathrm{e}^{-(\alpha+d\xi_n)(s+\tau)}\psi_n(x)\psi_n(y)\right]\varphi(t-s-\tau,y)\mathrm{d}y\mathrm{d}s +$$

$$\int_0^t \int_\Omega \left[\sum_{n=1}^{+\infty} K_n(s)\mathrm{e}^{-(\alpha+d\xi_n)s}\psi_n(x)\psi_n(y)\right]F(u)(t-s,y)\mathrm{d}y\mathrm{d}s,\ t > \tau \tag{7.4.14}$$

因此, 式 (7.4.1) 由式 (7.4.3)、式 (7.4.4) 及式 (7.4.14) 立即得到。引理 7.4.1 获证。

为了建立积分核 $\mathcal{K}(t,x,y)$ 和 $\mathcal{K}_1(t,x,y)$ 的正性, 我们需要如下引理。

引理 7.4.2 令

$$\mathfrak{L}_l(\theta) = \sum_{j=0}^{l} \frac{1}{j!}(-\gamma_1)^j(l-j+\theta)^j \tag{7.4.15}$$

其中, $\gamma_1 > 0$, $\theta \in [0,1]$ 且 $l = 0,1,2,\cdots$。如果 $\gamma_1 \leqslant \mathrm{e}^{-1}$, 则

$$\mathfrak{L}_l(\theta) > 0, \qquad \forall \theta \in [0,1],\ l = 0,1,2,\cdots$$

证明 令

$$\Gamma_l(\theta) = \mathrm{e}^{\theta}\mathfrak{L}_l(\theta), \quad l = 0,1,2,\cdots \tag{7.4.16}$$

则 $\Gamma_0(\theta) = \mathrm{e}^{\theta}$ 在区间 $[0,1]$ 上是正的和单调递增的。假设 $\Gamma_l(\theta)$ 在区间 $[0,1]$ 上是正的和单调递增的。接下来将证明 $\Gamma_{l+1}(\theta)$ 在区间 $[0,1]$ 上也是正的和单调递增的。事实上, 由于

$$\Gamma_{l+1}(0) = \mathfrak{L}_{l+1}(0) = \mathfrak{L}_l(1) = \mathrm{e}^{-1}\Gamma_l(1) \tag{7.4.17}$$

及

$$(\Gamma_{l+1}(\theta)\mathrm{e}^{-\theta})' = \mathfrak{L}'_{l+1}(\theta) = -\gamma_1\mathfrak{L}_l(\theta) = -\gamma_1\mathrm{e}^{-\theta}\Gamma_l(\theta)$$

则有

$$\Gamma_{l+1}(\theta)\mathrm{e}^{-\theta} = \mathrm{e}^{-1}\Gamma_l(1) - \gamma_1\int_0^{\theta}\mathrm{e}^{-s}\Gamma_l(s)\mathrm{d}s$$

即

$$\Gamma_{l+1}(\theta) = \mathrm{e}^{-1+\theta}\Gamma_l(1) - \gamma_1\mathrm{e}^{\theta}\int_0^{\theta}\mathrm{e}^{-s}\Gamma_l(s)\mathrm{d}s \tag{7.4.18}$$

于是, 由式 (7.4.18) 及 $\Gamma_l(\theta)$ 的单调性, 得

$$\Gamma'_{l+1}(\theta) = \Gamma_{l+1}(\theta) - \gamma_1\Gamma_l(\theta) =$$

$$\mathrm{e}^{-1+\theta}\Gamma_l(1) - \gamma_1\mathrm{e}^{\theta}\int_0^{\theta}\mathrm{e}^{-s}\Gamma_l(s)\mathrm{d}s - \gamma_1\Gamma_l(\theta) \geqslant$$

$$\mathrm{e}^{-1+\theta}\Gamma_l(1) - \gamma_1\mathrm{e}^{\theta}\Gamma_l(1)\int_0^{\theta}\mathrm{e}^{-s}\mathrm{d}s - \gamma_1\Gamma_l(1) =$$

$$\Gamma_l(1)[\mathrm{e}^{-1+\theta} - \gamma_1\mathrm{e}^{\theta}(1-\mathrm{e}^{-\theta}) - \gamma_1] =$$

$$\mathrm{e}^{\theta}\Gamma_l(1)(\mathrm{e}^{-1} - \gamma_1) \geqslant 0 \tag{7.4.19}$$

因此, $\Gamma_{l+1}(\theta)$ 在 $\theta \in [0,1]$ 上单调增加。再由式 (7.4.17) 便知

$$\Gamma_{l+1}(\theta) > 0, \qquad \forall \theta \in [0,1]$$

从而, 由归纳原则知, 对任意 $l = 0,1,2,\cdots$, 均有

$$\Gamma_l(\theta) > 0, \qquad \forall \theta \in [0,1]$$

故

$$\mathfrak{L}_l(\theta) > 0, \quad \forall \theta \in [0,1], \quad l = 0, 1, 2, \cdots$$

引理 7.4.2 证毕。

下述引理给出了两个关键积分核函数 $\mathcal{K}(s,x,y)$ 和 $k(\eta,x,y)$ 之间的关系。这使我们完全克服非单调性以建立全局渐近行为成为可能。该引理是发展的新方法的核心部分。

引理 7.4.3 假设 $\mathcal{K}(s,x,y)$ 和 $k(\eta,x,y)$ 分别由式 (7.4.3) 和式 (7.3.7) 给出。则

$$\int_0^{+\infty} \mathcal{K}(s,x,y)\mathrm{d}s = k(\eta,x,y)$$

证明 由式 (7.4.3)，则有

$$\mathcal{K}(s,x,y) = \sum_{n=1}^{+\infty} \sum_{j=0}^{l} \frac{1}{j!}(-\gamma)^j \mathrm{e}^{-\eta\xi_n j} \mathrm{e}^{(\alpha+d\xi_n)\tau j}(s-j\tau)^j \mathrm{e}^{-(\alpha+d\xi_n)s} \psi_n(x)\psi_n(y) \quad (7.4.20)$$

其中，$l\tau \leqslant s < (l+1)\tau$, $l = 0, 1, 2, \cdots$。令

$$c_{lj} = \sum_{i=0}^{j} \frac{j!(l-j)^{j-i}\tau^{j-i}}{(j-i)!(\alpha+d\xi_n)^{i+1}} \mathrm{e}^{-(\alpha+d\xi_n)l\tau} \quad (7.4.21)$$

这里 $l,j = 0,1,2,\cdots$。则

$$\int_{l\tau}^{(l+1)\tau}(s-j\tau)^j \mathrm{e}^{-(\alpha+d\xi_n)s}\mathrm{d}s = c_{lj} - c_{l+1,j} \quad (7.4.22)$$

由式 (7.4.20) 和式 (7.4.22)，得

$$\int_0^{+\infty} \mathcal{K}(s,x,y)\mathrm{d}s = \sum_{l=0}^{+\infty}\int_{l\tau}^{(l+1)\tau}\mathcal{K}(s,x,y)\mathrm{d}s =$$

$$\sum_{n=1}^{+\infty}\sum_{l=0}^{+\infty}\sum_{j=0}^{l}\frac{1}{j!}(-\gamma)^j \mathrm{e}^{-\eta\xi_n j}\mathrm{e}^{(\alpha+d\xi_n)\tau j}(c_{lj}-c_{l+1,j})\psi_n(x)\psi_n(y) =$$

$$\sum_{n=1}^{+\infty}\sum_{l=0}^{+\infty}\sum_{j=l}^{+\infty}\frac{1}{l!}(-\gamma)^l \mathrm{e}^{-\eta\xi_n l}\mathrm{e}^{(\alpha+d\xi_n)\tau l}(c_{jl}-c_{j+1,l})\psi_n(x)\psi_n(y) =$$

$$\sum_{n=1}^{+\infty}\sum_{l=0}^{+\infty}\frac{1}{l!}(-\gamma)^l \mathrm{e}^{-\eta\xi_n l}\mathrm{e}^{(\alpha+d\xi_n)\tau l}c_{ll}\psi_n(x)\psi_n(y) =$$

$$\sum_{n=1}^{+\infty}\sum_{l=0}^{+\infty}\frac{1}{(\alpha+d\xi_n)^{l+1}}(-\gamma)^l \mathrm{e}^{-\eta\xi_n l}\psi_n(x)\psi_n(y) =$$

$$\sum_{n=1}^{+\infty}\frac{1}{\alpha+d\xi_n+\gamma\mathrm{e}^{-\eta\xi_n}}\psi_n(x)\psi_n(y) = k(\eta,x,y) \quad (7.4.23)$$

引理 7.4.3 证毕。

下述引理给出了积分核函数 $\mathcal{K}(t,x,y)$ 正性的一个充分条件。

引理 7.4.4 如果

$$\gamma \leqslant \tau^{-1}\mathrm{e}^{-(\alpha\tau+1)} \tag{7.4.24}$$

并且 $\eta = d\tau$, 则

$$\mathcal{K}(t,x,y) > 0 \tag{7.4.25}$$

对所有 $t \in (0,+\infty)$ 及 $x,y \in \Omega$ 都成立。

证明 令 $t = (l+\theta)\tau$。则由式 (7.4.5), 有 $\theta \in [0,1)$。再由式 (7.4.3), 式 (7.4.15) 及 $\eta = d\tau$, 可得

$$\mathcal{K}(t,x,y) = \sum_{n=1}^{+\infty}\sum_{j=0}^{l}\frac{1}{j!}(-\gamma)^j\mathrm{e}^{-\eta j\xi_n}\mathrm{e}^{-(\alpha+d\xi_n)(t-j\tau)}(t-j\tau)^j\psi_n(x)\psi_n(y) =$$

$$\mathrm{e}^{-\alpha t}\sum_{j=0}^{l}\frac{1}{j!}(-\gamma)^j\mathrm{e}^{\alpha\tau j}(t-j\tau)^j\sum_{n=1}^{+\infty}\mathrm{e}^{-dt\xi_n}\psi_n(x)\psi_n(y) =$$

$$\mathrm{e}^{-\alpha t}\sum_{j=0}^{l}\frac{1}{j!}(-\gamma\tau\mathrm{e}^{\alpha\tau})^j(l-j+\theta)^j\sum_{n=1}^{+\infty}\mathrm{e}^{-dt\xi_n}\psi_n(x)\psi_n(y) =$$

$$\mathrm{e}^{-\alpha t}\sum_{j=0}^{l}\frac{1}{j!}(-\gamma_1)^j(l-j+\theta)^j\sum_{n=1}^{+\infty}\mathrm{e}^{-dt\xi_n}\psi_n(x)\psi_n(y) =$$

$$\mathrm{e}^{-\alpha t}\mathfrak{L}_l(\theta)\sum_{n=1}^{+\infty}\mathrm{e}^{-dt\xi_n}\psi_n(x)\psi_n(y) \tag{7.4.26}$$

其中, $\gamma_1 = \gamma\tau\mathrm{e}^{\alpha\tau}$。于是, 由式 (7.4.24), 式 (7.4.26) 以及引理 7.4.2 便知式 (7.4.25) 成立。引理 7.4.4 证毕。

由引理 7.4.4, 可得如下引理。

引理 7.4.5 如果式 (7.4.24) 成立, 则存在两个常数 $\bar{\varepsilon} > 0$ 和 $\underline{\varepsilon} > 0$ 使得式 (7.4.25) 对所有 $-\underline{\varepsilon} < \eta - d\tau < \bar{\varepsilon}$ 都成立。

令

$$\mathfrak{L}_{ln}(\theta,\varepsilon) = \sum_{j=0}^{l}\frac{1}{j!}(-\gamma\tau\mathrm{e}^{\alpha\tau})^j(l-j+\theta)^j\mathrm{e}^{-(\varepsilon j+d\tau(l+\theta))\xi_n} \tag{7.4.27}$$

其中, $\theta \in [0,1)$, $\varepsilon \in \mathbf{R}$, $n = 1,2,\cdots$ 且 $l = 0,1,2,\cdots$。由引理 7.4.5, 我们可以定义

$$\bar{\varepsilon}_0 = \sup\left\{\varepsilon \in \mathbf{R}^+ \left| \sum_{n=1}^{+\infty}\mathfrak{L}_{ln}(\theta,\varepsilon)\psi_n(x)\psi_n(y) > 0, \forall x,y \in \Omega, l \in \mathbf{N}, \theta \in [0,1)\right.\right\} \tag{7.4.28}$$

和

$$\varepsilon_0 = \sup\left\{\varepsilon \in \mathbf{R}^+ \,\Big|\, \sum_{n=1}^{+\infty} \mathfrak{L}_{ln}(\theta, -\varepsilon)\psi_n(x)\psi_n(y) > 0, \forall x, y \in \Omega, l \in \mathbf{N}, \theta \in [0,1)\right\} \tag{7.4.29}$$

这里 $\mathbf{N}$ 是自然数集。于是，可以假设：

(H7.4.1) 实数 γ 和 η 分别满足式 (7.4.24) 和 $d\tau - \varepsilon_0 < \eta < d\tau + \bar{\varepsilon}_0$。

则由引理 7.4.3 和引理 7.4.5，我们有如下引理。

引理 7.4.6 如果 (H7.4.1) 成立，则 $\mathcal{K}(t,x,y) > 0$ 和 $k(\eta,x,y) > 0$ 对所有 $t > 0$ 和 $x, y \in \Omega$ 都成立。

现在证明本节的主要结果。

定理 7.4.1 假设 $h_1(0)\mathrm{e}^{-\eta\xi_1} > d\xi_1 + h_2(0)$。如果 (H7.1.1)~(H7.1.5) 和 (H7.4.1) 都成立，则方程式 (7.1.2) 有唯一正平衡态 u^* 且

$$\lim_{t \to +\infty} \|u(t,\varphi) - u^*\|_{\mathcal{Y}} = 0 \tag{7.4.30}$$

对所有满足 $\varphi(0,\cdot) \not\equiv 0$ 的 $\varphi \in \mathcal{C}^+$ 都成立，这里 $u(t,\varphi)$ 表示方程式 (7.1.2) 取初值 φ 的解。

证明 由引理 7.4.6 和定理 7.3.2 知，方程式 (7.1.2) 有唯一正平衡态 u^*。由引理 7.2.1 知，我们只需证明该正平衡态 u^* 在 $\mathcal{C}_{[0,M+1]} \setminus \{0\}$ 上是全局吸引的，这里

$$\mathcal{C}_{[0,M+1]} = \left\{\varphi \in \mathcal{C}^+ \,\big|\, 0 \leqslant \varphi(\theta,x) \leqslant M+1, \forall(\theta,x) \in [-\tau,0] \times \overline{\Omega}\right\}$$

对任意给定的 $\varphi \in \mathcal{C}_{[0,M+1]} \setminus \{0\}$，式 (7.4.1) 成立。令

$$u^\infty(x) \equiv \limsup_{t\to\infty} u(t,x), \quad u_\infty(x) \equiv \liminf_{t\to\infty} u(t,x), \quad \forall x \in \overline{\Omega}$$

则由引理 7.2.1 和引理 7.2.2 知，存在常数 $\delta > 0$ 使得

$$M + 1 \geqslant u^\infty(x) \geqslant u_\infty(x) \geqslant \delta\psi^*(x) > 0, \quad \forall x \in \Omega$$

其中，ψ^* 由引理 7.2.2 给出。另一方面，注意到函数 $F(u)$ 在 $u \in [0, M+1]$ 上是单调递增的。因此，由 Fatou 引理，引理 7.4.3 和引理 7.4.6，我们进一步获得

$$u^\infty(x) \leqslant \int_0^\infty \int_\Omega \mathcal{K}(s,x,y)F(u^\infty(y))\mathrm{d}y\mathrm{d}s = \int_\Omega k(\eta,x,y)F(u^\infty(y))\mathrm{d}y \tag{7.4.31}$$

于是，$u^\infty(x)$ 是式 (7.3.6) 的一个下解。类似地，$u_\infty(x)$ 是式 (7.3.6) 的一个上解。令 $\underline{u}(x) = \epsilon\psi_1(x)$ 及 $\overline{u}(x) = \widehat{M_1}$，其中，$M_1$ 同 7.3 节，且 ϵ 是一个充分小的正数并且满足

$$\epsilon\psi_1(x) \leqslant \delta\psi^*(x), \quad \forall x \in \Omega$$

通过一个类似文献 [165] 中定理 2.9 的讨论知, $\underline{u}$ 和 $\overline{u}$ 也是式 (7.3.6) 的上下解。从而, 运用一个标准的上下解理论, 我们得到, 式 (7.3.6) 在序区间 $[\underline{u}, u_\infty]$ 上至少有一个正解 $\underline{u}^*$。同理, 式 (7.3.6) 在序区间 $[u^\infty, \overline{u}]$ 上也至少有一个正解 $\overline{u}^*$。由引理 7.3.1, 引理 7.4.6 和定理 7.3.2 知, $\underline{u}^* = \overline{u}^* = u^*$。因此, $u_\infty = u^\infty = u^*$。这意味着

$$\lim_{t \to +\infty} u(t,x) = u^*(x), \quad \forall x \in \overline{\Omega} \tag{7.4.32}$$

现在, 还剩下证明 $\displaystyle\lim_{t \to +\infty} u(t,x) = u^*(x)$ 对所有 $x \in \overline{\Omega}$ 一致成立。对任意 $\phi \in \omega(\varphi)$, 存在一个数列 $t_n \to +\infty$ 使得在 $\mathcal{C}_{[0,M+1]}$ 上当 $n \to \infty$ 时, 均有 $\Psi(t_n)\varphi \to \phi$ 成立。于是有

$$\lim_{n \to \infty} u(t_n + \theta, x, \varphi) = \phi(\theta, x)$$

对所有 $(\theta, x) \in [-\tau, 0] \times \overline{\Omega}$ 一致成立。再由式 (7.4.32), 便有

$$\phi(\theta, x) = u^*(x), \quad \forall (\theta, x) \in [-\tau, 0] \times \overline{\Omega}$$

因此, 我们获得 $\omega(\varphi) = \{u^*\}$, 这就意味着, 当 $t \to +\infty$ 时, $u(t, \cdot, \varphi)$ 在 $\mathcal{Y}$ 上收敛于 u^*。定理 7.4.1 证毕。

7.5　例子

本节将呈现两个例子以证明本章所获主要结果。

(1) 我们考虑如下局部 Nicholson 绿头苍蝇模型:

$$\left.\begin{aligned}
\frac{\partial u(t,x)}{\partial t} &= d\Delta u(t,x) - \alpha u(t,x) + f_1(u(t-\tau, x)), \quad t > 0, \ x \in \Omega \\
\frac{\partial}{\partial \boldsymbol{n}} u(t,x) &= 0, \quad t > 0, \ x \in \partial\Omega \\
u(\theta, x) &= \varphi(\theta, x), \quad \theta \in [-\tau, 0], \ x \in \Omega
\end{aligned}\right\} \tag{7.5.1}$$

这里, $d > 0$, $\alpha > 0$。而函数 $f_1(w) = \varepsilon p u e^{-qu}$ 是在种群动力学中常常被使用的 Ricker 出生函数。(参见文献 $[16, 66, 70, 118, 157, 160, 161, 163\text{--}165, 171]$), 其中, $\varepsilon > 0$, $p > 0$ 且 $q > 0$。

于是, 由引理 7.2.2, 定理 7.3.1, 定理 7.3.2 及定理 7.4.1, 有

命题 7.5.1 (i) 如果 $\varepsilon p \leqslant \alpha$, 则模型式 (7.5.1) 没有正平衡态;

(ii) 如果 $\varepsilon p > \alpha$, 则模型式 (7.5.1) 有唯一正平衡态 u^*。

命题 7.5.2 (i) 如果 $\varepsilon p < \alpha$, 则

$$\lim_{t \to +\infty} \|u(t, \varphi)\|_{\mathcal{Y}} = 0, \quad \forall \varphi \in \mathcal{C}^+$$

其中, $u(t, \varphi)$ 表示模型式 (7.5.1) 取初值 φ 的解;

(ii) 如果 $\alpha < \varepsilon p \leqslant \tau^{-1}\mathrm{e}^{1-\alpha\tau}$ 且 $0 < d < d_0$, 这里

$$d_0 = \sup\left\{\lambda \in \mathbf{R}^+ \Big| \sum_{n=1}^{+\infty} \mathfrak{L}_{0ln}(\lambda, \theta)\psi_n(x)\psi_n(y) > 0, \ \forall x, y \in \Omega, l \in \mathbf{N}, \theta \in [0, 1)\right\} \quad (7.5.2)$$

$$\mathfrak{L}_{0ln}(\lambda, \theta) = \sum_{j=0}^{l} \frac{1}{j!}(-\varepsilon p\tau \mathrm{e}^{\alpha\tau-2})^j (l + \theta - j)^j \mathrm{e}^{-\lambda\tau(l+\theta-j)\xi_n} \quad (7.5.3)$$

且 $\mathbf{N}$ 表示自然数集, 则模型式 (7.5.1) 有唯一正平衡态 u^* 且

$$\lim_{t \to +\infty} \|u(t, \varphi) - u^*\|_{\mathcal{Y}} = 0$$

对所有满足 $\varphi(0, \cdot) \not\equiv 0$ 的 $\varphi \in \mathcal{C}^+$ 都成立。

注 7.5.1　当 $\tau \to 0^+$ 时, 模型 (7.5.1) 退化为如下局部反应扩散方程:

$$\left.\begin{array}{l} \dfrac{\partial u(t, x)}{\partial t} = d\Delta u(t, x) - \alpha u(t, x) + f_1(u(t, x)), \quad t > 0, \quad x \in \Omega \\[3mm] \dfrac{\partial}{\partial \boldsymbol{n}} u(t, x) = 0, \quad t > 0, \quad x \in \partial\Omega \\[3mm] u(0, x) = \varphi(x), \quad x \in \Omega \end{array}\right\} \quad (7.5.4)$$

由命题 7.5.1 和命题 7.5.2, 我们获得一个阈值型结果, 即, 如果 $\varepsilon p < \alpha$, 则

$$\lim_{t \to +\infty} \|u(t, \varphi)\|_{\mathcal{Y}} = 0, \quad \forall \varphi \in \mathcal{Y}^+$$

如果 $\varepsilon p > \alpha$, 则方程式 (7.5.4) 获得唯一正平衡态 u^*, 且

$$\lim_{t \to +\infty} \|u(t, \varphi) - u^*\|_{\mathcal{Y}} = 0$$

对所有满足 $\varphi(\cdot) \not\equiv 0$ 的 $\varphi \in \mathcal{Y}^+$ 都成立, 这里 $u(t, \varphi)$ 是方程式 (7.5.4) 取初值 φ 的解。

(2) 非局部 Mackey-Glass 模型:

$$\left.\begin{array}{l} \dfrac{\partial u(t, x)}{\partial t} = d\dfrac{\partial^2 u(t, x)}{\partial x^2} - \alpha u(t, x) + \displaystyle\int_0^{\pi} \rho^D(\eta, x, y)f_2(u(t-\tau, y))\mathrm{d}y, \ t > 0, \ x \in (0, \pi) \\[3mm] u(t, 0) = u(t, \pi) = 0, \ t > 0 \\[3mm] u(\theta, x) = \varphi(\theta, x), \ \theta \in [-\tau, 0], \ x \in (0, \pi) \end{array}\right\} \quad (7.5.5)$$

这里, $d > 0$, $\alpha > 0$, $\eta > 0$, $f_2(u) = \dfrac{pu}{q + u^\beta}$, $p > 0$, $q > 0$, $\beta > 0$ 且

$$\rho^D(\eta, x, y) = \frac{2}{\pi}\sum_{n=1}^{+\infty} \mathrm{e}^{-n^2\eta}\sin nx \sin ny$$

非线性函数 $f_2(u)$ 在文献 [85] 中被用作血细胞的产生函数，且此后被广泛应用于许多领域，参见文献 [16, 160, 161, 163–165, 171] 及其参考文献。

由引理 7.2.2，定理 7.3.1、定理 7.3.2 和定理 7.4.1，我们有如下命题：

命题 7.5.3 (i) 如果 $\dfrac{p}{q} \leqslant (d+\alpha)\mathrm{e}^\eta$，则模型式 (7.5.5) 没有正平衡态；

(ii) 如果

$$\frac{p}{q} \in \begin{cases} \left\{\lambda \in \mathbf{R} \,|\, (d+\alpha)\mathrm{e}^\eta < \lambda < +\infty\right\}, & \text{当 } 0 < \beta \leqslant 1 \text{ 时} \\[2mm] \left\{\lambda \in \mathbf{R} \,\Big|\, (d+\alpha)\mathrm{e}^\eta < \lambda \leqslant \dfrac{4d\beta}{\eta(\beta-1)^2}\mathrm{e}^{-\left(\frac{\eta}{d}\alpha+1\right)}\right\}, & \text{当 } \beta > 1 \text{ 时} \end{cases} \tag{7.5.6}$$

则模型式 (7.5.5) 有唯一正平衡态 u^*。

命题 7.5.4 (i) 如果 $\dfrac{p}{q} < (d+\alpha)\mathrm{e}^\eta$，则

$$\lim_{t \to +\infty} \|u(t,\varphi)\|_{\mathcal{Y}} = 0, \quad \forall \varphi \in \mathcal{C}^+$$

其中，$u(t,\varphi)$ 是模型式 (7.5.5) 取初值 φ 的解；

(ii) 令

$$\underline{\varepsilon}_1 = \sup\left\{\varepsilon \in \mathbf{R}^+ \,\Bigg|\, \left|\sum_{n=1}^{+\infty} \mathfrak{L}_{1ln}(\theta, -\varepsilon)\sin nx \sin ny > 0, \forall x, y \in [0, \pi], l \in \mathbf{N}, \theta \in [0, 1)\right.\right\} \tag{7.5.7}$$

$$\overline{\varepsilon}_1 = \sup\left\{\varepsilon \in \mathbf{R}^+ \,\Bigg|\, \left|\sum_{n=1}^{+\infty} \mathfrak{L}_{1ln}(\theta, \varepsilon)\sin nx \sin ny > 0, \forall x, y \in [0, \pi], l \in \mathbf{N}, \theta \in [0, 1)\right.\right\} \tag{7.5.8}$$

这里

$$\mathfrak{L}_{1ln}(\theta, \varepsilon) = \sum_{j=0}^{l} \frac{1}{j!}(-\tau p)^j (l+\theta-j)^j (\beta-1)^{2j}(4q\beta)^{-j}\mathrm{e}^{\alpha\tau j}\mathrm{e}^{-[\varepsilon j + d\tau(l+\theta)]n^2} \tag{7.5.9}$$

且 $\mathbf{N}$ 是自然数集。如果

$$\frac{p}{q} \in \begin{cases} \left\{\lambda \in \mathbf{R} \,|\, (d+\alpha)\mathrm{e}^\eta < \lambda < +\infty\right\}, & \text{当 } 0 < \beta \leqslant 1 \text{ 时} \\[2mm] \left\{\lambda \in \mathbf{R} \,\Big|\, (d+\alpha)\mathrm{e}^\eta < \lambda \leqslant \dfrac{4\beta}{\tau(\beta-1)^2}\mathrm{e}^{-(\alpha\tau+1)}\right\}, & \text{当 } \beta > 1 \text{ 时} \end{cases} \tag{7.5.10}$$

且

$$\eta \in \begin{cases} \mathbf{R}, & \text{当 } 0 < \beta \leqslant 1 \text{ 时} \\[2mm] \left\{\lambda \in \mathbf{R} \,|\, d\tau - \underline{\varepsilon}_1 < \lambda < d\tau + \overline{\varepsilon}_1\right\}, & \text{当 } \beta > 1 \text{ 时} \end{cases} \tag{7.5.11}$$

则模型式 (7.5.5) 获得唯一正平衡态 u^*，且 $\displaystyle\lim_{t \to +\infty} \|u(t,\varphi) - u^*\|_{\mathcal{Y}} = 0$ 对所有满足 $\varphi(0, \cdot) \not\equiv 0$ 的 $\varphi \in \mathcal{C}^+$ 都成立。

第 8 章 一类无界区域上具有年龄结构的非局部种群模型的动力学行为

本章研究一类无界区域上具有年龄结构的非局部种群模型。通过运用波动方法和紧开拓扑方法，我们可获得一个阈值动力学，并建立模型正平衡态的全局吸引性。其主要结果可推广现有非局部种群模型的相关研究结果。

8.1 引言

近几年来，空间非局部时滞种群模型越来越被关注[33]。当这种模型的死亡函数为线性时，许多研究者运用单调半流理论和比较原则来研究无界区域情形下的行波解与波速以及有界区域情形下的全局动力学 (参见文献 [66,117,118,123,157,158,161,171])。然而，对死亡函数为非线性 (参见文献 [31,151])，出生函数为非单调及种群栖息区域为无界的情形，这种非局部时滞种群模型的全局动力学的结果却非常少。究其原因主要有两个：其一，在这种情形下很难建立一个模型解半流的适当表达式；其二，空间区域的非紧性给运用动力系统理论研究这种模型的全局动力学提出了挑战。

为了得到一个一般无界区域上非局部时滞种群模型，我们令 $u(t,a,x)$ 是一年龄为 a 的种群在时间 t，位于 x 处的种群密度，其中 $t \geqslant 0$, $a \geqslant 0$ 且 $x \in \mathbf{R}^N$ ($N = 1,2,3$)。又用 $w(t,x)$ 表示成年种群的密度，用 τ 表示成年期。于是，我们有 (参见文献 [89])

$$\partial_t u + \partial_a u = d(a)\Delta u - D(a)u, \quad 0 < a < \tau, \ x \in \mathbf{R}^N \tag{8.1.1}$$

且 w 满足

$$\partial_t w = d_m \Delta w - f(w) + u(t,\tau,x), \quad t > 0, \ x \in \mathbf{R}^N \tag{8.1.2}$$

其中

$$u(t,0,x) = b(w(t,x)), \quad \forall t \geqslant -\tau, \ x \in \mathbf{R}^N$$

这里，$d(a)$ 和 $D(a)$ 分别表示年龄为 a 的种群的扩散率与死亡率，d_m, $b(w)$ 和 $f(w)$ 分别表示成年种群的扩散率、出生率和死亡率，而 Δ 则是在 $\mathbf{R}^N$ 上的 Laplace 算子。类似文献 [123] 中第 4.1 节，沿特征线积分式 (8.1.1)，得

$$u(t,\tau,x) = \mu \int_{\mathbf{R}^N} k(\alpha,x,y)b(w(t-\tau,y))\mathrm{d}y$$

其中, $\alpha = \int_0^\tau d(s)\mathrm{d}s \geqslant 0$, $\mu = \mathrm{e}^{-\int_0^\tau D(s)\mathrm{d}s} \in [0,1]$ 且

$$k(\alpha, x, y) = \begin{cases} (4\pi\alpha)^{-\frac{N}{2}}\mathrm{e}^{-\frac{(x-y)^2}{4\alpha}}, & \text{当 } \alpha > 0 \text{ 时} \\ \delta(x-y), & \text{当 } \alpha = 0 \text{ 时} \end{cases} \tag{8.1.3}$$

这里, $\delta(x)$ 是 $\mathbf{R}^N$ 上的 Dirac 函数[24,171]。因此, $w(t,x)$ 满足

$$\left.\begin{array}{l} \dfrac{\partial w(t,x)}{\partial t} = d_m \Delta w(t,x) - f(w(t,x)) + \displaystyle\int_{\mathbf{R}^N} k(\alpha,x,y)\hat{b}(w(t-\tau,y))\mathrm{d}y \\ w(t,x) = \varphi(t,x), \qquad t \in [-\tau,0], \ x \in \mathbf{R}^N \end{array}\right\} \tag{8.1.4}$$

这里 $\hat{b}(w) = \mu b(w)$, $\varphi(t,x)$ 是正的初值函数。

在 2001 年, So, Wu 和 Zou[118] 导出了一个非局部时滞反应扩散种群模型的雏形, 即模型式 (8.1.4) 取 $N=1$ 和 $f(w)=\beta w$ 的特殊情形。他们研究了该模型的行波前解。作为对此的反应, Gourley 和 Kuang[31] 讨论了模型式 (8.1.4) 的另一个特殊情形, 即模型式 (8.1.4) 取 $N=1$, $f(w)=\beta w^2$ 及 $b(w)=\gamma w$ 的特殊情形。他们研究了该模型的行波前解和两个空间齐次平衡解的线性稳定性[31]。同时, Thieme 和 Zhao[123] 研究了模型式 (8.1.4) 的行波解及其渐近波速。然而, 在接下来的十年里, 对此模型的全局动力学却没有进展。直到最近, 易泰山, Zou, Chen 和 Wu[158,159] 考虑了模型式 (8.1.4) 的两个特殊情形的全局动力学。通过运用紧开拓扑, 他们分别得到了模型式 (8.1.4) 取 $N=1$, $\tau=1$, $f(w)=\beta w$, $d_m > 0$ 的特殊情形和取 $N=1$, $\tau=1$, $f(w)=\beta w$, $d_m=0$ 的特殊情形的全局动力学[158,159]。对一般非局部时滞种群模型式 (8.1.4) 的全局动力学仍然没有解决。

本章的目的是建立模型式 (8.1.4) 的全局动力学。为了获得主要结果, 我们将运用波动方法。这种方法是由 Thieme 和 Zhao[122] 在研究一类非局部时滞扩散食饵–捕食模型时发展的。我们指出, 这种方法也已在证明波速性质的向前收敛性中被使用[43,120,123]。显然, 这种方法对研究具有 Neumann 边界条件的非局部反应扩散种群模型的动力学性质也是有效的[163,171]。此外, 有趣的是, 本章所获结果将推广文献 [158,159] 的相关结果。

本章接下来的内容是这样安排的。首先, 我们将在 8.2 节中介绍一些预备知识。主要是为了克服空间区域的非紧性困难而需要使用的紧开拓扑的一些必备知识。本章的主要结果将在 8.3 节中介绍。在该节中, 通过建立一个模型式 (8.1.4) 的解的适当表达式, 我们将获得一些确保模型式 (8.1.4) 正平衡态全局吸引的充分条件。在 8.4 节, 我们将给出两个例子以例证本章所获主要结果。

8.2　预备知识

为了方便, 我们去掉模型式 (8.1.4) 中的下标 m, 并重写模型式 (8.1.4) 为

$$
\left.
\begin{aligned}
\frac{\partial w(t,x)}{\partial t} &= d\Delta w(t,x) - f(w(t,x))+ \\
&\quad \int_{\mathbf{R}^N} k(\alpha,x,y)b(w(t-\tau,y))\mathrm{d}y,\ t>0,\ x\in\mathbf{R}^N \\
w(t,x) &= \varphi(t,x)\geqslant 0,\qquad t\in[-\tau,0],\ x\in\mathbf{R}^N
\end{aligned}
\right\}
\tag{8.2.1}
$$

注意, 积分核函数 $k(\alpha,x,y)$ 由式 (8.1.3) 给出。在本章中, 我们总是假设函数 f 和 b 满足以下假设:

(**H8.2.1**) $b:\mathbf{R}^+\to\mathbf{R}^+$ 是 Lipschitz 连续的, $b(0)=0$, $b'(0)>0$ 和 $b(w)\leqslant b'(0)w$ 对所有 $w\geqslant 0$ 都成立。

(**H8.2.2**) $f(w)=wg(w)$ 对所有 $w\geqslant 0$ 都成立, 其中, $g:\mathbf{R}^+\to\mathbf{R}^+$ 是 Lipschitz 连续的, $g'(0)\geqslant 0$, $g(w)>0$ 及 $g'(w)\geqslant 0$ 对所有 $w>0$ 都成立。

(**H8.2.3**) 存在一个正数 M 使得当 $w>M$ 时, 均有 $\bar{b}(w)<f(w)$, 其中 $\bar{b}(w)=\max\limits_{u\in[0,w]}b(u)$。

令 $\mathcal{X}=\mathrm{BUC}(\mathbf{R}^N,\mathbf{R})$ 是将 $\mathbf{R}^N$ 映入 $\mathbf{R}$ 的所有有界和一致连续函数全体构成的 Banach 空间, 其范数 $\|\cdot\|_{\mathcal{X}}$ 为通常的上确界范数。又令

$$
\mathcal{X}^+=\{\phi\in\mathcal{X}\mid \phi(x)\geqslant 0,\quad \forall x\in\mathbf{R}^N\}
$$

以及

$$
\mathcal{X}_0^+=\{\phi\in\mathcal{X}\mid \phi(x)>0,\quad \forall x\in\mathbf{R}^N\}
$$

则 $\mathcal{X}^+$ 是 $\mathcal{X}$ 上的闭锥, 但 $\mathcal{X}_0^+\neq\mathrm{Int}(\mathcal{X}^+)$, 因为空间区域 $\mathbf{R}^N$ 是非紧的。记 $\mathcal{Y}=C([-\tau,0],\mathcal{X})$ 是将 $[-\tau,0]$ 映入 $\mathcal{X}$ 的连续函数全体构成的 Banach 空间, 其范数 $\|\cdot\|_{\mathcal{Y}}$ 为通常的上确界范数。令 $\mathcal{Y}^+=C([-\tau,0],\mathcal{X}^+)$ 且 $\mathcal{Y}_0^+=C([-\tau,0],\mathcal{X}_0^+)$。于是, $\mathcal{Y}^+$ 是 $\mathcal{Y}$ 的闭锥, 但 $\mathcal{Y}_0^+\neq\mathrm{Int}(\mathcal{Y}^+)$。

为了方便, 将元素 $\varphi\in\mathcal{Y}$ 视同映 $[-\tau,0]\times\mathbf{R}^N$ 入 $\mathbf{R}$ 的定义为 $\varphi(s,x)=\varphi(s)(x)$ 的函数。对每一个 $s\in[-\tau,0]$, 我们把 $f(\varphi(s))$ 视为定义在 $\mathbf{R}^N$ 上的函数 $f(\varphi(s))=f(\varphi(s,\cdot))$。对任意函数 $w(\cdot):[-\tau,\sigma)\to\mathcal{X}$, 这里 $\sigma>0$, 定义 $w_t\in\mathcal{Y}$, $t\in[0,\sigma)$ 为

$$
w_t(s)=w(t+s),\quad \forall s\in[-\tau,0]
$$

对一个常数 a, 定义 $\hat{a}\in\mathcal{X}$ 为

$$
\hat{a}(x)=a,\qquad \forall x\in\mathbf{R}^N
$$

且定义 $\hat{\hat{a}}\in\mathcal{Y}$ 为

$$
\hat{\hat{a}}(\theta)=\hat{a},\qquad \forall\theta\in[-\tau,0]
$$

对任意 $\phi, \psi \in \mathcal{X}$, 如果 $\psi - \phi \in \mathcal{X}^+$, 则记为 $\phi \leqslant_{\mathcal{X}} \psi$; 如果 $\psi - \phi \in \mathcal{X}_0^+$, 则记为 $\phi \ll_{\mathcal{X}} \psi$. 进一步, 如果 $\phi \leqslant_{\mathcal{X}} \psi$ 且 $\phi \neq \psi$, 则记为 $\phi <_{\mathcal{X}} \psi$. 类似地, 对任意 $\xi, \eta \in \mathcal{Y}$, 如果 $\eta - \xi \in \mathcal{Y}^+$, 则记为 $\xi \leqslant_{\mathcal{Y}} \eta$; 如果 $\eta - \xi \in \mathcal{Y}_0^+$, 则记为 $\xi \ll_{\mathcal{Y}} \eta$. 进一步, 如果 $\xi \leqslant_{\mathcal{Y}} \eta$ 并且 $\xi \neq \eta$, 则记为 $\xi <_{\mathcal{Y}} \eta$.

为了记号表示的方便, 在不至于引起混淆的情形下, 对一个常数 a, 我们也把 $\hat{a}$ (或者 $\tilde{a}$) 写为 a. 类似地, 我也分别用 $\leqslant, \ll, <$ 和 $\|\cdot\|$ 表示 $\leqslant_*, \ll_*, <_*$ 和 $\|\cdot\|_*$, 这里, $*$ 表示 $\mathcal{X}$ 或者 $\mathcal{Y}$.

对 $t \geqslant 0$, 定义算子 $T(t) : \mathcal{X} \to \mathcal{X}$, 有

$$T(t)(\phi) = \mathrm{e}^{-\gamma t} \int_{\mathbf{R}^N} k(dt, \cdot, y) \phi(y) \mathrm{d}y, \forall \phi \in \mathcal{X} \tag{8.2.2}$$

这里 $\gamma = \max\limits_{w \in [0, M+1]} f'(w)$. 显然, $\{T(t)\}_{t \geqslant 0}$ 是一个由算子 $d\Delta - \gamma I$ 生成的定义在 $\mathcal{X}$ 上的解析半群, 其中, I 是一个定义在 $\mathcal{X}$ 上的恒等算子 (参见文献 [20]). 定义 $F : \mathcal{Y}^+ \to \mathcal{X}$, 有

$$F(\varphi) = \gamma \varphi(0) - f(\varphi(0)) + \int_{\mathbf{R}^N} k(\alpha, \cdot, y) b(\varphi(-\tau, y)) \mathrm{d}y, \ \forall \varphi \in \mathcal{Y}^+$$

则可以改写方程式 (8.2.1) 为如下积分方程:

$$\left.\begin{array}{l} w(t) = T(t)\varphi(0) + \displaystyle\int_0^t T(t-s) F(w_s) \mathrm{d}s, \quad t \geqslant 0 \\[2mm] w_0 = \varphi \in \mathcal{Y}^+ \end{array}\right\} \tag{8.2.3}$$

其解被称为方程式 (8.2.1) 在 Martin 和 Smith 意义下的软解[86,87].

由假设 (H8.2.1) 和 (H8.2.2) 知, $F : \mathcal{Y}^+ \to \mathcal{X}$ 是 Lipschitzian 连续的, 即, 对任意 $R > 0$, 存在常数 $L(R) > 0$, 当 $\|\xi\| \leqslant R$, $\|\eta\| \leqslant R$ 且 $\xi, \eta \in \mathcal{Y}$ 时, 均有

$$|F(\xi) - F(\eta)| \leqslant L(R) \|\xi - \eta\|$$

由阶梯法易知, 对每个 $\varphi \in \mathcal{Y}^+$, 方程式 (8.2.3) 有定义在 $[0, +\infty)$ 上的唯一解, 记为 $w(\varphi)$. 从而, $w_t(\varphi) \in \mathcal{Y}^+$ 对所有 $t \in [0, +\infty)$ 都成立. 因此, 方程式 (8.2.3) 的解在 $\mathcal{Y}^+$ 上诱导了一个连续半流. 由于 $\{T(t)\}_{t \geqslant 0}$ 是一个解析半群, 从而方程式 (8.2.1) 的软解也是方程式 (8.2.1) 的经典解, 这对所有 $t > \tau$ 都成立 (参见文献 [148] 中推论 2.2.5). 于是, 对于全局动力学行为, 我们只需考虑其软解就可以了.

由完全类似文献 [159] 中命题 2.6 (或者文献 [158] 中命题 2.1) 的讨论, 则有如下结果.

引理 8.2.1 设 (H8.2.1)~(H8.2.3) 成立, 又令 $w(t, x, \varphi)$ 是方程式 (8.2.1) 取初值 $\varphi \in \mathcal{Y}^+$ 的解, 则如下三个论述成立.

(i) 如果 $\varphi \in \mathcal{Y}^+$, 则 $w_t(\varphi) \in \mathcal{Y}^+$ 对所有 $t \in [0, +\infty)$ 都成立. 进一步, 如果 $\varphi \in \mathcal{Y}^+ \backslash \{0\}$, 则对任意 $\delta > 0$, 存在 $t^*(\delta, \varphi) > 0$, 使得

$$w(t, x, \varphi) > 0, \quad \forall (t, x) \in [t^*, +\infty) \times B_\delta$$

这里 $B_\delta = \{x | x \in \mathbf{R}^N, |x| \leqslant \delta\}$.

(ii) 如果 $\varphi \in \mathcal{Y}^+$, 并且

$$\varphi(s,x) \leqslant M+1, \quad \forall (s,x) \in [-\tau,0] \times \mathbf{R}^N$$

则

$$w(t,x,\varphi) \in [0, M+1], \quad \forall (t,x) \in [-\tau, +\infty) \times \mathbf{R}^N$$

(iii) 对任意 $\varphi \in \mathcal{Y}^+$, 存在 $t^*(\varphi) > 0$, 使得

$$w(t,x,\varphi) \leqslant M+1, \quad \forall (t,x) \in [t^*, +\infty) \times \mathbf{R}^N$$

令

$$\mathcal{Y}_{[0,M+1]} \equiv \{\varphi \in \mathcal{Y} | 0 \leqslant \varphi(s,x) \leqslant M+1, \forall (s,x) \in [-\tau,0] \times \mathbf{R}^N\}$$

则由引理 8.2.1, $\mathcal{Y}_{[0,M+1]}$ 是解半流的一个正不变集, 并且 $\mathcal{Y}^+$ 中的每一个点在 Hale 意义下被 $\mathcal{Y}_{[0,M+1]}$ 吸引 [41]。

现在研究解半流在 $\mathcal{Y}_{[0,M+1]}$ 上的全局动力学行为。然而, 由于空间区域 $\mathbf{R}^N$ 的非紧性, 导致关于通常的上确界范数描述全局动力学行为是困难的。为了克服这种困难, 我们将介绍通常的紧开拓扑。为此, 分别在空间 $\mathcal{X}$ 和空间 $\mathcal{Y}$ 上定义新的范数 $\|\cdot\|_{\mathrm{co}}^{\mathcal{X}}$ 和 $\|\cdot\|_{\mathrm{co}}^{\mathcal{Y}}$ 为

$$\|\phi\|_{\mathrm{co}}^{\mathcal{X}} = \sum_{n=1}^{+\infty} 2^{-n} \sup_{|x| \leqslant n} |\phi(x)|, \quad \forall \phi \in \mathcal{X}$$

和

$$\|\varphi\|_{\mathrm{co}}^{\mathcal{Y}} = \sup_{s \in [-\tau,0]} \|\varphi(s)\|_{\mathrm{co}}^{\mathcal{X}}, \quad \forall \varphi \in \mathcal{Y}$$

同样, 为了记号的方便, 在涉及空间而不引起混淆的情形下, 我们将用 $\|\cdot\|_{\mathrm{co}}$ 表示刚定义的两种范数之一。并且, 分别用 $\mathcal{X}_{\mathrm{co}}$ 和 $\mathcal{Y}_{\mathrm{co}}$ 表示赋范向量空间 $(\mathcal{X}, \|\cdot\|_{\mathrm{co}})$ 和 $(\mathcal{Y}, \|\cdot\|_{\mathrm{co}})$。又令

$$\mathcal{X}_{\mathrm{co}}^+ = \{\phi \in \mathcal{X}_{\mathrm{co}} | \phi(x) \geqslant 0, \forall x \in \mathbf{R}^N\}$$

和

$$\mathcal{Y}_{\mathrm{co}}^+ = C([-\tau,0], \mathcal{X}_{\mathrm{co}}^+)$$

并分别定义 $d : \mathcal{Y}_{[0,M+1]} \times \mathcal{Y}_{[0,M+1]} \to [0, +\infty)$ 和 $\Phi : [0, +\infty) \times \mathcal{Y}_{[0,M+1]} \to \mathcal{Y}_{[0,M+1]}$ 为

$$d(\xi, \eta) = \|\xi - \eta\|_{\mathrm{co}}, \quad \forall (\xi, \eta) \in \mathcal{Y}_{[0,M+1]} \times \mathcal{Y}_{[0,M+1]}$$

和

$$\Phi(t, \varphi) = w_t(\varphi), \quad \forall (t, \varphi) \in [0, +\infty) \times \mathcal{Y}_{[0,M+1]}$$

以下, 我们总是假设 $\mathcal{Y}_{[0,M+1]}$ 的紧开拓扑是由 d 诱导的。令 $O(\varphi) = \{\Phi(t, \varphi) | t \in [0, +\infty)\}$ 是过点 φ 的正半轨线。定义 $O(\varphi)$ 的 ω–极限集为

$$\omega(\varphi) = \bigcap_{t \in [0, +\infty)} \overline{O(\Phi(t, \varphi))}$$

其中 $\overline{O(\Phi(t, \varphi))}$ 表示 $O(\Phi(t, \varphi))$ 关于紧开拓扑的闭包。

定义 8.2.1 如果一个元素 $\varphi \in \mathcal{Y}_{[0,M+1]}$ 满足

$$\Phi(t,\varphi) = \varphi, \quad \forall t \in [0, +\infty)$$

则称该元素 φ 为 Φ 的一个平衡点。如果 $\mathcal{Y}_{[0,M+1]}$ 的一个子集 Λ 满足

$$\Phi(t,\varphi) \in \Lambda, \quad \forall (t,\varphi) \in [0,+\infty) \times \Lambda$$

则称该子集 Λ 在 Φ 下是正不变的。

定义 8.2.2 如果存在 $0 < a < b$ 使得

$$\lim_{t \to +\infty} (\inf\{\|w_t(\varphi) - \psi\|_{co} | \psi \in \mathcal{Y}_{co}^+, a \leqslant \psi \leqslant b\}) = 0$$

对所有 $\varphi \in \mathcal{Y}_{co}^+ \backslash \{0\}$ 都成立, 则称方程式 (8.2.3) 关于紧开拓扑是持久的。

定义 8.2.3 设 w^* 是一个平衡点, Λ 是半流 Φ 的一个正不变集。如果 $\omega(\varphi) = \{w^*\}$ 对所有 $\varphi \in \Lambda$ 都成立, 则称 w^* 在 Λ 上全局吸引。

定义 8.2.4 如果

$$\lim_{t \to +\infty} \|w_t(\varphi)\|_{\mathcal{Y}} = 0, \quad \forall \varphi \in \mathcal{Y}^+$$

则称方程式 (8.2.3) 的零解在 $\mathcal{Y}^+$ 上关于通常的上确界范数全局吸引。

定义 8.2.5 如果方程式 (8.2.3) 的一个平衡点 w^* 满足

$$\lim_{t \to +\infty} \|w_t(\varphi) - w^*\|_{co} = 0, \quad \forall \varphi \in \mathcal{Y}_{co}^+ \backslash \{0\}$$

则称该平衡点 w^* 在 $\mathcal{Y}_{co}^+ \backslash \{0\}$ 上关于紧开拓扑全局吸引。

由引理 8.2.1 和上述定义, 可有如下推论。

推论 8.2.1 如果存在 $a > 0$ 使得 $\xi \geqslant a$ 对所有 $\xi \in \omega(\varphi)$ 和 $\varphi \in \mathcal{Y}_{[0,M+1]} \backslash \{0\}$ 都成立, 则方程式 (8.2.3) 关于紧开拓扑是持久的。

推论 8.2.2 如果方程式 (8.2.3) 的一个平衡点 w^* 在 $\mathcal{Y}_{[0,M+1]} \backslash \{0\}$ 上关于紧开拓扑是全局吸引的, 那么该平衡点 w^* 在 $\mathcal{Y}_{co}^+ \backslash \{0\}$ 上关于紧开拓扑也是全局吸引的。

通过一个完全类似文献 [159] 中定理 2.17 和定理 3.1 的讨论, 并运用引理 8.2.1 和推论 8.2.1, 可得方程式 (8.2.3) 的持久性与零解的全局吸引性的如下阈值结果。

引理 8.2.2 设 (H8.2.1)~(H8.2.3) 成立, 则如下两个论述成立:

(i) 如果 $b'(0) < g(0)$, 则方程式 (8.2.3) 的零解关于通常的上确界范数在 $\mathcal{Y}^+$ 上全局吸引;

(ii) 如果 $b'(0) > g(0)$, 则方程式 (8.2.3) 至少有一个空间齐次平衡点 $w^* \in (0, M]$, 且该平衡点 w^* 关于紧开拓扑是持久的。

注意, 在上述引理部分 (ii) 中, 函数 $S(w) = b(w) - f(w)$ 满足 $S(0) = 0$, $S'(0) > 0$ 以及 $S(M) \leqslant 0$。于是, 至少存在一个正数 $w^* \in (0, M]$ 使得 $S(w^*) = 0$。因此, w^* 是方程式 (8.2.3) 的一个空间齐次平衡点。

对由式 (8.1.3) 给出的积分核函数 $k(\alpha, x, y)$, 则有如下引理。

引理 8.2.3　对 $\alpha > 0$, 则有

$$\int_{\mathbf{R}^N} k(\alpha, x, y) \mathrm{d}y = 1, \quad \forall x \in \mathbf{R}^N$$

证明是直接的, 因此这里从略。

8.3　全局吸引性

本节通过运用在文献 [171] 的定理 3 中被使用的波动方法来建立方程式 (8.2.3) 的空间齐次正平衡点 w^* 的全局吸引性。

受文献 [171] (第 3 节) 的启发, 我们进一步假设函数 $f(w)$ 和 $b(w)$ 满足如下性质:

(H8.3.1) $b'(0) > g(0)$, 函数 $\dfrac{b(w)}{f(w)}$ 在 $(0, M+1]$ 上严格递减, 并且函数 $f(w)$ 和 $b(w)$ 满足如下性质:

(P8.3.1) 如果 $u, v \in (0, M+1]$, 且满足 $u \leqslant w^* \leqslant v$, $f(u) \geqslant b(v)$ 及 $f(v) \leqslant b(u)$, 则有 $u = v$ 成立。

注意, 如果函数 $b(w)$ 在 $[0, M+1]$ 上单调递增, 则函数 $f(w)$ 和 $b(w)$ 满足性质 (P8.3.1)。事实上, 如果 $0 < u \leqslant w^* \leqslant v \leqslant M+1$, $f(u) \geqslant b(v)$ 且 $f(v) \leqslant b(u)$, 则有

$$f(w^*) \leqslant f(v) \leqslant b(u) \leqslant b(w^*) \leqslant b(v) \leqslant f(u) \leqslant f(w^*)$$

这意味着 $u = v = w^*$。结合上述讨论, 并在文献 [171] 的引理 3.1 中用 $f(w)$ 替换 βw, 其中 $\beta > 0$, 则有如下结果。

引理 8.3.1　如果如下的两个条件之一成立, 则条件 (H8.3.1) 中的性质 (P8.3.1) 成立:

(i) $b(w)$ 在 $[0, M+1]$ 上单调增加;

(ii) $f(w)b(w)$ 在 $(0, M+1]$ 上严格递增。

现在, 我们证明本节的主要结果。

定理 8.3.1　如果 (H8.2.1)~(H8.2.3) 和 (H8.3.1) 成立, 那么方程式 (8.2.3) 的空间齐次平衡点 w^* 在 $\mathcal{Y}_{\mathrm{co}}^+ \backslash \{0\}$ 上关于紧开拓扑全局吸引。

证明　由推论 8.2.2, 我们只需要证明方程式 (8.2.3) 的空间齐次平衡点 w^* 在 $\mathcal{Y}_{[0, M+1]} \backslash \{0\}$ 上关于紧开拓扑全局吸引就可以了。

对任意给定的 $\varphi \in \mathcal{Y}_{[0,M+1]}\backslash\{0\}$, 则有

$$w(t,x) = \mathrm{e}^{-\gamma t}\int_{\mathbf{R}^N}k(dt,x,y)\varphi(0,y)\mathrm{d}y + \int_0^t \mathrm{e}^{-\gamma s}\int_{\mathbf{R}^N}k(\mathrm{d}s,x,y)\left[f_\gamma(w(t-s,y))+\right.$$

$$\left.\int_{\mathbf{R}^N}k(\alpha,y,z)b(w(t-s-\tau,z))\mathrm{d}z\right]\mathrm{d}y\mathrm{d}s \tag{8.3.1}$$

其中 $f_\gamma(w) = \gamma w - f(w)$, $k(\cdot,\cdot,\cdot)$ 由式 (8.1.3) 给出, 且 $w(t,x) \equiv w(t,x,\varphi)$ 是方程式 (8.2.3) 取初值 φ 的解。受文献 [120] 的启发, 我们定义函数 $h : [0,M+1]\times[0,M+1] \to [0,+\infty)$ 为

$$h(u,v) = \begin{cases} \min\{b(w) \mid u \leqslant w \leqslant v\}, & \text{当 } u \leqslant v \text{ 时} \\ \max\{b(w) \mid v \leqslant w \leqslant u\}, & \text{当 } v \leqslant u \text{ 时} \end{cases} \tag{8.3.2}$$

则 $h(u,v)$ 在 $[0,M+1]\times[0,M+1]$ 上关于 u 单调增加, 关于 v 单调递减。此外

$$b(w) = h(w,w), \quad \forall w \in [0,M+1]$$

并且 $h(u,v)$ 在 $[0,M+1]\times[0,M+1]$ 上连续 (参见文献 [121] 的第 2 节)。于是, 由式 (8.3.1), 则有

$$w(t,x) = \mathrm{e}^{-\gamma t}\int_{\mathbf{R}^N}k(dt,x,y)\varphi(0,y)\mathrm{d}y + \int_0^t \mathrm{e}^{-\gamma s}\int_{\mathbf{R}^N}k(\mathrm{d}s,x,y)\left[f_\gamma(w(t-s,y))+\right.$$

$$\left.\int_{\mathbf{R}^N}k(\alpha,y,z)h(w(t-s-\tau,z),w(t-s-\tau,z))\mathrm{d}z\right]\mathrm{d}y\mathrm{d}s \tag{8.3.3}$$

令

$$w^\infty(x) \equiv \limsup_{t\to\infty}w(t,x), \quad w_\infty(x) \equiv \liminf_{t\to\infty}w(t,x), \quad \forall x \in \mathbf{R}^N$$

则由引理 8.2.1 和引理 8.2.2, 存在一个常数 $a > 0$, 使得

$$M+1 \geqslant w^\infty(x) \geqslant w_\infty(x) \geqslant a > 0, \quad \forall x \in \mathbf{R}^N$$

另一方面, 注意到 $\gamma = \max\limits_{w\in[0,M+1]}f'(w)$。于是, 函数 $f_\gamma(w)$ 在 $[0,M+1]$ 上是单调增加的。因此, 由 Fatou 引理, 进一步得到

$$w^\infty(x) \leqslant \int_0^\infty \mathrm{e}^{-\gamma s}\int_{\mathbf{R}^N}k(\mathrm{d}s,x,y)\left[f_\gamma(w^\infty(y))+\right.$$

$$\left.\int_{\mathbf{R}^N}k(\alpha,y,z)h(w^\infty(z),w_\infty(z))\mathrm{d}z\right]\mathrm{d}y \tag{8.3.4}$$

令

$$w^\infty \equiv \sup_{x\in\mathbf{R}^N}w^\infty(x), \quad w_\infty \equiv \inf_{x\in\mathbf{R}^N}w_\infty(x)$$

则

$$M + 1 \geqslant w^\infty \geqslant w_\infty \geqslant a > 0$$

于是, 由式 (8.3.4) 和引理 4.2.3, 则有

$$w^\infty \leqslant [f_\gamma(w^\infty) + h(w^\infty, w_\infty)] \int_0^\infty e^{-\gamma s} ds =$$

$$\frac{1}{\gamma} [\gamma w^\infty - f(w^\infty) + h(w^\infty, w_\infty)]$$

从而

$$f(w^\infty) \leqslant h(w^\infty, w_\infty) \tag{8.3.5}$$

类似地, 则有

$$f(w_\infty) \geqslant h(w_\infty, w^\infty) \tag{8.3.6}$$

由函数 h 的定义, 可以找到 $u, v \in [w_\infty, w^\infty] \subset (0, M+1]$, 使得

$$h(w^\infty, w_\infty) = b(u) \quad \text{和} \quad h(w_\infty, w^\infty) = b(v)$$

于是, 由式 (8.3.5) 和式 (8.3.6), 则有

$$b(u) \geqslant f(w^\infty) \geqslant f(u) \quad \text{和} \quad b(v) \leqslant f(w_\infty) \leqslant f(v) \tag{8.3.7}$$

从而

$$\frac{b(v)}{f(v)} \leqslant 1 = \frac{b(w^*)}{f(w^*)} \leqslant \frac{b(u)}{f(u)}$$

上式及函数 $b(w)/f(w)$ 在 $(0, M+1]$ 上的严格单调性意味着 $u \leqslant w^* \leqslant v$。此外, 由式 (8.3.5) 和式 (8.3.6), 也有

$$b(u) \geqslant f(w^\infty) \geqslant f(v) \quad \text{和} \quad b(v) \leqslant f(w_\infty) \leqslant f(u)$$

因此, 性质 (P8.3.1) 意味着

$$u = v = w^*$$

故, 由式 (8.3.7), 可得

$$w^\infty = w_\infty = w^*$$

再由

$$w^\infty \geqslant w^\infty(x) \geqslant w_\infty(x) \geqslant w_\infty, \ x \in \mathbf{R}^N$$

可进一步获得

$$w^\infty(x) = w_\infty(x) = w^*, \quad x \in \mathbf{R}^N$$

这意味着

$$\lim_{t \to \infty} w(t, x) = w^*, \quad x \in \mathbf{R}^N \tag{8.3.8}$$

现在, 只剩下证明

$$\lim_{t\to\infty} \|w_t(\varphi) - w^*\|_{co} = 0$$

即证明, 对任意 $\varepsilon > 0$, 存在 $t_0 > \tau + 1$, 使得

$$\sum_{n=1}^{+\infty} 2^{-n} \sup_{|x| \leqslant n} |w(t+s, x, \varphi) - w^*| < \varepsilon \qquad (8.3.9)$$

对所有 $s \in [-\tau, 0]$ 和 $t \in (t_0, +\infty)$ 都成立。由于幂级数 $\sum_{n=1}^{+\infty} 2^{-n}$ 是收敛的, 于是, 对上述 $\varepsilon > 0$, 存在 $N_0 > 1$, 使得

$$\sum_{n=N_0+1}^{+\infty} 2^{-n} < \frac{1}{4(M+1)}\varepsilon$$

因此, 只需证明

$$\lim_{t\to\infty} w(t, x, \varphi) = w^*$$

对所有 $x \in B_{N_0}$ 一致成立, 即只需证明, 对上述 $\varepsilon > 0$, 存在 $t_1 > 1$, 使得

$$|w(t, x, \varphi) - w^*| < \frac{1}{2}\varepsilon \qquad (8.3.10)$$

对所有 $t \in (t_1, +\infty)$ 和 $x \in B_{N_0}$ 都成立, 这里 $B_{N_0} = \{x | x \in \mathbf{R}^N, |x| \leqslant N_0\}$。

为此, 首先证明 $\dfrac{w(t, x, \varphi)}{\partial t}$ 在 $[0, +\infty) \times B_{N_0}$ 上有界。事实上, 由式 (8.3.8) 和式 (8.2.1), 有

$$\lim_{t\to\infty} \frac{\partial w(t, x, \varphi)}{\partial t} = 0, \quad \forall x \in B_{N_0} \qquad (8.3.11)$$

于是, 对任意 $y_0 \in B_{N_0}$, 存在 $t_{y_0} > 1$, 使得

$$\left| \frac{w(t, y_0, \varphi)}{\partial t} \right| \leqslant \frac{1}{2}$$

对所有 $t \in (t_{y_0}, +\infty)$ 都成立。又令

$$m_{y_0} = \max_{t \in [0, t_{y_0}]} \left| \frac{w(t, y_0, \varphi)}{\partial t} \right|$$

则

$$\left| \frac{w(t, y_0, \varphi)}{\partial t} \right| \leqslant m_{y_0} + \frac{1}{2}, \quad \forall t \in [0, +\infty)$$

由于 $\dfrac{w(t, x, \varphi)}{\partial t}$ 在 $(t, x) \in [0, +\infty) \times \mathbf{R}^N$ 上连续, 于是, 存在 $\delta_{y_0} > 0$, 使得

$$\left| \frac{w(t, x, \varphi)}{\partial t} \right| \leqslant m_{y_0} + 1, \quad \forall t \in [0, +\infty), \ x \in B(y_0, \delta_{y_0})$$

其中

$$B(y_0, \delta_{y_0}) = \{x | x \in \mathbf{R}^N, |x - y_0| < \delta_{y_0}\}$$

显然

$$B_{N_0} \subset \bigcup_{y_0 \in B_{N_0}} B(y_0, \delta_{y_0})$$

因此, 由 B_{N_0} 的紧性知, 存在 $y_1, y_2, \cdots, y_l \in B_{N_0}$, 使得

$$B_{N_0} \subset \bigcup_{i=1}^{l} B(y_i, \delta_{y_i})$$

这里 $B(y_i, \delta_{y_i}) = \{x | x \in \mathbf{R}^N, |x - y_i| < \delta_{y_i}\}$, $\delta_{y_i} > 0$, $i = 1, 2, \cdots, l$。令

$$m_0 = \max\{m_{y_1}, m_{y_2}, \cdots, m_{y_l}\}$$

其中 $m_{y_i} = \max\limits_{t \in [0, t_{y_i}]} \left| \dfrac{w(t, y_i, \varphi)}{\partial t} \right|$, $t_{y_i} > 1$, $i = 1, 2, \cdots, l$。则

$$\left| \frac{w(t, x, \varphi)}{\partial t} \right| \leqslant m_0 + 1 \tag{8.3.12}$$

对所有 $t \in [0, +\infty)$ 和 $x \in B_{N_0}$ 都成立。

另一方面, 由式 (8.3.8) 知, 对上述 $\varepsilon > 0$ 以及给定的 $x_0 \in B_{N_0}$, 存在 $t_{x_0} > 1$, 使得

$$|w(t, x_0, \varphi) - w^*| < \frac{1}{4}\varepsilon, \quad \forall t \in (t_{x_0}, +\infty) \tag{8.3.13}$$

再由式 (8.3.12) 知, 存在 $\delta_{x_0} > 0$, 使得

$$|w(t, x_0, \varphi) - w(t, x, \varphi)| < \frac{1}{4}\varepsilon, \quad \forall t \in (t_{x_0}, +\infty), \ x \in B(x_0, \delta_{x_0}) \tag{8.3.14}$$

其中 $B(x_0, \delta_{x_0}) = \{x | x \in \mathbf{R}^N, |x - x_0| < \delta_{x_0}\}$。于是, 由式 (8.3.13) 和式 (8.3.14), 则有

$$|w(t, x, \varphi) - w^*| < \frac{1}{2}\varepsilon, \quad \forall t \in (t_{x_0}, +\infty), \ x \in B(x_0, \delta_{x_0})$$

类似地, 由于 B_{N_0} 是紧的, 从而存在 $x_1, x_2, \cdots, x_m \in B_{N_0}$, 使得

$$B_{N_0} \subset \bigcup_{i=1}^{m} B(x_i, \delta_{x_i})$$

其中 $B(x_i, \delta_{x_i}) = \{x | x \in \mathbf{R}^N, |x - x_i| < \delta_{x_i}\}$, $\delta_{x_i} > 0$, $i = 1, 2, \cdots, m$。令

$$t_1 = \max\{t_{x_1}, t_{x_2}, \cdots, t_{x_m}\} > 1$$

对上述 $\varepsilon > 0$, 则有

$$|w(t, x, \varphi) - w^*| < \frac{1}{2}\varepsilon$$

对所有 $t \in (t_1, +\infty)$ 和 $x \in B_{N_0}$ 都成立, 即式 (8.3.10) 成立。定理 8.3.1 证毕。

注 8.3.1　在取 $N = 1$, $f(w) = \beta w$ 及 $d \geqslant 0$ 的特殊情形下, 定理 8.3.1 获得的方程式 (8.2.1) 的空间齐次平衡点的全局吸引性已在文献 [158, 159] 中用一种非常不同的方法证明。

8.4　例子

本节的主要介绍两个例子来证明本章获得的主要结果。

例 8.4.1(So 等人 [118, 158, 159])　考虑方程式 (8.2.1) 取 $N = 1$, $\tau = 1$ 及 $f(w) = \beta w$ 的情形, 即

$$\left. \begin{array}{l} \dfrac{\partial w(t,x)}{\partial t} = d\Delta w(t,x) - \beta w(t,x) + \displaystyle\int_{\mathbf{R}} k(\alpha,x,y) b(w(t-1,y)) \mathrm{d}y \\[4mm] w(t,x) = \varphi(t,x) \geqslant 0, \qquad t \in [-1,0],\ x \in \mathbf{R} \end{array} \right\} \tag{8.4.1}$$

其中 β 是一个正常数。

在这种情形下, 我们把假设 (H8.2.2), (H8.2.4) 和 (H8.3.1) 替换为如下假设:

(H8.4.1) 存在一个正数 M 使得 $\overline{b}(w) < \beta w$ 对所有 $w > M$ 都成立, 其中 $\overline{b}(w) = \max\limits_{u \in [0,w]} b(u)$。

(H8.4.2) $b'(0) > \beta$, $\dfrac{b(w)}{w}$ 在 $(0, M+1]$ 上严格递减, 且函数 $b(w)$ 满足如下性质:

(P8.4.1) 当 $u, v \in (0, M+1]$, $u \leqslant w^* \leqslant v$, $\beta u \geqslant b(v)$ 及 $\beta v \leqslant b(u)$ 时, 总有 $u = v$。

于是, 由引理 8.2.2 和定理 8.3.1, 有如下结果。

定理 8.4.1　假设 (H8.4.1) 和 (H8.4.2) 成立。则如下两个论述是正确的。

(i) 如果 $b'(0) < \beta$, 则方程式 (8.4.1) 的零解在 $\mathcal{Y}^+$ 上关于通常的上确界范数是全局吸引的;

(ii) 如果 (H8.4.2) 成立, 则方程式 (8.4.1) 获得一个空间齐次平衡点 $w^* \in (0, M]$, 并且该平衡点 w^* 在 $\mathcal{Y}_{\mathrm{co}}^+ \backslash \{0\}$ 上关于紧开拓扑全局吸引。

例 8.4.2(Gourley 和 Kuang[31])　考虑方程式 (8.2.1) 取 $N = 1$, $f(w) = \beta w^2$ 及 $b(w) = \gamma w$ 的情形, 即

$$\left. \begin{array}{l} \dfrac{\partial w(t,x)}{\partial t} = d\Delta w(t,x) - \beta w^2(t,x) + \gamma \displaystyle\int_{\mathbf{R}} k(\alpha,x,y) w(t-\tau,y) \mathrm{d}y \\[4mm] w(t,x) = \varphi(t,x) \geqslant 0, \qquad t \in [-\tau,0],\ x \in \mathbf{R} \end{array} \right\} \tag{8.4.2}$$

其中, β 和 γ 是两个正常数。

于是, 由引理 8.2.2 和定理 8.3.1, 有如下结果。

定理 8.4.2　方程式 (8.4.2) 总有一个正常数平衡点 w^*, 并且该平衡点 w^* 在 $\mathcal{Y}_{\mathrm{co}}^+ \backslash \{0\}$ 上关于紧开拓扑全局吸引。

第 9 章 单调方法与非局部时滞反应扩散方程的稳定性

本章将运用单调迭代方法对一大类非局部时滞反应扩散方程解的存在性与稳定性进行研究。特别强调单调迭代方法在这类方程解的稳定性的研究中的重要意义。本章将证明一个很有趣的结果：通过运用单调迭代方法获得的每一个这类方程的平衡态都一定是稳定的，并且这类方程的所有稳定的平衡态都一定可以通过单调迭代方法来得到。

9.1 引言

无论是在理论方面还是在应用方面，非局部时滞反应扩散方程都引起了许多学者的注意并已有大量研究 (参见文献 [14, 15, 33–35, 122, 123, 149, 151, 161, 162, 165, 170, 171] 及其参考文献)。然而，关于这类方程平衡态的稳定性 (在 Lyapunov 意义下) 结果，特别是全局稳定性结果却非常少。现有的这类方程的研究结果主要集中在如下两方面：其一是针对无界区域情形下行波解及其传播速度；其二是针对有界区域情形下平衡态的吸引性问题。其原因在于：线性方法 (特征值方法) 研究这类方程平衡态的稳定性是困难的，而其他方法也不是特别有效。例如，Lyapunov 方法在理论上可以直接用来研究方程的稳定性，但对非局部时滞反应扩散方程而言，其适当的 Lyapunov 函数的构造通常是困难的；同样，不动点定理也能用来研究方程的稳定性，但选取适当的紧集是非常困难的；等等。

早在 1969 年，Keller 在文献 [50] 中引入了上下解方法。此后，上下解方法被广泛应用 (参见文献 [2, 45, 108, 110])。最近，上下解方法被用来研究解的存在性和解的渐近行为 [27, 75, 94, 97, 98, 104, 109, 164, 165]。很明显，由于这种单调迭代方法是构造性的，从而可以用来计算对应离散方程的数值解 [27, 75, 76, 95, 97]。

为了探索如何运用单调迭代方法来研究解的存在性与稳定性，本章将研究如下非局部时滞反应扩散方程：

$$
\left.
\begin{aligned}
&\frac{\partial w(t,x)}{\partial t} = Lw(t,x) + f(x, w(t,x), w(t-\tau, x)) + \\
&\qquad \int_{\Omega} g(x, y, w(t-\tau, y)) \mathrm{d}y, \ t > 0, \ x \in \Omega \\
&Bw(t,x) = 0, \ t > 0, \ x \in \partial\Omega \\
&w(t,x) = \phi(t,x), \ t \in [-\tau, 0], \ x \in \Omega
\end{aligned}
\right\}
\tag{9.1.1}
$$

其对应平衡态 (驻定解) 满足如下边值问题:

$$
\left.
\begin{aligned}
&-Lw(x) - f(x,w(x),w(x)) = \int_{\Omega} g(x,y,w(y))\mathrm{d}y, \ x \in \Omega \\
&Bw(x) = 0, \ x \in \partial\Omega
\end{aligned}
\right\}
\tag{9.1.2}
$$

其中, τ 是一个正常数, $\phi(t,x)$ 是初值函数, Ω 是 $\mathbf{R}^m$ 上的有界区域, 其边界为 $\partial\Omega$, L 是一个二阶一致椭圆算子, 即

$$
L = \sum_{i,j=1}^{m} a_{ij}(x)\frac{\partial^2}{\partial x_i \partial x_j} + \sum_{i=1}^{m} b_i(x)\frac{\partial}{\partial x_i}, \ x = (x_1, x_2, \cdots, x_m)
$$

并且 B 是如下边界算子之一:

$$
Bw = w
$$

和

$$
Bw = \frac{\partial w}{\partial \boldsymbol{n}} + \beta(x)w
$$

这里, $\partial/\partial\boldsymbol{n}$ 表示在 $\partial\Omega$ 上的关于单位外法向量的导数, $\beta \in C^{1+\alpha}(\partial\Omega)$, $\alpha \in (0,1)$。此外, 总是假设对所有 $x \in \partial\Omega$, 均有 $\beta(x) \geqslant 0$ 成立。

对 L 的系数, 假设是 Hölder 连续的, 并且矩阵 (a_{ij}) 在 $\overline{\Omega} = \Omega \bigcup \partial\Omega$ 上是一致正的, 也假设 Ω 的边界 $\partial\Omega$ 是 $C^{2+\alpha}$ 的。当然, 这个对 $\partial\Omega$ 的假设的条件还可以放宽一些。

为了讨论的需要, 假设函数 $f(x,u,w)$ 和 $g(x,y,w)$ 在 $x,y \in \overline{\Omega}$ 上关于 x 和 y 是 Hölder 连续的, 关于 u 和 w 是连续可微的, 在 $\mathbf{R}$ 的某个子区间上 Λ 上关于 w 是单调递增的。上述光滑性和单调性假设是为了保证在运用单调迭代程序时方程式 (9.1.2) 的经典解的存在性。

本章的目的主要是研究单调迭代方法的应用和强调单调迭代程序在探索方程式 (9.1.1) 解的存在性与稳定性中的重要意义。本章将证明一个非常有趣的结果: 通过运用单调迭代方法获得的每一个方程式 (9.1.1) 的平衡态都一定是稳定的, 并且方程式 (9.1.1) 的所有稳定的平衡态都一定可以通过单调迭代方法来得到。

事实上, Pao 等人已在文献 [94, 96–98] 中对时滞反应扩散方程进行了彻底研究, 获得了一些方程解的存在性与稳定性的充分条件, 建立了方程解的存在性与稳定性的理论框架。然而, 他们的理论方法和框架不适用于具有非局部反应项的方程式 (9.1.1)。原因在于, Pao 等人研究的方程是没有非局部项的, 这导致其理论框架很难用于非局部情形。为此, 本章通过建立一个新的最大值原则 (见引理 2.3.1) 和运用文献 [108] 中发展的一个技术克服这一困难。据目前的相关文献看, 这是首次强调单调迭代方法在研究非局部时滞反应扩散方程解的存在性与稳定性中的重要意义。

本章内容安排如下: 首先在 9.2 节和 9.3 节中分别介绍如何构造方程式 (9.1.1) 和式 (9.1.2) 的解。然后, 在 9.4 节中研究由单调迭代方法获得的方程式 (9.1.2) 的解 (也就是方程式 (9.1.1) 的平衡态) 的稳定性。由此得到一个有趣的结论: 通过运用单调迭代方法获得的每一个方程式 (9.1.1) 的平衡态都一定是稳定的, 并且方程式 (9.1.1) 的所有稳

定的平衡态都一定可以通过单调迭代方法来得到。进一步指出，上下解也提供了一个稳定区域的估计。最后，在 9.5 节中给出了三个种群动力学中的例子，用以验证本章所获得的主要结果。

9.2　椭圆边值问题解的构造

本节主要研究如何运用单调迭代方法构造边值问题式 (9.1.2) 的解。

设 $C^\alpha(\overline{\Omega})$ 是定义在 $\overline{\Omega}$ 上的具有指数为 $\alpha \in (0,1)$ 的 Hölder 连续函数空间。又设 $C^{2+\alpha}(\overline{\Omega})$ 是定义在 $\overline{\Omega}$ 上的具有如下性质的函数空间：空间中的每个函数都具有直到二阶的连续偏导数，且其二阶导数是具有指数为 α 的 Hölder 连续函数。对于其他函数空间和区域也有类似的记号。记 $\mathcal{X} = C^{2+\alpha}(\overline{\Omega})$，$\mathcal{Y} = C^\alpha(\overline{\Omega})$。于是，我们有如下定义。

定义 9.2.1　如果一个函数 $\widetilde{w}_s \in \mathcal{X}$ 满足

$$\left.\begin{array}{l} -L\widetilde{w}_s(x) - f(x, \widetilde{w}_s(x), \widetilde{w}_s(x)) \geqslant \displaystyle\int_\Omega g(x, y, \widetilde{w}_s(y))\mathrm{d}y, \quad x \in \Omega \\[2mm] B\widetilde{w}_s(x) \geqslant 0, \quad x \in \partial\Omega \end{array}\right\} \tag{9.2.1}$$

则称函数 $\widetilde{w}_s$ 为方程式 (9.1.2) 的一个上解。类似的，如果一个函数 $\widehat{w}_s \in \mathcal{X}$ 满足式 (9.2.1) 中不等号都反号的情形，则称函数 $\widehat{w}_s$ 为方程式 (9.1.2) 的一个下解。

接下来给出的定理的证明思路完全类似于文献 [108] 中定理 2.1 的，并且该证明思路的原创是由数学家 Amann 在文献 [2] 中给出的。由于完整性的原因，我们在这里仍然给出完整的证明，且最后的收敛性讨论是直接基于正则椭圆边值问题的 L_p 估计[1]。

定理 9.2.1　设 $\widetilde{w}_s$ 和 $\widehat{w}_s$ 分别为方程 (9.1.2) 的上解和下解，且满足 $\widehat{w}_s \leqslant \widetilde{w}_s$。则方程式 (9.1.2) 至少存在一个正则解 w_s^*，且满足 $\widehat{w}_s \leqslant w_s^* \leqslant \widetilde{w}_s$。

证明　令

$$\Lambda = \left\{ z \in \mathbf{R} \,\middle|\, \min_{x \in \overline{\Omega}} \widehat{w}_s(x) \leqslant z \leqslant \max_{x \in \overline{\Omega}} \widetilde{w}_s(x) \right\} \tag{9.2.2}$$

如果 $\min\limits_{x \in \overline{\Omega}} \widehat{w}_s(x) = \max\limits_{x \in \overline{\Omega}} \widetilde{w}_s(x)$，则定理结论显然成立。如果 $\min\limits_{x \in \overline{\Omega}} \widehat{w}_s(x) < \max\limits_{x \in \overline{\Omega}} \widetilde{w}_s(x)$，则 Λ 是 $\mathbf{R}$ 的一个闭区间。于是，可以假设：对所有 $x \in \Omega$ 和 $u, w \in \Lambda$，$\partial f(x, u, w)/\partial u$ 总是下方有界的。这就意味着，对所有 $x \in \Omega$ 和 $u, w \in \Lambda$，不等式

$$\frac{\partial f(x, u, w)}{\partial u} + K > 0 \tag{9.2.3}$$

对充分大的 $K \geqslant 0$ 是成立的。

对任意 $w \in \mathcal{Y}$，线性边值问题

$$\left.\begin{array}{l} -Lu(x) + Ku(x) = Kw(x) + f(x, w(x), w(x)) + \displaystyle\int_\Omega g(x, y, w(y))\mathrm{d}y, \quad x \in \Omega \\[2mm] Bu(x) = 0, \quad x \in \partial\Omega \end{array}\right\}$$

有唯一解 $u \in \mathcal{X}$ (参见文献 [58])。于是，我们能定义线性算子 $\mathcal{T}: \mathcal{Y} \to \mathcal{X} \subset \mathcal{Y}$, $\mathcal{T}w = u$。即 $\mathcal{T}: \mathcal{Y} \to \mathcal{X} \subset \mathcal{Y}$, 有

$$\left.\begin{array}{l}(\mathcal{T}w)(x) = (-L+K)^{-1}\left[Kw(x) + f(x, w(x), w(x)) + \int_\Omega g(x, y, w(y))\mathrm{d}y\right], \forall w \in \mathcal{Y} \\ B\mathcal{T}w(x) = 0, \ x \in \partial\Omega \end{array}\right\}$$

其中，$(-L+K)^{-1}$ 是算子 $(-L+K)$ 的逆算子。因此，由式 (9.2.3) 可知，算子 $\mathcal{T}$ 在 Collatz[17] 意义下 (如果 $w_1 \leqslant w_2$, 则 $\mathcal{T}w_1 \leqslant \mathcal{T}w_2$) 是单调的，并且作为一个从 $\mathcal{Y}$ 到 $\mathcal{Y}$ 的算子在序区间 $[\widehat{w}_s, \widetilde{w}_s]$ 上是全连续的。

定义 $\overline{w}_s^{(1)} = \mathcal{T}\widetilde{w}_s$, $\underline{w}_s^{(1)} = \mathcal{T}\widehat{w}_s$。接下来证明，$\overline{w}_s^{(1)} \leqslant \widetilde{w}_s$ 且 $\underline{w}_s^{(1)} \geqslant \widehat{w}_s$。为此，我们注意到

$$(-L+K)\overline{w}_s^{(1)}(x) = K\widetilde{w}_s(x) + f(x, \widetilde{w}_s(x), \widetilde{w}_s(x)) + \int_\Omega g(x, y, \widetilde{w}_s(y))\mathrm{d}y, \ x \in \Omega$$

则

$$(-L+K)(\overline{w}_s^{(1)} - \widetilde{w}_s) = K\widetilde{w}_s + f(\cdot, \widetilde{w}_s, \widetilde{w}_s) + \int_\Omega g(\cdot, y, \widetilde{w}_s(y))\mathrm{d}y + L\widetilde{w}_s - K\widetilde{w}_s =$$
$$L\widetilde{w}_s + f(\cdot, \widetilde{w}_s, \widetilde{w}_s) + \int_\Omega g(\cdot, y, \widetilde{w}_s(y))\mathrm{d}y \leqslant 0, \ x \in \Omega$$

于是，由强最大值原则可知 $\overline{w}_s^{(1)} \leqslant \widetilde{w}_s$。同理可证：$\underline{w}_s^{(1)} \geqslant \widehat{w}_s$。

由 $\overline{w}_s^{(1)} \leqslant \widetilde{w}_s$ 及算子 $\mathcal{T}$ 的单调性知，$\mathcal{T}\overline{w}_s^{(1)} \leqslant \mathcal{T}\widetilde{w}_s$。因此，再运用归纳法易得函数序列

$$\overline{w}_s^{(0)} = \widetilde{w}_s, \ \overline{w}_s^{(n)} = \mathcal{T}\overline{w}_s^{(n-1)}, \ \forall n = 1, 2, \cdots$$

是单调递减的。同理可得函数序列

$$\underline{w}_s^{(0)} = \widehat{w}_s, \ \underline{w}_s^{(n)} = \mathcal{T}\underline{w}_s^{(n-1)}, \ \forall n = 1, 2, \cdots$$

是单调递增的。

此外，对所有 $n = 1, 2, \cdots$, 总有 $\underline{w}_s^{(n)} \leqslant \overline{w}_s^{(n)}$ 及

$$\widehat{w}_s = \underline{w}_s^{(0)} \leqslant \underline{w}_s^{(1)} \leqslant \cdots \leqslant \underline{w}_s^{(n)} \leqslant \cdots \leqslant \overline{w}_s^{(n)} \leqslant \cdots \leqslant \overline{w}_s^{(1)} \leqslant \overline{w}_s^{(0)} = \widetilde{w}_s$$

事实上，假设 $\widehat{w}_s \leqslant \widetilde{w}_s$, 则 $\underline{w}_s^{(1)} \leqslant \overline{w}_s^{(1)}$。一般地，对给定的任意 k, 如果 $\underline{w}_s^{(k)} \leqslant \overline{w}_s^{(k)}$, 则有

$$\underline{w}_s^{(k+1)} = \mathcal{T}\underline{w}_s^{(k)} \leqslant \mathcal{T}\overline{w}_s^{(k)} = \overline{w}_s^{(k+1)}$$

于是，由归纳法便知上述论断成立。

由于函数列 $\{\underline{w}_s^{(n)}\}_{n=0}^\infty$ 和 $\{\overline{w}_s^{(n)}\}_{n=0}^\infty$ 都是单调有界的，从而逐点极限

$$\overline{w}_s(x) = \lim_{n\to\infty} \overline{w}_s^{(n)}(x) \ \text{和} \ \underline{w}_s(x) = \lim_{n\to\infty} \underline{w}_s^{(n)}(x)$$

都是存在的。

定义非线性算子 $\mathcal{S}: \mathcal{Y} \to \mathcal{Y}$, 有

$$(\mathcal{S}w)(x) = Kw(x) + f(x, w(x), w(x)) + \int_\Omega g(x, y, w(y)) dy, \forall w \in \mathcal{Y}$$

则算子 $\mathcal{T}$ 是线性算子 $(-L+K)^{-1}$ 与非线性算子 $\mathcal{S}$ 的复合。由函数 f 的连续性知, 对任意有界逐点收敛序列 $\{w_n\}$, $Kw_n + f(\cdot, w_n(\cdot), w_n(\cdot))$ 也是一个有界逐点收敛序列。从而, 对固定的点 x, $g(x, y, w_n(y))$ 关于 y 是逐点收敛的。于是, 由 Lebesgue 控制收敛定理知, $\left\{\int_\Omega g(x, y, w_n(y)) dy\right\}$ 关于 x 逐点收敛到一个有界函数。因此, 非线性算子 $\mathcal{S}$ 将有界逐点收敛序列映到逐点收敛序列。

由 L_p 估计, 对所有 p, $1 < p < \infty$, 线性算子 $(-L+K)^{-1}$ 将 $L_p(\Omega)$ 连续映入 Sobolev 空间 $W_{2,p}(\Omega)$ (参见文献 [1] 中的定理 15.2)。因此, 由 $\overline{w}_s^{(n)} = \mathcal{T}\overline{w}_s^{(n-1)}$ 以及 $\{\overline{w}_s^{(n)}\}_{n=0}^\infty$ 是一个有界逐点收敛序列知, 序列 $\{\overline{w}_s^{(n)}\}_{n=0}^\infty$ 在 $W_{2,p}$ 中也是收敛的。于是, 由嵌入引理 (参见文献 [91] 中的定理 3.6.6), 如果 $p > m$, 则 $W_{2,p}$ 被连续嵌入 $C^{1+\alpha}$ 中, 其中 $\alpha = 1 - m/p$。从而, 序列 $\{\overline{w}_s^{(n)}\}_{n=0}^\infty$ 在 $C^{1+\alpha}$ 中收敛。再由经典的正则椭圆边值问题 Schauder 估计可得, 序列 $\{\overline{w}_s^{(n)}\}_{n=0}^\infty$ 在 $C^{2+\alpha}$ 中也是收敛的。则有

$$\overline{w}_s = \lim_{n \to \infty} \overline{w}_s^{(n)} = \lim_{n \to \infty} \mathcal{T}\overline{w}_s^{(n-1)} = \mathcal{T} \lim_{n \to \infty} \overline{w}_s^{(n-1)} = \mathcal{T}\overline{w}_s$$

由 $\mathcal{T}$ 的连续性, 对 $\underline{w}_s$ 有完全类似的结果。故, $\overline{w}_s$ 和 $\underline{w}_s$ 是 $\mathcal{T}$ 的不动点, 并且它们都是 $C^{2+\alpha}(\Omega)$ 的, 其中, $0 < \alpha < 1$。于是, $\overline{w}_s$ 和 $\underline{w}_s$ 都是椭圆边值问题式 (9.1.2) 的正则解。

推论 9.2.1　在定理 9.2.1 的证明中构造的两个解 $\overline{w}_s$ 和 $\underline{w}_s$ 分别为序区间 $[\widehat{w}_s, \widetilde{w}_s]$ 上的最大解和最小解, 即, 如果 w 是边值问题式 (9.1.2) 满足 $\widehat{w}_s \leqslant w \leqslant \widetilde{w}_s$ 的任意解, 则 $\underline{w}_s \leqslant w \leqslant \overline{w}_s$。

证明　由 $w = \mathcal{T}w$, $\overline{w}_s^{(1)} = \mathcal{T}\overline{w}_s^{(0)} = \mathcal{T}\widetilde{w}_s$ 以及 $w \leqslant \widetilde{w}_s$, 易知 $w \leqslant \overline{w}_s^{(1)}$。于是, 由归纳法, 有 $w \leqslant \overline{w}_s^{(n)}$ 对所有 $n = 1, 2, \cdots$ 都成立。因此, $w \leqslant \overline{w}_s$。同理可得 $w \geqslant \underline{w}_s$。

9.3　初值问题解的构造

正如 9.2 节, 本节将主要运用上下解方法研究初值问题式 (9.1.1) 解的构造问题。

对任意有限的数 $T > 0$, 记 $Q_T = (0, T] \times \Omega$, $Q_0 = [-\tau, 0] \times \Omega$, $S_T = (0, T] \times \partial\Omega$ 以及 $D_T = [-\tau, T] \times \Omega$。对实数 $\alpha \in (0, 1)$ 及定义在 $\overline{D_T}$ 上的函数 $w(t, x)$, 定义

$$[w]_{\alpha/2, \alpha} = \sup_{\substack{(t,x),(s,y) \in \overline{D_T} \\ (t,x) \neq (s,y)}} \left(\frac{|w(t,x) - w(s,y)|}{|t-s|^{\alpha/2} + |x-y|^\alpha}\right)$$

具有有限的 $[\cdot]_{\alpha/2, \alpha}$ 的函数 $w(t, x)$ 全体构成一个 Banach 空间 $C^{\alpha/2, \alpha}(\overline{D_T})$, 并且其范数规定为

$$\|w\|_{\alpha/2, \alpha} = \sup_{(t,x) \in \overline{D_T}} |w(t, x)| + [w]_{\alpha/2, \alpha}$$

设 ∂_x^β 表示对应多重指标 $\beta = (\beta_1, \cdots, \beta_m)$ 关于 x 的导数。又设 ∂_t 表示关于 t 的导数。记 $C^{1+\alpha/2, 2+\alpha}(\overline{Q_T})$ 为定义在 $\overline{Q_T}$ 上的具有如下性质的函数全体构成的函数空间：这些函数关于 x 有二阶偏导数，关于 t 有一阶偏导数，其对应一阶偏导数和二阶偏导数均在其定义域上 Hölder 连续，且其范数规定为

$$\|w\|_{1+\alpha/2, 2+\alpha} = \sup_{(t,x)\in\overline{Q_T}} |w(t,x)| + \sum_{|\beta|\leqslant 2} \sup_{(t,x)\in\overline{Q_T}} |\partial_x^\beta w(t,x)| +$$
$$\sup_{(t,x)\in\overline{Q_T}} |\partial_t w(t,x)| + \sum_{|\beta|=2} [\partial_x^\beta w(t,x)]_{\alpha/2,\alpha} + [\partial_t w(t,x)]_{\alpha/2,\alpha}$$

函数空间 $C^{\alpha/2,\alpha}(\overline{D_T})$ 和 $C^{1+\alpha/2,2+\alpha}(\overline{Q_T})$ 都是 Banach 空间 (参见文献 [11,29])。我们也将需要使用连续函数空间 $C^{1,2}(\overline{Q_T})$。该函数空间是由定义在 $\overline{Q_T}$ 上的关于 $t \in [0,T]$ 一阶连续可微以及关于 $x \in \overline{\Omega}$ 二阶连续可微的函数全体构成，其范数为通常的上确界范数。又设 $\mathcal{X}_T = C^{1+\alpha/2,2+\alpha}(\overline{Q_T}) \bigcap C^{\alpha/2,\alpha}(\overline{D_T})$ 以及 $\mathcal{Y}_T = C^{\alpha/2,\alpha}(\overline{D_T})$，则有如下定义和引理。

定义 9.3.1 如果函数 $\widetilde{w} \in \mathcal{X}_T$ 满足

$$\left.\begin{array}{l} \dfrac{\partial \widetilde{w}(t,x)}{\partial t} \geqslant L\widetilde{w}(t,x) + f(x, \widetilde{w}(t,x), \widetilde{w}(t-\tau,x)) + \\[2mm] \qquad \displaystyle\int_\Omega g(x,y,\widetilde{w}(t-\tau,y))\mathrm{d}y, \ (t,x) \in Q_T \\[3mm] B\widetilde{w}(t,x) \geqslant 0, \ (t,x) \in S_T \\[2mm] \widetilde{w}(t,x) \geqslant \phi(t,x), \ (t,x) \in Q_0 \end{array}\right\} \tag{9.3.1}$$

则称函数 $\widetilde{w}$ 为初值问题式 (9.1.1) 的一个上解。类似地，如果函数 $\widehat{w} \in \mathcal{X}_T$ 满足式 (9.3.1) 中不等号全部反向的情形，则称该函数 $\widehat{w}$ 为初值问题式 (9.1.1) 的一个下解。

引理 9.3.1 设 $c, d_1 \in C(Q_T)$, $d_2 \in C(Q_T \times \Omega)$, 并且 $d_1, d_2 \geqslant 0$。如果函数 $z \in C^{1,2}(\overline{Q_T}) \bigcap C(\overline{D_T})$ 满足

$$\left.\begin{array}{l} \dfrac{\partial z(t,x)}{\partial t} - Lz(t,x) \geqslant c(t,x)z(t,x) + d_1(t,x)z(t-\tau,x) + \\[2mm] \qquad \displaystyle\int_\Omega d_2(t,x,y)z(t-\tau,y)\mathrm{d}y, \ (t,x) \in Q_T \\[3mm] Bz(t,x) \geqslant 0, \ (t,x) \in S_T \\[2mm] z(t,x) \geqslant 0, \ (t,x) \in Q_0 \end{array}\right\} \tag{9.3.2}$$

则 $z(t,x) \geqslant 0$ 对所有 $(t,x) \in \overline{Q_T}$ 都成立。

证明 由假设 $d_1, d_2 \geqslant 0$ 以及关系式 (9.3.2), 则有

$$\left.\begin{array}{l} \dfrac{\partial z(t,x)}{\partial t} - Lz(t,x) \geqslant c(t,x)z(t,x), \ (t,x) \in (0,\tau) \times \Omega \\[3mm] Bz(t,x) \geqslant 0, \ (t,x) \in (0,\tau] \times \partial\Omega \\[2mm] z(0,x) \geqslant 0, \ x \in \Omega \end{array}\right\} \tag{9.3.3}$$

从而, $z(t,x) \geqslant 0$ 对所有 $(t,x) \in [0,\tau] \times \overline{\Omega}$ 都成立 (参见文献 [96] 的 564 页). 于是, $z(t-\tau,x) \geqslant 0$ 对所有 $(t,x) \in [0,2\tau] \times \overline{\Omega}$ 都成立. 再由假设 $d_1, d_2 \geqslant 0$ 及关系式 (9.3.2) 知, 不等式式 (9.3.3) 在区间 $[0,\tau]$ 换成了更大的区间 $[0,2\tau]$ 后仍然成立. 这就导致 $z(t,x) \geqslant 0$ 对所有 $(t,x) \in [0,2\tau] \times \overline{\Omega}$ 都成立. 同样的做法继续下去便可得到, $z(t,x) \geqslant 0$ 对所有 $(t,x) \in [0,k\tau] \times \overline{\Omega}$ 都成立, 这里 $k = 1,2,\cdots$. 这就证明了 $z(t,x) \geqslant 0$ 对所有 $(t,x) \in \overline{Q_T}$ 都成立.

注 9.3.1　引理 9.3.1 给出了一个新的最大值原则. 这个原则使我们获得了如下重要的非局部时滞反应扩散方程的比较原则. 而这个比较原则在存在比较定理及初值问题式 (9.1.1) 的解的稳定性的证明中将起到非常关键的作用. 同时, 我们也指出, 非局部项中的时滞使我们能运用阶梯方法获得引理 9.3.1. 如果在非局部项中缺时滞, 则人们需要建立一个新的比较定理, 而这似乎不是一件容易的事情.

引理 9.3.2　假设函数 $w,u \in C^{1,2}(\overline{Q_T}) \bigcap C(\overline{D_T})$ 满足

$$\left.\begin{aligned}
&\frac{\partial w(t,x)}{\partial t} - Lw(t,x) - f(x,w(t,x),w(t-\tau,x)) - \int_{\Omega} g(x,y,w(t-\tau,y))\mathrm{d}y \geqslant \\
&\frac{\partial u(t,x)}{\partial t} - Lu(t,x) - f(x,u(t,x),u(t-\tau,x)) - \int_{\Omega} g(x,y,u(t-\tau,y))\mathrm{d}y, \ (t,x) \in Q_T \\
&Bw(t,x) \geqslant Bu(t,x), \ (t,x) \in S_T \\
&w(t,x) \geqslant u(t,x), \ (t,x) \in Q_0
\end{aligned}\right\} \tag{9.3.4}$$

则 $w(t,x) \geqslant u(t,x)$ 对所有 $(t,x) \in Q_T$ 都成立. 进一步, 如果 $w(t,x) \not\equiv u(t,x)$ 对 $(t,x) \in Q_0$ 成立, 则 $w(t,x) > u(t,x)$ 对所有 $(t,x) \in Q_T$ 都成立.

证明　令 $z = w - u$, 则有

$$\left.\begin{aligned}
&\frac{\partial z(t,x)}{\partial t} - Lz(t,x) \geqslant c(t,x)z(t,x) + d_1(t,x)z(t-\tau,x) + \\
&\qquad\qquad \int_{\Omega} d_2(t,x,y)z(t-\tau,y))\mathrm{d}y, \ (t,x) \in Q_T \\
&Bz(t,x) \geqslant 0, \ (t,x) \in S_T \\
&z(t,x) \geqslant 0, \ (t,x) \in Q_0
\end{aligned}\right\}$$

这里

$$c(t,x) = \left.\frac{\partial f(x,\xi,\eta)}{\partial \xi}\right|_{\xi=u(t,x)+\theta_1(w(t,x)-u(t,x)), \ \eta=u(t-\tau,x)+\theta_1(w(t-\tau,x)-u(t-\tau,x))}$$

$$d_1(t,x) = \left.\frac{\partial f(x,\xi,\eta)}{\partial \eta}\right|_{\xi=u(t,x)+\theta_1(w(t,x)-u(t,x)), \ \eta=u(t-\tau,x)+\theta_1(w(t-\tau,x)-u(t-\tau,x))}$$

并且

$$d_2(t,x,y) = \left.\frac{\partial g(x,y,\eta)}{\partial \eta}\right|_{\eta=u(t-\tau,y)+\theta_2(w(t-\tau,y)-u(t-\tau,y))}$$

其中, $\theta_1, \theta_2 \in (0, 1)$。于是, 由 $d_1, d_2 \geq 0$ 及引理 9.3.1 知引理结论成立。

引理 9.3.3 设 $\widetilde{w}$ 和 $\widehat{w}$ 是初值问题 (9.1.1) 的一对上下解, 则 $\widehat{w} \leq \widetilde{w}$。

证明 由定义 9.3.1 和引理 9.3.2 便知引理结论成立。

于是, 我们有如下存在比较定理。注意, 如下定理中的存在性和唯一性可以由文献 [86] 中的抽象结果直接导出。但由于完整性的原因, 我们在这里仍然给出完整的证明。

定理 9.3.1 设 $\widetilde{w}$ 和 $\widehat{w}$ 是初值问题式 (9.1.1) 的一对上下解。则初值问题式 (9.1.1) 有唯一解 $w^* \in [\widehat{w}, \widetilde{w}]$。并且存在两个函数序列 $\{\underline{w}^{(n)}\}_{n=0}^{\infty}$ 和 $\{\overline{w}^{(n)}\}_{n=0}^{\infty}$ 分别从上方和下方单调收敛于这个唯一解 w^* ($n \to \infty$)。

证明 记

$$\Lambda_T = \left\{ z \in \mathbf{R} \mid \min_{(t,x) \in D_T} \widehat{w}(t, x) \leq z \leq \max_{(t,x) \in D_T} \widetilde{w}(t, x) \right\}$$

可假设 $\partial f(x, u, w)/\partial u$ 对所有 $x \in \Omega$ 及 $u, w \in \Lambda_T$ 都是从下方有界的。于是, 如果 K 充分大, 则对所有 $x \in \Omega$ 及 $u, w \in \Lambda_T$, 均有

$$\frac{\partial f(x, u, w)}{\partial u} + K > 0$$

成立。又由于对任意 $w \in \mathcal{Y}_T$, 线性问题

$$\left.\begin{array}{l}
\dfrac{\partial u(t,x)}{\partial t} - Lu(t,x) + Ku(t,x) = Kw(t,x) + f(x, w(t,x), w(t-\tau, x)) + \\
\qquad\qquad\qquad\qquad\qquad \displaystyle\int_{\Omega} g(x, y, w(t-\tau, y)) \mathrm{d}y, \quad (t, x) \in Q_T \\
Bu(t,x) = 0, \quad (t, x) \in S_T \\
u(t,x) = \phi(t, x), \quad (t, x) \in Q_0
\end{array}\right\} \quad (9.3.5)$$

有唯一解 $u \in \mathcal{X}_T$ (参见文献 [29, 57]), 从而, 我们能定义线性算子 $\mathcal{K} : \mathcal{Y}_T \to \mathcal{X}_T \subset \mathcal{Y}_T$, $\mathcal{K}w = u$。显然, 如果 $\mathcal{K}$ 被作为一个从 $\mathcal{Y}_T$ 映到 $\mathcal{Y}_T$ 的算子, 则它在序区间 $[\widehat{w}, \widetilde{w}]$ 上是单调的 ($w_1 \leq w_2$ 意味着 $\mathcal{K}w_1 \leq \mathcal{K}w_2$) 和全连续的。

现在定义 $\overline{w}^{(1)} = \mathcal{K}\widetilde{w}$ 和 $\underline{w}^{(1)} = \mathcal{K}\widehat{w}$。接下来, 证明 $\overline{w}^{(1)} \leq \widetilde{w}$ 和 $\underline{w}^{(1)} \geq \widehat{w}$。事实上, 由式 (9.3.1) 以及

$$\left.\begin{array}{l}
\left(\dfrac{\partial}{\partial t} - L + K\right) \overline{w}^{(1)}(t,x) = K\widetilde{w}(t,x) + f(x, \widetilde{w}(t,x), \widetilde{w}(t-\tau, x)) + \\
\qquad\qquad\qquad\qquad\qquad \displaystyle\int_{\Omega} g(x, y, \widetilde{w}(t-\tau, y)) \mathrm{d}y, \quad (t, x) \in Q_T \\
B\overline{w}^{(1)}(t,x) = 0, \quad (t, x) \in S_T \\
\overline{w}^{(1)}(t,x) = \phi(t, x), \quad (t, x) \in Q_0
\end{array}\right\}$$

则有

$$\left(\frac{\partial}{\partial t} - L + K\right)(\overline{w}^{(1)}(t,x) - \widetilde{w}(t,x)) =$$

$$\left(-\frac{\partial}{\partial t} + L\right)\widetilde{w}(t,x) + f(x,\widetilde{w}(t,x),\widetilde{w}(t-\tau,x)) + \int_\Omega g(x,y,\widetilde{w}(t-\tau,y))\mathrm{d}y \leqslant 0,$$

$$(t,x) \in Q_T$$

及

$$\left.\begin{array}{l} B(\overline{w}^{(1)}(t,x) - \widetilde{w}(t,x)) \leqslant 0, \ \ (t,x) \in S_T \\[2mm] \overline{w}^{(1)}(t,x) - \widetilde{w}(t,x) \leqslant 0, \ \ (t,x) \in Q_0 \end{array}\right\}$$

由抛物方程的最大值原则 (参见文献 [96, 101]), 易知 $\overline{w}^{(1)} \leqslant \widetilde{w}$。同理可证 $\underline{w}^{(1)} \geqslant \widehat{w}$。

由 $\overline{w}^{(1)} \leqslant \widetilde{w}$ 及算子 $\mathcal{K}$ 的单调性, 可知 $\mathcal{K}\overline{w}^{(1)} \leqslant \mathcal{K}\widetilde{w}$。于是, 函数序列

$$\overline{w}^{(0)} = \widetilde{w}, \ \overline{w}^{(n)} = \mathcal{K}\overline{w}^{(n-1)}, \ \forall n = 1, 2, \cdots$$

是单调递减的。同理, 函数序列

$$\underline{w}^{(0)} = \widehat{w}, \ \underline{w}^{(n)} = \mathcal{K}\underline{w}^{(n-1)}, \ \forall n = 1, 2, \cdots$$

是单调增加的。此外, 我们断言: 对所有 $n = 1, 2, \cdots$, 均有 $\underline{w}^{(n)} \leqslant \overline{w}^{(n)}$ 成立, 并且

$$\widehat{w} = \underline{w}^{(0)} \leqslant \underline{w}^{(1)} \leqslant \cdots \leqslant \underline{w}^{(n)} \leqslant \cdots \leqslant \overline{w}^{(n)} \leqslant \cdots \leqslant \overline{w}^{(1)} \leqslant \overline{w}^{(0)} = \widetilde{w} \qquad (9.3.6)$$

事实上, 由引理 9.3.3, 可知 $\widehat{w} \leqslant \widetilde{w}$。于是 $\underline{w}^{(1)} \leqslant \overline{w}^{(1)}$。又假设 $\underline{w}^{(k)} \leqslant \overline{w}^{(k)}$ 对 $k \geqslant 1$ 成立, 则

$$\underline{w}^{(k+1)} = \mathcal{K}\underline{w}^{(k)} \leqslant \mathcal{K}\overline{w}^{(k)} = \overline{w}^{(k+1)}$$

因此, 由归纳法知上述断言为真。

由于函数序列 $\left\{\underline{w}^{(n)}\right\}_{n=0}^\infty$ 和 $\left\{\overline{w}^{(n)}\right\}_{n=0}^\infty$ 是单调有界的, 从而其逐点极限

$$\overline{w}(t,x) = \lim_{n\to\infty}\overline{w}^{(n)}(t,x) \quad \text{和} \quad \underline{w}(t,x) = \lim_{n\to\infty}\underline{w}^{(n)}(t,x)$$

都存在, 并满足如下关系式:

$$\widehat{w}(t,x) \leqslant \underline{w}(t,x) \leqslant \overline{w}(t,x) = \widetilde{w}(t,x), \ \ (t,x) \in Q_T$$

通过文献 [97] 中定理 3.1 或文献 [108] 中定理 3.1 的类似讨论可知, $\underline{w}(t,x)$ 和 $\overline{w}(t,x)$ 都是初值问题式 (9.1.1) 的经典解。

接下来, 我们将证明初值问题式 (9.1.1) 在序区间 $[\widehat{w}, \widetilde{w}]$ 上的经典解的唯一性。由式 (9.3.6), 可得 $\underline{w} \leqslant \overline{w}$。再由引理 9.3.2 (因为不等式在这种情形下成立), 有 $\underline{w} \geqslant \overline{w}$。因此,

$\underline{w} = \overline{w}$。如果 $w(t,x)$ 是初值问题式 (9.1.1) 的经典解，并且满足 $\widehat{w} \leqslant w \leqslant \widetilde{w}$，则 $w = \mathcal{K}w$。于是，由归纳原则知

$$\underline{w}^{(n)} = \mathcal{K}^n\widehat{w} \leqslant \mathcal{K}^n w = w \leqslant \mathcal{K}^n\widetilde{w} = \overline{w}^{(n)}$$

从而，由

$$\lim_{n\to\infty} \overline{w}^{(n)}(t,x) = \overline{w}(t,x) = \lim_{n\to\infty} \underline{w}^{(n)}(t,x) = \underline{w}(t,x)$$

知，结论成立。

由定理 9.3.1，可得如下推论。

推论 9.3.1 设 $\widetilde{w}_s$ 和 $\widehat{w}_s$ 是边值问题式 (9.1.2) 的一对上下解。则对任意满足

$$\widehat{w}_s(x) \leqslant \phi(t,x) \leqslant \widetilde{w}_s(x), \quad \forall t \in [-\tau, 0)$$

的函数 $\phi \in C^{\alpha/2,\alpha}(Q_0)$，以 ϕ 为初值的初边值问题式 (9.1.1) 有一个全局正则解 w，并且这个解 w 满足

$$\widehat{w}_s(x) \leqslant w(t,x) \leqslant \widetilde{w}_s(x), \quad \forall t \in [0, +\infty)$$

现在建立初值问题式 (9.1.1) 的解的某种单调性质。事实上，如果 $\widetilde{w}_s$ 是边值问题式 (9.1.2) 的一个上解，则正如我看到的那样，通过迭代，该上解 $\widetilde{w}_s$ 可以作为一个单调递减函数序列的首项。这里我们也将看到，如果把这个上解 $\widetilde{w}_s$ 作为初值问题式 (9.1.1) 的初值，则对应的解 w 关于时间 t 是单调递减的。

为此，设 $\widetilde{w}_s$ 是边值问题式 (9.1.2) 的一个上解，w 是初值问题式 (9.1.1) 的正则解，且取其初值为 ϕ，即

$$\phi(t,x) = \widetilde{w}_s(x), \quad \forall t \in [-\tau, 0]$$

由推论 9.3.1，则有

$$w(t,x) \leqslant \widetilde{w}_s(x), \quad \forall t \in [0, +\infty)$$

令 $h > 0$，定义

$$v_h(t,x) = \frac{w(t+h,x) - w(t,x)}{h}$$

则

$$v_h(t,x) \leqslant 0, \quad \forall t \in [-\tau, 0]$$

且函数 v_h 满足

$$\left.\begin{array}{l}\left(\dfrac{\partial}{\partial t} - L\right)v_h(t,x) = c_h(t,x)v_h(t,x) + d_{1,h}(t,x)v_h(t-\tau,x) + \\ \qquad\qquad \displaystyle\int_\Omega d_{2,h}(t,x,y)v_h(t-\tau,y))\mathrm{d}y, (t,x) \in Q_T \\ Bv_h(t,x) = 0, (t,x) \in S_T \\ v_h(t,x) \leqslant 0, (t,x) \in Q_0 \end{array}\right\}$$

这里

$$c_h(t,x) = \left.\frac{\partial f(x,\xi,\eta)}{\partial \xi}\right|_{\xi=\theta_1 w(t+h,x)+(1-\theta_1)w(t,x),\ \eta=\theta_1 w(t-\tau+h,x)+(1-\theta_1)w(t-\tau,x)}$$

$$d_{1,h}(t,x) = \left.\frac{\partial f(x,\xi,\eta)}{\partial \eta}\right|_{\xi=\theta_1 w(t+h,x)+(1-\theta_1)w(t,x),\ \eta=\theta_1 w(t-\tau+h,x)+(1-\theta_1)w(t-\tau,x)}$$

及

$$d_{2,h}(t,x,y) = \left.\frac{\partial g(x,y,\eta)}{\partial \eta}\right|_{\eta=\theta_2 w(t-\tau+h,y)+(1-\theta_2)w(t-\tau,y)}$$

其中, $\theta_1,\theta_2 \in (0,1)$。由引理 9.3.1, 有

$$v_h(t,x) \leqslant 0, \quad \forall t \in (0,+\infty)$$

可得

$$\frac{\partial w(t,x)}{\partial t} = \lim_{h\to 0} v_h(t,x) \leqslant 0, \quad \forall t \in (0,+\infty)$$

从而得到如下定理。

定理 9.3.2　如果初值问题式 (9.1.1) 的初值的取值为边值问题式 (9.1.2) 的上解, 则此时的初值问题式 (9.1.1) 的解关于时间单调递减。同样, 如果初值问题式 (9.1.1) 的初值的取值为边值问题式 (9.1.2) 的下解, 则此时的初值问题式 (9.1.1) 的解关于时间单调增加。

现在, 考虑将上下解的概念弱化, 使之与势能理论中的超谐波与次谐波函数的概念相对应。与算子 L 密切相关的是其伴随算子 L^*。定义该算子 L^* 的定义域为

$$\text{Dom}(L^*) = \big\{ \varphi|\ L^*\varphi \in L^2(\overline{\Omega})\ \text{且存在}\ \varphi^*\ \text{使得}$$
$$\langle Lw,\varphi\rangle = \langle w,\varphi^*\rangle\ \text{对所有}\ w \in \text{Dom}(L)\ \text{都成立}\big\}$$

其中, $\langle\cdot,\cdot\rangle$ 表示空间 $L^2(\overline{\Omega})$ 上的内积, 即

$$\langle \xi,\eta\rangle = \int_{\overline{\Omega}} \xi(y)\eta(y)\mathrm{d}y,\ \forall \xi,\eta \in L^2(\overline{\Omega})$$

如果 $\varphi \in \text{Dom}(L^*)$, 则记 $\varphi^* = L^*\varphi$。

注 9.3.2　一般说来, 一个微分算子作用的函数集将部分由其边界条件确定。在这种意义下, 边界条件是算子定义的一部分。通常, 微分算子 L 的伴随 L^* 可以由关系式

$$\int_{\Omega} vLu\mathrm{d}x = \int_{\Omega} uL^*v\mathrm{d}x$$

来计算和确定, 且 v 的必要的边界条件由分部积分及散度定理给出。只要 v 是一个光滑函数, 则以这种经典的方式确定的算子 L^* 与由对偶性定义的 L 的伴随是一致的。实践

中的伴随算子常常以某种方式限定或延拓其定义域。但对我们而言, 只要能把 L^* 等同于一个微分算子就可以了 (参见文献 [11])。例如, 令

$$Lu = \sum_{i,j=1}^{m} a_{ij}(x) \frac{\partial^2 u}{\partial x_i \partial x_j} + \sum_{i=1}^{m} b_i(x) \frac{\partial u}{\partial x_i}, \ x = (x_1, x_2, \cdots, x_m)$$

且其边界条件为齐次 Dirichlet 边界条件, 即

$$u = 0, \quad \forall x \in \partial\Omega$$

则算子 L^* 可以明确表述为

$$L^*v = \sum_{i,j=1}^{m} a_{ij}(x) \frac{\partial^2 v}{\partial x_i \partial x_j} - \sum_{i=1}^{m} b_i(x) \frac{\partial v}{\partial x_i}, \ x = (x_1, x_2, \cdots, x_m)$$

且其边界条件为齐次 Dirichlet 边界条件, 即

$$v = 0, \quad \forall x \in \partial\Omega$$

如果取算子 L 为

$$Lu = \sum_{i,j=1}^{m} a_{ij}(x) \frac{\partial^2 u}{\partial x_i \partial x_j}, \ x = (x_1, x_2, \cdots, x_m)$$

且其边界条件为 Robin 边界条件, 即

$$\frac{\partial u}{\partial \boldsymbol{n}} + \beta(x)u = 0, \quad \forall x \in \partial\Omega$$

则算子 L^* 的表达式及其边界条件与算子 L 完全相同。

定义算子 $\jmath : L^2(\overline{\Omega}) \to L^2(\overline{\Omega})$, 有

$$(\jmath w)(x) = f(x, w(x), w(x)) + \int_{\overline{\Omega}} g(x, y, w(y)) \mathrm{d}y, \ \forall w \in L^2(\overline{\Omega})$$

则有如下弱上 (下) 解的定义。

定义 9.3.2 如果 $\widetilde{w}_s$ 是区域 $\overline{\Omega}$ 上的有界可测函数, 且满足

$$\langle \widetilde{w}_s, \varphi^* \rangle + \langle \jmath \widetilde{w}_s, \varphi \rangle \leqslant 0, \ \forall \varphi \in \mathrm{Dom}(L^*) \tag{9.3.7}$$

则称函数 $\widetilde{w}_s$ 为边值问题式 (9.1.2) 的一个弱上解。类似地, 如果 $\widehat{w}_s$ 是区域 $\overline{\Omega}$ 上的有界可测函数, 且满足式 (9.3.7) 中不等号反向的情形, 则称函数 $\widehat{w}_s$ 为边值问题式 (9.1.2) 的一个弱下解。

于是, 我们有如下重要定理。该定理在研究初值问题式 (9.1.1) 的解的渐近行为中将有重要作用。

定理 9.3.3　设 $\widetilde{w}_s$ $(\widehat{w}_s)$ 是边值问题式 (9.1.2) 的弱上 (下) 解, 函数 w 为初值问题式 (9.1.1) 的正则解, 且其初值取值为函数 $\widetilde{w}_s(\widehat{w}_s)$。则

$$\partial w(t,x)/\partial t \leqslant 0(\geqslant 0), \quad \forall (t,x) \in (0,+\infty) \times \Omega$$

证明　记

$$\Lambda_{1,T} = \left\{ z \in \mathbf{R} \Big| \min_{(t,x) \in Q_T} w(t,x) \leqslant z \leqslant \max_{x \in \Omega} \widetilde{w}_s(x) \right\}$$

其中, 函数 $w(t,x)$ 是初值问题式 (9.1.1) 的解, 且其初值取值为边值问题式 (9.1.2) 的上解 $\widetilde{w}_s(x)$。选取适当的实数 $K > 0$ 使得

$$\partial f(x,\xi,\eta)/\partial \xi + K > 0, \quad \forall x \in \Omega, \ \xi, \eta \in \Lambda_{1,T}$$

考虑线性初边值问题

$$\left.\begin{array}{l} \left(\dfrac{\partial}{\partial t} - L + K\right) w_1(t,x) = K\widetilde{w}_s(x) + (\jmath\widetilde{w}_s)(x), \ (t,x) \in Q_T \\[2mm] Bw_1(t,x) = 0, \ (t,x) \in S_T \\[2mm] w_1(t,x) = \widetilde{w}_s(x), \ (t,x) \in Q_0 \end{array}\right\} \tag{9.3.8}$$

令 $\psi = \mathcal{T}\widetilde{w}_s$, 即

$$\psi(x) = (-L+K)^{-1}\left(K\widetilde{w}_s(x) + (\jmath\widetilde{w}_s)(x)\right)$$

又令 $u_1 = w_1 - \psi$。则由式 (9.3.8), 则有

$$\left.\begin{array}{l} \left(\dfrac{\partial}{\partial t} - L + K\right) u_1(t,x) = 0, \ (t,x) \in Q_T \\[2mm] Bu_1(t,x) = 0, \ (t,x) \in S_T \\[2mm] u_1(t,x) = \widetilde{w}_s(x) - \psi(x), \ (t,x) \in Q_0 \end{array}\right\} \tag{9.3.9}$$

从而, 对任意 $\varphi \in \mathrm{Dom}(L^*)$ 及 $\varphi > 0$, 均有

$$\langle \widetilde{w}_s - \psi, (L^* - K)\varphi \rangle = \langle (L-K)\widetilde{w}_s, \varphi \rangle - \langle (L-K)\psi, \varphi \rangle =$$

$$\langle (L-K)\widetilde{w}_s, \varphi \rangle + \langle K\widetilde{w}_s + \jmath\widetilde{w}_s, \varphi \rangle =$$

$$\langle \widetilde{w}_s, \varphi^* \rangle + \langle \jmath\widetilde{w}_s, \varphi \rangle \leqslant 0 \tag{9.3.10}$$

由式 (9.3.9), 式 (9.3.10) 以及文献 [108] 中的引理 3.5, 可得

$$\frac{\partial w_1(t,x)}{\partial t} = \frac{\partial u_1(t,x)}{\partial t} \leqslant 0, \quad \forall (t,x) \in Q_T \tag{9.3.11}$$

令 $u = w - w_1$，其中，函数 w 是初值问题式 (9.1.1) 的解，且其初值取值为边值问题式 (9.1.2) 的上解 $\widetilde{w}_s$。则有

$$
\left.
\begin{aligned}
&\left(\frac{\partial}{\partial t} - L\right) u(t,x) = f(x, u(t,x) + w_1(t,x), u(t-\tau,x) + w_1(t-\tau,x)) - (\jmath\widetilde{w}_s)(x) + \\
&\qquad K(w_1(t,x) - \widetilde{w}_s(x)) + \int_\Omega g(x,y,u(t-\tau,y) + w_1(t-\tau,y))\mathrm{d}y, \ (t,x) \in Q_T \\
&Bu(t,x) = 0, \ (t,x) \in S_T \\
&u(t,x) = 0, \ (t,x) \in Q_0
\end{aligned}
\right\}
$$

$$(9.3.12)$$

正如前述，取时间差分

$$
u_h(t,x) = \frac{u(t+h,x) - u(t,x)}{h} \quad \text{和} \quad w_{1,h}(t,x) = \frac{w_1(t+h,x) - w_1(t,x)}{h}
$$

由式 (9.3.12)，可得

$$
\left(\frac{\partial}{\partial t} - L\right) u_h(t,x) - f_1(t,x,u_h(t,x),u_h(t-\tau,x)) - \int_\Omega \eta_{2,h}(t,x,y) u_h(t-\tau,y)\mathrm{d}y =
$$

$$
f_2(t,x,w_{1,h}(t,x),w_{1,h}(t-\tau,x)) + \int_\Omega \eta_{2,h}(t,x,y) w_{1,h}(t-\tau,y)\mathrm{d}y, (t,x) \in Q_T
$$

这里

$$
f_1(t,x,u_h(t,x),u_h(t-\tau,x)) = \xi_h(t,x) u_h(t,x) + \eta_{1,h}(t,x) u_h(t-\tau,x)
$$

$$
f_2(t,x,w_{1,h}(t,x),w_{1,h}(t-\tau,x)) = (K + \xi_h(t,x)) w_{1,h}(t,x) + \eta_{1,h}(t,x) w_{1,h}(t-\tau,x)
$$

$$
\xi_h(t,x) = \left.\frac{\partial f(x,\xi,\eta)}{\partial \xi}\right|_{\xi=\theta_1 w(t+h,x)+(1-\theta_1)w(t,x), \ \eta=\theta_1 w(t-\tau+h,x)+(1-\theta_1)w(t-\tau,x)}
$$

$$
\eta_{1,h}(t,x) = \left.\frac{\partial f(x,\xi,\eta)}{\partial \eta}\right|_{\xi=\theta_1 w(t+h,x)+(1-\theta_1)w(t,x), \ \eta=\theta_1 w(t-\tau+h,x)+(1-\theta_1)w(t-\tau,x)}
$$

及

$$
\eta_{2,h}(t,x,y) = \left.\frac{\partial g(x,y,\eta)}{\partial \eta}\right|_{\eta=\theta_2 w(t-\tau+h,y)+(1-\theta_2)w(t-\tau,y)}
$$

其中，$\theta_1, \theta_2 \in (0,1)$。从而，由式 (9.3.11) 及

$$
w_1(t,x) = \widetilde{w}_s(x), \quad \forall (t,x) \in Q_0
$$

则有

$$
f_2(t,x,w_{1,h}(t,x),w_{1,h}(t-\tau,x)) + \int_\Omega \eta_{2,h}(t,x,y) w_{1,h}(t-\tau,y)\mathrm{d}y \leqslant 0, \ \forall (t,x) \in Q_T
$$

因此

$$\left(\frac{\partial}{\partial t} - L\right) u_h(t,x) - f_1(t,x,u_h(t,x),u_h(t-\tau,x)) - \int_\Omega \eta_{2,h}(t,x,y)u_h(t-\tau,y)\mathrm{d}y \leqslant 0$$

对所有 $(t,x) \in Q_T$ 都成立。此外

$$Bu_h(t,x) = 0, \quad \forall(t,x) \in S_T$$

且

$$u_h(t,x) = \frac{u(t+h,x) - u(t,x)}{h} = \frac{w(t+h,x) - w_1(t+h,x)}{h} \leqslant 0, \quad \forall(t,x) \in Q_0$$

最后的不等号成立是由于迭代单调递减到函数 w, 即

$$w_0(t,x) \geqslant w_1(t,x) \geqslant \cdots \geqslant w(t,x), \quad \forall t > 0$$

其中

$$w_0(t,x) = \widetilde{w}_s(x), \quad \forall(t,x) \in [-\tau,+\infty) \times \overline{\Omega}$$

因此, 运用引理 9.3.1 可知

$$u_h(t,x) \leqslant 0, \quad \forall t \in (0,+\infty)$$

故

$$\frac{\partial u(t,x)}{\partial t} = \lim_{h \to 0} u_h(t,x) \leqslant 0$$

对所有 $t \in (0,+\infty)$ 都成立。这就证明了

$$\partial w(t,x)/\partial t \leqslant 0, \quad \forall t \in (0,+\infty)$$

定理 9.3.4　设 $\widetilde{w}_s(x)$ 和 $\widehat{w}_s(x)$ 是边值问题式 (9.1.2) 的一对上下解。如果 $\overline{w}(t,x)$ 和 $\underline{w}(t,x)$ 分别为初边值问题式 (9.1.1) 在 Q_0 上取初值 $\phi(t,x) = \widetilde{w}_s(x)$ 和 $\phi(t,x) = \widehat{w}_s(x)$ 的解, 则当 $t \to +\infty$ 时, $\overline{w}(t,x)$ 从上方收敛到 $\overline{w}_s(x)$, $\underline{w}(t,x)$ 从下方收敛到 $\underline{w}_s(x)$。这里, $\overline{w}_s$ 和 $\underline{w}_s$ 是边值问题式 (9.1.2) 的解, 并且 $\underline{w}_s \leqslant \overline{w}_s$。

证明　由引理 9.3.2, 则有

$$\widehat{w}_s(x) \leqslant \underline{w}(t,x) \leqslant \overline{w}(t,x) \leqslant \widetilde{w}_s(x), \quad \forall(t,x) \in [0,+\infty) \times \Omega$$

再由定理 9.3.3, 可得

$$\partial\overline{w}(t,x)/\partial t \leqslant 0 \quad \text{和} \quad \partial\underline{w}(t,x)/\partial t \geqslant 0, \quad \forall(t,x) \in (0,+\infty) \times \Omega$$

从而, 函数 $\overline{w}(t,x)$ 关于 t 单调递减, 函数 $\underline{w}(t,x)$ 关于 t 单调递增。于是, 逐点极限

$$\underline{w}_s(x) = \lim_{t \to \infty} \underline{w}(t,x) \quad \text{和} \quad \overline{w}_s(x) = \lim_{t \to \infty} \overline{w}(t,x)$$

都存在。并且

$$\underline{w}_s(x) \leqslant \overline{w}_s(x), \quad \forall x \in \Omega$$

因此, 只需证明 $\overline{w}_s$ 和 $\underline{w}_s$ 是边值问题 (9.1.2) 的强解。

对任意 $\varphi \in Dom(L^*)$ 和 $t \in (0, +\infty)$, 则有

$$\int_{\overline{\Omega}} \frac{\partial \overline{w}(t,x)}{\partial t} \varphi(x) \mathrm{d}x =$$

$$\int_{\overline{\Omega}} \left[L\overline{w}(t,x) + f(x, \overline{w}(t,x), \overline{w}(t-\tau,x)) + \int_{\overline{\Omega}} g(x,y,\overline{w}(t-\tau,y))\mathrm{d}y \right] \varphi(x)\mathrm{d}x =$$

$$\int_{\overline{\Omega}} \overline{w}(t,x)\varphi^*(x)\mathrm{d}x + \int_{\overline{\Omega}} \left[f(x, \overline{w}(t,x), \overline{w}(t-\tau,x)) + \int_{\overline{\Omega}} g(x,y,\overline{w}(t-\tau,y))\mathrm{d}y \right] \varphi(x)\mathrm{d}x$$

两边同乘 $T^{-1} \int_0^T \mathrm{d}t$, 得

$$\int_{\overline{\Omega}} \delta_1(T,x)\varphi(x)\mathrm{d}x = \int_{\overline{\Omega}} \varphi^*(x)\delta_2(T,x)\mathrm{d}x + \int_{\overline{\Omega}} [\delta_3(T,x) + \delta_4(T,x)] \varphi(x)\mathrm{d}x \qquad (9.3.13)$$

其中

$$\delta_1(T,x) = \frac{\overline{w}(T,x) - \overline{w}(0,x)}{T}, \quad \delta_2(T,x) = \frac{1}{T}\int_0^T \overline{w}(t,x)\mathrm{d}t$$

$$\delta_3(T,x) = \frac{1}{T}\int_0^T f(x, \overline{w}(t,x), \overline{w}(t-\tau,x))\mathrm{d}t$$

且

$$\delta_4(T,x) = \frac{1}{T}\int_0^T \int_{\overline{\Omega}} g(x,y,\overline{w}(t-\tau,y))\mathrm{d}y\mathrm{d}t$$

此外

$$\lim_{T\to\infty} \delta_1(T,x) = 0, \quad \lim_{T\to\infty} \delta_2(T,x) = \overline{w}_s(x), \quad \lim_{T\to\infty} \delta_3(T,x) = f(x, \overline{w}_s(x), \overline{w}_s(x))$$

且

$$\lim_{T\to\infty} \delta_4(T,x) = \int_{\overline{\Omega}} g(x,y,\overline{w}_s(y))\mathrm{d}y$$

对每个 $i = 1, 2, 3, 4$, 函数 $\delta_i(T,x)$ 在 $T \to \infty$ 时总是一致有界的。因此, 由式 (9.3.13) 及 Lebesgue 控制收敛定理, 得

$$0 = \int_{\overline{\Omega}} \varphi^*(x)\overline{w}_s(x)\mathrm{d}x + \int_{\overline{\Omega}} \left[f(x, \overline{w}_s(x), \overline{w}_s(x)) + \int_{\overline{\Omega}} g(x,y,\overline{w}_s(y))\mathrm{d}y \right] \varphi(x)\mathrm{d}x$$

即

$$\langle \overline{w}_s, \varphi^* \rangle + \langle j\overline{w}_s, \varphi \rangle = 0$$

现在, 可断言, 如果

$$\langle w_s, \varphi^* \rangle + \langle \jmath w_s, \varphi \rangle = 0, \quad \forall \varphi \in \mathrm{Dom}(L^*)$$

则 w_s 是边值问题式 (9.1.2) 的经典解。为此, 注意到算子 L 和 L^* 都是可逆的。于是假设 $\pounds$ 是 L 的逆算子, $\pounds^*$ 是 L^* 的逆算子。令 $u_s = -\pounds \jmath w_s$, 则

$$\langle u_s, \varphi^* \rangle = -\langle \pounds \jmath w_s, L^* \varphi \rangle = -\langle \jmath w_s, \pounds^* L^* \varphi \rangle = -\langle \jmath w_s, \varphi \rangle$$

于是

$$\langle w_s - u_s, \varphi^* \rangle = 0, \quad \forall \varphi \in \mathrm{Dom}(L^*)$$

从而

$$w_s = u_s = -\pounds \jmath w_s$$

因此, 函数 w_s 是边值问题式 (9.1.2) 的一个弱解。为了证明 w_s 是一个强解, 还需要证明 w_s 的正则性。事实上, 由于算子 $\pounds$ 将 L_p 映入 $W_{2,p}$ 以及当 w_s 有界时 $\jmath w_s$ 也有界, 则再次运用文献 [1] 中的定理 15.2, 可得

$$w_s \in W_{2,p}(\Omega), \quad \forall p \in (1, +\infty)$$

由嵌入引理, 知 $w_s \in C^{1+\alpha}(\overline{\Omega})$ 对所有 $p \in (m, +\infty)$ 都成立。最后, 通过运用 Schauder 估计, 知 $w_s \in C^{2+\alpha}(\overline{\Omega})$。

9.4　解的稳定性

在这一节将证明凡是通过第 9.2 节的单调迭代方法得到的边值问题式 (9.1.2) 的解, 不需要对函数 f 和 g 附加任何额外条件, 都是稳定的。我们也将证明, 上下解可以用来估计稳定的程度。此外, 从对实际应用的角度考虑, 一个给定的解是否稳定是一件非常重要的事情。但如果从单调迭代方法的应用的角度考虑, 认识到唯有稳定解才能通过运用该方法得到也是非常重要的。其他可能存在但不稳定的解必须运用单调迭代方法以外的方法才能获得。

记 $\mathcal{C} = C([-\tau, 0], \mathcal{Y})$。对于任意连续函数 $w(\cdot) : [-\tau, \sigma) \to \mathcal{Y}$, $\sigma > 0$, 我们定义 $w_t \in \mathcal{C}$, $t \in [0, \sigma)$, 且有

$$w_t(s) = w(t+s), \quad \forall s \in [-\tau, 0]$$

并且其范数为

$$\|w_t\|_{\mathcal{C}} = \sup_{s \in [-\tau, 0]} \sup_{x \in \overline{\Omega}} |w(t+s, x)|$$

记

$$w(t, x) = w(t)(x), \quad \forall t \in [-\tau, \sigma), x \in \overline{\Omega}$$

定义 $F : \mathcal{C} \to \mathcal{Y}$,

$$F(\phi) = f(\cdot, \phi(0), \phi(-\tau)) + \int_{\overline{\Omega}} g(\cdot, y, \phi(-\tau)) \mathrm{d}y, \quad \forall \phi \in \mathcal{C}$$

则我们可以将初边值问题式 (9.1.1) 改写为如下非线性抽象泛函微分方程:

$$\left.\begin{aligned}
\frac{\mathrm{d}w(t)}{\mathrm{d}t} &= Aw(t) + F(w_t), \quad t \geqslant 0 \\
w_0 &= \phi \in \mathcal{C}
\end{aligned}\right\} \tag{9.4.1}$$

其中, A 是在 $\mathcal{Y}$ 上的算子半群 $\{T(t)\}_{t \geqslant 0}$ 的无穷小生成元, 其定义域为

$$\mathrm{Dom}(A) = \{w \in \mathcal{Y} \mid Lw \in \mathcal{Y}, Bw(x)|_{x \in \partial\Omega} = 0\}$$

且

$$Aw = Lw, \quad \forall w \in \mathrm{Dom}(A)$$

于是, 我们便可以给出如下稳定性的定义。

定义 9.4.1 设函数 w^* 是边值问题式 (9.1.2) 的一个解, $w(t, \phi)$ 是初值问题式 (9.1.1) 在取初值 ϕ 时的解。如果对任意 $\varepsilon > 0$, 存在 $\delta > 0$, 当 $\|\phi - w^*\|_{\mathcal{C}} < \delta$ 时, 均有

$$\|w(t, \phi) - w^*\|_\infty < \varepsilon, \quad \forall t \geqslant 0$$

则称初值问题式 (9.1.1) 的驻定解 (平衡态) w^* 是稳定的。这里

$$\|w(t, \phi) - w^*\|_\infty = \sup_{x \in \overline{\Omega}} |w(t, \phi)(x) - w^*(x)|$$

如果 w^* 不是稳定的, 则称它是不稳定的。如果 w^* 是稳定的并且存在 $\delta_0 > 0$, 当 $\|\phi - w^*\|_{\mathcal{C}} < \delta_0$ 时, 均有

$$\lim_{t \to +\infty} \|w(t, \phi) - w^*\|_\infty = 0$$

则称 w^* 是渐近稳定的。如果 w^* 是稳定的并且对任意 $\phi \in \mathcal{C}$, 均有

$$\lim_{t \to +\infty} \|w(t, \phi) - w^*\|_\infty = 0$$

则称 w^* 是全局渐近稳定的。

作为一个预备结果, 我们有如下定理。

定理 9.4.1 设 $\widetilde{w}_s(x)$ 和 $\widehat{w}_s(x)$ 是边值问题式 (9.1.2) 的一对上下解, $\overline{w}(t, x)$ 和 $\underline{w}(t, x)$ 为初值问题式 (9.1.1) 在 Q_0 上分别取初值为 $\phi(t, x) = \widetilde{w}_s(x)$ 和 $\phi(t, x) = \widehat{w}_s(x)$ 的解。如果 $w(t, x)$ 是初值问题式 (9.1.1) 在 Q_0 上取初值为 $\phi(t, x) = w_s(x)$ 的解, 并且 $\widehat{w}_s \leqslant w_s \leqslant \widetilde{w}_s$, 则

$$\underline{w}(t, x) \leqslant w(t, x) \leqslant \overline{w}(t, x), \quad \forall (t, x) \in (0, +\infty) \times \Omega$$

进一步, 如果 $w^* \in [\widehat{w}_s, \widetilde{w}_s]$ 是边值问题式 (9.1.2) 的一个解, 并且函数序列 $\{T^n \widetilde{w}_s\}_{n=1}^\infty$ 和 $\{T^n \widehat{w}_s\}_{n=1}^\infty$ 在 $n \to \infty$ 时分别从上方和下方收敛于 w^*, 则 w^* 是渐近稳定的, 并且当 $t \to +\infty$ 时, $w(t, x) \to w^*$。

证明　由引理 9.3.2, 知

$$\underline{w}(t,x) \leqslant w(t,x) \leqslant \overline{w}(t,x), \quad \forall (t,x) \in (0,+\infty) \times \Omega$$

再由定理 9.3.4, 可得, 当时间 t 趋于无穷大时, $\overline{w}(t,x)$ 将从上方单调收敛于 $\overline{w}_s(x)$, 而 $\underline{w}(t,x)$ 则从下方单调收敛于 $\underline{w}_s(x)$。如果 $\overline{w}_s(x) = \underline{w}_s(x)$, 则必有

$$w^*(x) = \overline{w}_s(x) = \underline{w}_s(x)$$

以及

$$\lim_{t \to +\infty} w(t,x) = w^*(x)$$

如果 $\overline{w}_s$ ($\underline{w}_s$) 产生一个收敛于 w^* 的单调递减 (增加) 的函数序列, 那么上述情形必然出现。特别地, 由推论 9.2.1 知, 如果函数序列 $\{\mathcal{T}^n \widetilde{w}_s\}_{n=1}^{\infty}$ 和 $\{\mathcal{T}^n \widehat{w}_s\}_{n=1}^{\infty}$ 在 $n \to \infty$ 时分别从上方和下方收敛于 w^*, 则 w^* 是渐近稳定的, 并且初值问题式 (9.1.1) 在 Q_0 上取初值为 $\phi(t,x) = w_s(x)$ 的解在 $t \to +\infty$ 时必趋于 w^*, 这里 $\widehat{w}_s \leqslant w_s \leqslant \widetilde{w}_s$。

我们指出, 定理 9.4.1 的逆也成立。即, 如果 w^* 是边值问题 (9.1.2) 的解, 则它可以由某对上下解的极限获得。为此, 我们考虑线性特征值问题

$$\left. \begin{array}{l} Lw(x) + \mathcal{L}_w(w^*)w(x) = \lambda w(x), \quad x \in \Omega \\ Bw(x) = 0, \quad x \in \partial\Omega \end{array} \right\} \tag{9.4.2}$$

其中

$$\mathcal{L}_w(w^*)w = f_{1,w}(\cdot, w^*, w^*)w + f_{2,w}(\cdot, w^*, w^*)w + \int_{\overline{\Omega}} g_w(\cdot, y, w^*(y))w(y)\mathrm{d}y$$

$$f_{1,w}(\cdot, w^*, w^*) = \left. \frac{\partial f(\cdot, u, w)}{\partial u} \right|_{u=w^*,\ w=w^*}$$

$$f_{2,w}(\cdot, w^*, w^*) = \left. \frac{\partial f(\cdot, u, w)}{\partial w} \right|_{u=w^*,\ w=w^*}$$

且

$$g_w(\cdot, y, w^*) = \left. \frac{\partial g(\cdot, y, w)}{\partial w} \right|_{w=w^*}$$

线性方程式 (9.4.2) 可以改写为 $\mathcal{T}w = \lambda w$。其中, $\mathcal{T} = L + \mathcal{L}_w(w^*) : \mathcal{X} \to \mathcal{Y}$。由著名 Krein-Rutman 定理 (参见文献 [3] 中的定理 3.2) 以及线性算子扰动理论 (参见文献 [49] 的第 4 章的 4.3.5 小节和第 7 章的 7.6 节) 可知, 算子 $\mathcal{T}$ 的简单特征值 λ_0 有一个相应正特征函数 $\varphi_0 > 0$。事实上, 对每一个 $\varepsilon \in \mathbf{R}$, 考虑线性特征值问题

$$\left. \begin{array}{l} \mathcal{L}_1(\varepsilon)w(x) = \lambda(\varepsilon)\mathcal{K}_1(\varepsilon)w(x), \quad x \in \Omega \\ Bw(x) = 0, \quad x \in \partial\Omega \end{array} \right\} \tag{9.4.3}$$

其中

$$
\mathcal{L}_1(\varepsilon)w = \begin{cases} -Lw + (M - f_{1,w}(\cdot, w^*, w^*) - f_{2,w}(\cdot, w^*, w^*))w + \varepsilon w, & \text{如果 } \varepsilon \geqslant 0 \\ -Lw + (M - f_{1,w}(\cdot, w^*, w^*) - f_{2,w}(\cdot, w^*, w^*))w, & \text{如果 } \varepsilon < 0 \end{cases}
$$

$$
\mathcal{K}_1(\varepsilon)w = \begin{cases} Mw + \displaystyle\int_{\overline{\Omega}} g_w(\cdot, y, w^*(y))w(y)\mathrm{d}y, & \text{如果 } \varepsilon \geqslant 0 \\ Mw - \varepsilon w + \displaystyle\int_{\overline{\Omega}} g_w(\cdot, y, w^*(y))w(y)\mathrm{d}y, & \text{如果 } \varepsilon < 0 \end{cases}
$$

且

$$
M = \max_{x \in \Omega} |f_{1,w}(x, w^*(x), w^*(x))| + \max_{x \in \Omega} |f_{2,w}(x, w^*(x), w^*(x))|
$$

线性方程式 (9.4.3) 可以改写为

$$
\mathfrak{T}_1(\varepsilon)w = \frac{1}{\lambda(\varepsilon)}w
$$

其中, $\mathfrak{T}_1(\varepsilon) = (\mathcal{L}_1(\varepsilon))^{-1}\mathcal{K}_1(\varepsilon) : \mathcal{Y} \to \mathcal{X} \subset \mathcal{Y}$。由 Krein-Rutman 定理, 算子 $\mathfrak{T}_1(\varepsilon)$ 的简单特征值 $\lambda^*(\varepsilon)$ 有一个相应正特征函数 $\varphi^*(\varepsilon) > 0$。于是

$$
\mathcal{L}_1(\varepsilon)\varphi^*(\varepsilon) = \lambda^*(\varepsilon)\mathcal{K}_1(\varepsilon)\varphi^*(\varepsilon) \tag{9.4.4}
$$

由式 (9.4.4) 及线性算子扰动理论, $\lambda^*(\varepsilon)$ 关于 ε 连续, 并且 $(0, +\infty) \subset \{\lambda^*(\varepsilon) | \varepsilon \in \mathbf{R}\}$ (参见文献 [49] 中的第 4 章的 4.3.5 小节和第 7 章的 7.6 节)。因此, 存在一个实数 ε_0 使得 $\lambda^*(\varepsilon_0) = 1$ 成立。令 $\lambda_0 = \lambda^*(\varepsilon_0)$, 且 $\varphi_0 = \varphi^*(\varepsilon_0)$, 则 λ_0 是算子 $\mathfrak{T}$ 的一个简单特征值, 并且该特征值有一个相应的正特征函数 φ_0。

从而, 可得如下定理。

定理 9.4.2 如果 $\lambda_0 < 0$, 则 w^* 是稳定的, 并且是一个上解序列从上方的极限和一个下解序列从下方的极限。如果 $\lambda_0 > 0$, 则 w^* 是不稳定的, 并且是一个下解序列从上方的极限和一个上解序列从下方的极限。

证明 对充分小的 $\varepsilon^2 > 0$, 则有

$$
L(w^* + \varepsilon\varphi_0) + \jmath(w^* + \varepsilon\varphi_0) = Lw^* + \jmath w^* + \varepsilon\mathfrak{T}\varphi_0 + o(1)\varepsilon = \varepsilon\lambda_0\varphi_0 + o(1)\varepsilon
$$

和

$$
B(w^* + \varepsilon\varphi_0) = Bw^* = 0
$$

其中, 当 $\varepsilon \to 0$ 时, 有 $o(1) \to 0$。显然, 对充分小的 $\varepsilon^2 > 0$, $o(1)\varepsilon$ 是 $\varepsilon\lambda_0\varphi_0$ 的高价无穷小量。于是, 由 $\varphi_0 > 0$ 知, 如果 $\lambda_0 < 0$, 则对任意 $\varepsilon > 0$, $w^* + \varepsilon\varphi_0$ 均为一个上解, 而对任意 $\varepsilon < 0$, $w^* + \varepsilon\varphi_0$ 均为一个下解。再由定理 9.4.1, 即得定理的第一部分结论。如果 $\lambda_0 > 0$, 则对任意 $\varepsilon < 0$, $w^* + \varepsilon\varphi_0$ 均为一个上解, 而对任意 $\varepsilon > 0$, $w^* + \varepsilon\varphi_0$ 均为一个下解。为了证明 w^* 的不稳定性, 令 w_δ 是初值问题式 (9.1.1) 的解, 且在 Q_0 上取值为 $w_\delta(t, x) = w^*(x) + \delta\varphi_0(x)$, 其中, $\delta > 0$。假设 δ 充分小, 使得 $w^* + \delta\varphi_0$ 是边值问题式 (9.1.2) 的一个下解, 则 $w_\delta(t, x)$ 关于 t 在 $t > 0$ 上单调增加。因此, 我们得到一个初值较小但不能保持较小的解。这便证明了其不稳定性。

注 9.4.1　事实上, 我们在定理 9.3.3 中仅仅证明了 $\partial w_\delta/\partial t \geqslant 0$。然而, $w_\delta(t,w)$ 要么对所有 $t > 0$ 都是有界的, 在这种情形下它将收敛到平衡态 $\underline{w}(x)$; 要么当 $t \to +\infty$ 时, $w_\delta(t,x) \to +\infty$。无论何种情形, 它都将随 t 的增加而增加。

注 9.4.2　如果仅仅知道 w^* 是上解从上方的极限, 那么在这种情形下能得到关于 w^* 的稳定性的一些什么结论呢? 首先, 很明显, 对从上方的充分小的扰动, w^* 是稳定的。其次, 我们断言: $\lambda_0 \leqslant 0$。反设 $\lambda_0 > 0$, 并且 $\{w_s^{(n)}\}_{n=1}^{\infty}$ 是一个从下方收敛到 w^* 的上解序列。则对小的 $\delta > 0$, 我们能构造一个下解 $w^* + \delta\varphi_0$ 使得 $w^* + \delta\varphi_0 \leqslant w_s^{(k)}$ 对某个给定的整数 k 成立。令 $w(t,x)$ 和 $w^{(k)}(t,x)$ 都是初值问题式 (9.1.1) 的解, 并且它们在 Q_0 上分别取值为 $w(t,x) = w^*(x) + \delta\varphi_0(x)$ 和 $w^{(k)}(t,x) = w_s^{(k)}(x)$。则当 $t \to +\infty$ 时, $w^{(k)}(t,x)$ 从上方单调收敛到 $w^*(x)$, 但 $w(t,x)$ 是单调递增的。这与引理 9.3.2 矛盾。

9.5　例子

本节给出三个经典例子来证明主要结果的应用。而这三个例子已被许多科研工作者在近期的文献中研究过 (参见文献 [31, 37, 151, 157, 161, 165, 171])。

例 9.5.1　考虑如下具有年龄结构的反应扩散种群模型:

$$
\left.
\begin{aligned}
&\frac{\partial w(t,x)}{\partial t} = d\Delta w(t,x) - \mu w^2(t,x) + \eta p \int_{\overline{\Omega}} \Gamma(\alpha,x,y)w(t-\tau,y)\mathrm{d}y, t > 0, x \in \Omega \\
&Bw(t,x) = 0, t > 0, x \in \partial\Omega \\
&w(t,x) = \phi(t,x), t \in [-\tau, 0], x \in \Omega
\end{aligned}
\right\}
$$
$$(9.5.1)$$

其中, $\tau > 0$ 是种群的成熟期, $w(t,x)$ 表示成年种群在时间 t 于 x 处的密度; $d > 0$ 表示成年种群的扩散率; 间接参数 η 和 α 分别定义为 $\eta = \mathrm{e}^{-\int_0^\tau \mu(a)\mathrm{d}a}$ 和 $\alpha = \int_0^\tau \mathrm{d}(a)\mathrm{d}a$ (这里 $\mu(a)$ 和 $d(a)$ 分别表示年龄 $a \geqslant 0$ 的未成年种群的死亡率和扩散率; μw^2 和 pw 分别是成年种群的死亡函数和出生函数); 这里 $\mu > 0$, $p > 0$, Δ 是定义在 $\mathbf{R}^m$ 上的 Laplace 算子; $\phi(t,x)$ 是正的初值函数; Ω 和 B 同 9.1 节; $\Gamma(\alpha,x,y)$ 由

$$
\Gamma(\alpha,x,y) =
\begin{cases}
\displaystyle\sum_{n=1}^{+\infty} \mathrm{e}^{-\lambda_n\alpha}\varphi_n(x)\varphi_n(y), & \text{如果 } \alpha > 0 \\
\delta(x-y), & \text{如果 } \alpha = 0
\end{cases}
$$
$$(9.5.2)$$

给出。这里, $0 \leqslant \lambda_1 < \lambda_2 \leqslant \cdots \leqslant \lambda_n \leqslant \cdots$ 是线性算子对应在 $\partial\Omega$ 上的边界条件 $Bw = 0$ 的特征值, 且满足 $\lim\limits_{n\to\infty} \lambda_n = +\infty$。$\varphi_n$ 是对应特征值 λ_n 的特征向量, 且 $\{\varphi_n\}_{n=1}^{\infty}$ 刚好构成空间 $L^2(\overline{\Omega})$ 的一个完全正交系。$\varphi_1(x) > 0$ 对所有 $x \in \Omega$ 都成立, 且 $\delta(x)$ 是在 $\mathbf{R}^m$ 上的 Dirac 函数[24, 171]。

显然, 模型式 (9.5.1) 是方程式 (9.1.1) 取 $f(x, w, u) = -\mu w^2$, $g(x, y, u) = \eta p \Gamma(\alpha, x, y)u$ (当 $\alpha > 0$ 时) 或者 $f(x, w, u) = -\mu w^2 + \eta p u$, $g(x, y, u) = 0$ (当 $\alpha = 0$ 时) 以及 $L = d\Delta$ 时的特别情形. 因此, 由推论 9.2.1、定理 9.4.1 和定理 9.4.2, 则有如下定理:

定理 9.5.1 (i) 如果 $d\lambda_1 \geqslant \eta p e^{-\lambda_1 \alpha}$, 则模型式 (9.5.1) 没有正平衡态.

(ii) 如果 $d\lambda_1 < \eta p e^{-\lambda_1 \alpha}$, 则模型式 (9.5.1) 的零解是不稳定的; 如果 $d\lambda_1 > \eta p e^{-\lambda_1 \alpha}$, 则模型 (9.5.1) 的零解是全局渐近稳定的.

(iii) 如果 $d\lambda_1 < \eta p e^{-\lambda_1 \alpha}$, 则模型式 (9.5.1) 有唯一正平衡态 w^*, 并且该平衡态是全局渐近稳定的.

证明 (i) 反设 $w = w^*(x)$ 是模型式 (9.5.1) 的一个正平衡态. 则

$$-d\Delta w^*(x) = -\mu w^{*2}(x) + \eta p \int_{\overline{\Omega}} \Gamma(\alpha, x, y) w^*(y) \mathrm{d}y \qquad (9.5.3)$$

令 $k_1 = \max\limits_{x \in \Omega} w^*(x)$, 并考虑线性特征值问题:

$$\left. \begin{aligned} &-d\Delta w(x) + \mu k_1 w(x) = \lambda \left(\mu k_1 w(x) + \eta p \int_{\overline{\Omega}} \Gamma(\alpha, x, y) w(y) \mathrm{d}y \right), \ x \in \Omega \\ &B w(x) = 0, \ x \in \partial\Omega \end{aligned} \right\} \qquad (9.5.4)$$

定义 $\mathcal{L}_1 : \mathcal{X} \to \mathcal{Y}$, 有

$$(\mathcal{L}_1 w)(x) = -d\Delta w(x) + \mu k_1 w(x), \ \forall w \in \mathcal{X}$$

和 $\mathcal{S}_1 : \mathcal{Y} \to \mathcal{Y}$, 有

$$(\mathcal{S}_1 w)(x) = \mu k_1 w(x) + \eta p \int_{\overline{\Omega}} \Gamma(\alpha, x, y) w(y) \mathrm{d}y, \ \forall w \in \mathcal{Y}$$

则线性方程式 (9.5.4) 可以改写为 $\mathfrak{T}_1 w = \dfrac{1}{\lambda} w$, 其中, $\mathfrak{T}_1 = \mathcal{L}_1^{-1} \mathcal{S}_1 : \mathcal{Y} \to \mathcal{X} \subset \mathcal{Y}$. 由文献 [165] 中的引理 2.3 及算子 $\mathcal{L}_1$ 的性质, 可知 $\mathfrak{T}_1$ 是一个 $C_e(\overline{\Omega})$ 上的强正紧自同态 (参见文献 [3]), 其中, e 是边值问题

$$\left. \begin{aligned} &-d\Delta w(x) + \mu k_1 w(x) = 1, \ x \in \Omega \\ &B w(x) = 0, \ x \in \partial\Omega \end{aligned} \right\} \qquad (9.5.5)$$

的唯一解, 且 $C_e(\overline{\Omega})$ 是具有序单位范数 $\| \cdot \|_e$ 的序单位 $e \in \mathcal{X}$ 诱导的 Banach 空间 (参见文献 [3]). 由著名的 Krein-Rutman 定理及其对强正线性算子的加强版 (参见文献 [3] 的定理 3.2) 知, 谱半径 $r(\mathfrak{T}_1)$ 是算子 $\mathfrak{T}_1$ 的具有正特征向量的简单特征值. 事实上, 很容易确定 $r(\mathfrak{T}_1)$ 为

$$r(\mathfrak{T}_1) = \frac{\mu k_1 + \eta p e^{-\lambda_1 \alpha}}{d\lambda_1 + \mu k_1}$$

现在, 定义 $\mathcal{S}_2 : \mathcal{Y} \to \mathcal{Y}$, 有

$$(\mathcal{S}_2 w)(x) = \mu k_1 w(x) - \mu w^*(x) w(x) + \eta p \int_{\overline{\Omega}} \Gamma(\alpha, x, y) w(y) \mathrm{d}y, \ \forall w \in \mathcal{Y}$$

并令 $\mathfrak{T}_2 = \mathcal{L}_1^{-1} \mathcal{S}_2 : \mathcal{Y} \to \mathcal{X} \subset \mathcal{Y}$. 显然, $\mathfrak{T}_2$ 也是 $C_e(\overline{\Omega})$ 上的一个强正紧自同态, 且对任意 $w \in C_e^+(\overline{\Omega})$, 均有 $\mathfrak{T}_2 w < \mathfrak{T}_1 w$. 再由文献 [3] 中的定理 2.3 知, $r(\mathfrak{T}_2) < r(\mathfrak{T}_1)$, 这里 $r(\mathfrak{T}_2)$ 是算子 $\mathfrak{T}_2$ 的谱半径. 于是, 有

$$r(\mathfrak{T}_2) < r(\mathfrak{T}_1) = \frac{\mu k_1 + \eta p \mathrm{e}^{-\lambda_1 \alpha}}{d \lambda_1 + \mu k_1} \leqslant 1$$

另外, 式 (9.5.3) 意味着 1 是算子 $\mathfrak{T}_2$ 的对应正特征向量 w^* 的特征值, 此与 $r(\mathfrak{T}_2) < 1$ 矛盾. 这就证明了模型式 (9.5.1) 在 $d\lambda_1 \geqslant \eta p \mathrm{e}^{-\lambda_1 \alpha}$ 时没有正平衡态.

(ii) 考虑边值问题

$$\left. \begin{array}{l} -d\Delta w(x) + \mu w^2(x) = \eta p \displaystyle\int_{\overline{\Omega}} \Gamma(\alpha, x, y) w(y) \mathrm{d}y, \ x \in \Omega \\[2mm] Bw(x) = 0, \ x \in \partial\Omega \end{array} \right\} \tag{9.5.6}$$

为了构造边值问题式 (9.5.6) 的上解, 我们取 $\widetilde{w}_s(x) \equiv M$, 其中 M 是一个充分大的正数. 令

$$\gamma = \max_{x \in \overline{\Omega}} \int_{\Omega} \Gamma(\alpha, x, y) \mathrm{d}y \tag{9.5.7}$$

则

$$-d\Delta \widetilde{w}_s(x) + \mu \widetilde{w}_s^2(x) - \eta p \int_{\overline{\Omega}} \Gamma(\alpha, x, y) \widetilde{w}_s(y) \mathrm{d}y =$$

$$\mu M^2 - \eta p M \int_{\overline{\Omega}} \Gamma(\alpha, x, y) \mathrm{d}y \geqslant M(\mu M - \eta p \gamma) > 0$$

这意味着 $\widetilde{w}_s$ 是边值问题式 (9.5.6) 的一个上解. 另一方面, $\widehat{w}_{s,0} \equiv 0$ 是边值问题式 (9.5.6) 的一个解. 于是, 由推论 9.2.1 知, 边值问题式 (9.5.6) 在序区间 $[\widehat{w}_{s,0}, \widetilde{w}_s]$ 上有一个最大解和一个最小解. 分别记这个最大解和这个最小解为 $\overline{w}_{s,0}(x)$ 和 $\underline{w}_{s,0}(x)$. 如果 $d\lambda_1 > \eta p \mathrm{e}^{-\lambda_1 \alpha}$, 则由部分 (i) 知

$$\overline{w}_{s,0}(x) = \underline{w}_{s,0}(x) \equiv 0$$

因此, 由定理 9.4.1 即得, 模型式 (9.5.1) 的零解在 $d\lambda_1 > \eta p \mathrm{e}^{-\lambda_1 \alpha}$ 时是全局渐近稳定的.

接下来, 我们将证明模型式 (9.5.1) 的零解在 $d\lambda_1 < \eta p \mathrm{e}^{-\lambda_1 \alpha}$ 时是不稳定的. 由式 (9.4.2), 我们需要考虑如下线性特征值问题:

$$\left. \begin{array}{l} d\Delta w(x) + \eta p \displaystyle\int_{\overline{\Omega}} \Gamma(\alpha, x, y) w(y) \mathrm{d}y = \lambda w(x), \ x \in \Omega \\[2mm] Bw(x) = 0, \ x \in \partial\Omega \end{array} \right\} \tag{9.5.8}$$

令 $\mathfrak{T}_3 : \mathcal{X} \to \mathcal{Y}$, 有

$$(\mathfrak{T}_3 w)(x) = d\Delta w(x) + \eta p \int_{\overline{\Omega}} \Gamma(\alpha, x, y) w(y) \mathrm{d}y, \; \forall w \in \mathcal{X}$$

则线性方程式 (9.5.8) 可以改写为 $\mathfrak{T}_3 w = \lambda w$。由文献 [3] 中的定理 3.2 和文献 [49] 中第 4 章的 4.3.5 小节及第 7 章的 7.6 节可知, 算子 $\mathfrak{T}_3$ 的简单特征值 λ_0 有一个正特征函数。事实上, 易得特征值 λ_0 的值为

$$\lambda_0 = -d\lambda_1 + \eta p \mathrm{e}^{-\lambda_1 \alpha}$$

由定理 9.4.2, 便得到, 如果 $\lambda_0 > 0$, 即 $d\lambda_1 < \eta p \mathrm{e}^{-\lambda_1 \alpha}$, 则模型式 (9.5.1) 的零解是不稳定的。

(iii) 由于 $d\lambda_1 < \eta p \mathrm{e}^{-\lambda_1 \alpha}$, 则对充分小的 σ, 有

$$d\lambda_1 + \mu\sigma h < \eta p \mathrm{e}^{-\lambda_1 \alpha}$$

其中, $h = \max\limits_{x \in \overline{\Omega}} \varphi_1(x)$。令 $\widehat{w}_s(x) = \sigma\varphi_1(x)$, 这里 $\sigma > 0$。于是有

$$
\begin{aligned}
& -d\Delta\widehat{w}_s(x) + \mu\widehat{w}_s^2(x) - \eta p \int_{\overline{\Omega}} \Gamma(\alpha, x, y)\widehat{w}_s(y)\mathrm{d}y = \\
& \sigma\left(d\lambda_1 + \mu\sigma\varphi_1(x) - \eta p \mathrm{e}^{-\lambda_1 \alpha}\right)\varphi_1(x) \leqslant \\
& \sigma\left(d\lambda_1 + \mu\sigma h - \eta p \mathrm{e}^{-\lambda_1 \alpha}\right)\varphi_1(x) < 0, \\
& \forall x \in \Omega
\end{aligned}
$$

这意味着 $\widehat{w}_s$ 是边值问题式 (9.5.6) 的一个下解。从而, 由推论 9.2.1 知, 边值问题式 (9.5.6) 在序区间 $[\widehat{w}_s, \widetilde{w}_s]$ 上有一个最大解和一个最小解。分别记这个最大解和这个最小解为 $\overline{w}_s(x)$ 和 $\underline{w}_s(x)$。

接下来, 我们证明边值问题式 (9.5.6) 在序区间 $[\widehat{w}_s, \widetilde{w}_s]$ 上正解的唯一性。事实上, 令 $w_s^{(0)}$ 是边值问题式 (9.5.6) 的任意正解, 且满足

$$\widehat{w}_s \leqslant w_s^{(0)} \leqslant \widetilde{w}_s$$

则 $w_s^{(0)}(x) \leqslant \overline{w}_s(x)$ 对所有 $x \in \overline{\Omega}$ 都成立。如果 $w_s^{(0)} \neq \overline{w}_s$, 则 $w_s^{(0)} < \overline{w}_s$ 在 Banach 空间 $\mathcal{X}$ 序的意义下成立。

令 $k = \max\limits_{x \in \Omega} \overline{w}_s(x)$, 并考虑特征值问题

$$
\left.
\begin{aligned}
& -d\Delta w(x) + \mu k w(x) = \lambda\left(\mu k w(x) - \mu\overline{w}_s(x)w(x) + \eta p \int_{\overline{\Omega}} \Gamma(\alpha, x, y)w(y)\mathrm{d}y\right), \; x \in \Omega \\
& w(x) = 0, \; x \in \partial\Omega
\end{aligned}
\right\}
$$

$$(9.5.9)$$

定义线性算子 $\mathcal{L} : \mathcal{X} \to \mathcal{Y}$, 有

$$(\mathcal{L}w)(x) = -d\Delta w(x) + \mu k w(x), \; \forall w \in \mathcal{X}$$

及算子 $\mathcal{S}_4 : \mathcal{Y} \to \mathcal{Y}$, 有

$$(\mathcal{S}_4 w)(x) = \mu k w(x) - \mu \overline{w}_s(x) w(x) + \eta p \int_{\overline{\Omega}} \Gamma(\alpha, x, y) w(y) \mathrm{d}y, \ \forall w \in \mathcal{Y} \tag{9.5.10}$$

又令 $\mathcal{T}_4 = \mathcal{L}^{-1} \mathcal{S}_4 : \mathcal{Y} \to \mathcal{X} \subset \mathcal{Y}$。显然, $\mathcal{T}_4$ 是 $C_e(\overline{\Omega})$ 上的一个强正紧自同态。由文献 [3] 中定理 3.2 知, 谱半径 $r(\mathcal{T}_4)$ 是具有正特征向量的特征值。而 $\overline{w}_s$ 是对应特征问题式 (9.5.9) 的特征值为 1 的正特征向量。于是, 我们有 $r(\mathcal{T}_4) = 1$。

类似地, 考虑特征值问题

$$\left.\begin{array}{l} -d\Delta w(x) + \mu k w(x) = \lambda \left(\mu k w(x) - \mu w_s^{(0)}(x) w(x) + \eta p \int_{\overline{\Omega}} \Gamma(\alpha, x, y) w(y) \mathrm{d}y \right), \ x \in \Omega \\ w(x) = 0, \ x \in \partial\Omega \end{array}\right\} \tag{9.5.11}$$

定义线性算子 $\mathcal{S}_5 : \mathcal{Y} \to \mathcal{Y}$, 有

$$(\mathcal{S}_5 w)(x) = \mu k w(x) - \mu w_s^{(0)}(x) w(x) + \eta p \int_{\overline{\Omega}} \Gamma(\alpha, x, y) w(y) \mathrm{d}y, \forall w \in \mathcal{Y} \tag{9.5.12}$$

以及算子 $\mathcal{T}_5 : \mathcal{Y} \to \mathcal{Y}$, $\mathcal{T}_5 = \mathcal{L}^{-1} \mathcal{S}_5$。则 $\mathcal{T}_5$ 也是 $C_e(\overline{\Omega})$ 上的一个强正紧自同态。由于 $w_s^{(0)}$ 是对应特征值问题式 (9.5.11) 的特征值为 1 的正特征向量, 从而可得 $r(\mathcal{T}_5) = 1$。然而, 由 $w_s^{(0)} < \overline{w}_s$ 知, $\mathcal{S}_5 w > \mathcal{S}_4 w$ 对所有 $w \in \mathcal{Y}$ 都成立。这意味着, 对任意 $w \in \mathcal{Y}$, 均有 $\mathcal{T}_5 w > \mathcal{T}_4 w$ 成立。由谱半径的单调性可得

$$1 = r(\mathcal{T}_5) > r(\mathcal{T}_4) = 1$$

这是一个矛盾。则有

$$w_s^{(0)}(x) \equiv \overline{w}_s(x), \quad \forall x \in \overline{\Omega}$$

即, $w_s^{(0)} = \overline{w}_s$。同理, $w_s^{(0)} = \underline{w}_s$。于是, 边值问题式 (9.5.6) 在序区间 $[\widehat{w}_s, \widetilde{w}_s]$ 上的正解的唯一性获证。由 $\sigma > 0$ 和 $M > 0$ 的任意性, 我们事实上已证明了模型式 (9.5.1) 有唯一正平衡态, 记它为 w^*。再运用定理 9.4.1 知, 该正平衡态 w^* 是全局渐近稳定的。

注 9.5.1 由定理 9.5.1 证明知, 当 $d\lambda_1 < \eta p \mathrm{e}^{-\lambda_1 \alpha}$ 时, 对充分小的 $\sigma > 0$, $\sigma\varphi_1$ 总是边值问题式 (9.5.6) 的一个下解。因此, 模型式 (9.5.1) 的零解在这种情况下是不稳定的。

例 9.5.2 考虑如下非局部时滞反应扩散 Nicholson 绿头苍蝇模型:

$$\left.\begin{array}{l} \dfrac{\partial w(t, x)}{\partial t} = d\Delta w(t, x) - \mu w(t, x) + \eta \int_{\Omega} \Gamma(\alpha, x, y) b_1(w(t - \tau, y)) \mathrm{d}y, t > 0, x \in \Omega \\ B w(t, x) = 0, t > 0, x \in \partial\Omega \\ w(t, x) = \phi(t, x), t \in [-\tau, 0], x \in \Omega \end{array}\right\} \tag{9.5.13}$$

这里, d, μ, η, τ, α, B, Ω, Γ 和 ϕ 同例 9.5.1, $b_1(w) = pw\mathrm{e}^{-qw}$ 是种群动力学中的 Ricker 出生函数, 其中 $p > 0$, $q > 0$ (参见文献 [66, 118])。

显然, 模型式 (9.5.13) 是在方程式 (9.1.1) 中取 $f(x,w,u) = -\mu w$, $g(x,y,u) = \eta\Gamma(\alpha,x,y)b_1(u)$ 或者 $f(x,w,u) = -\mu w + \eta b_1(u)$, $g(x,y,u) = 0$ 及 $L = d\Delta$ 时的特别情形。因此, 由推论 9.2.1, 定理 2.2.1, 定理 9.4.1 以及定理 9.4.2, 我们有下述定理。

定理 9.5.2 (i) 如果 $\eta p e^{-\lambda_1\alpha} \leqslant \mu + d\lambda_1$, 则模型式 (9.5.13) 没有正平衡态。

(ii) 如果 $\eta p e^{-\lambda_1\alpha} > \mu + d\lambda_1$, 则模型式 (9.5.13) 的零解不稳定; 如果 $\eta p e^{-\lambda_1\alpha} < \mu + d\lambda_1$, 则模型式 (9.5.13) 的零解全局渐近稳定。

(iii) 如果 $\mu + d\lambda_1 < \eta p e^{-\lambda_1\alpha}$ 且 $\mu \geqslant \eta p \gamma e^{-1}$, 则模型式 (9.5.13) 有唯一正平衡态 w^*, 且该平衡态 w^* 是渐近稳定的, 这里的 γ 由式 (9.5.7) 给出。

证明 (i) 该部分的结果可以由文献 [165] 中的定理 2.6 或者一个完全类似定理 9.5.1 中部分 (i) 的讨论得到。

(ii) 由 (2.4.2), 我们需要考虑如下线性特征值问题:

$$\left.\begin{array}{l} d\Delta w(x) - \mu w(x) + \eta p \displaystyle\int_{\overline{\Omega}} \Gamma(\alpha,x,y)w(y)\mathrm{d}y = \lambda w(x), \ x \in \Omega \\[3mm] Bw(x) = 0, \ x \in \partial\Omega \end{array}\right\} \quad (9.5.14)$$

定义算子 $\mathfrak{T}_6 : \mathcal{X} \to \mathcal{Y}$, 有

$$(\mathfrak{T}_6 w)(x) = d\Delta w(x) - \mu w(x) + \eta p \int_{\overline{\Omega}} \Gamma(\alpha,x,y)w(y)\mathrm{d}y, \ \forall w \in \mathcal{X}$$

则线性方程式 (9.5.14) 可以改写成 $\mathfrak{T}_6 w = \lambda w$。由文献 [3] 中的定理 3.2 和文献 [49] 中第 4 章的 4.3.5 节及第 7 章的 7.6 节知, 算子 $\mathfrak{T}_6$ 的简单特征值 λ_0 对应一个正特征函数。事实上, 易得该特征值 λ_0 的值为

$$\lambda_0 = -d\lambda_1 - \mu + \eta p e^{-\lambda_1\alpha}$$

由定理 9.4.2 知, 如果 $\lambda_0 > 0$, 即 $d\lambda_1 + \mu < \eta p e^{-\lambda_1\alpha}$, 则模型式 (9.5.13) 的零解是不稳定的。如果 $\lambda_0 < 0$, 即 $d\lambda_1 + \mu > \eta p e^{-\lambda_1\alpha}$, 则模型式 (9.5.13) 的零解是稳定的。

接下来, 将证明模型式 (9.5.13) 的零解在 $\eta p e^{-\lambda_1\alpha} < \mu + d\lambda_1$ 时是全局渐近稳定的。事实上, 我们考虑如下非局部时滞反应扩散方程:

$$\left.\begin{array}{l} \dfrac{\partial w(t,x)}{\partial t} = d\Delta w(t,x) - \mu w(t,x) + \eta p \displaystyle\int_{\overline{\Omega}} \Gamma(\alpha,x,y)w(t-\tau,y)\mathrm{d}y, t > 0, x \in \Omega \\[3mm] Bw(t,x) = 0, t > 0, x \in \partial\Omega \\[2mm] w(t,x) = \phi(t,x), t \in [-\tau, 0], x \in \Omega \end{array}\right\} \quad (9.5.15)$$

及其边值问题

$$\left.\begin{array}{l} -d\Delta w(x) + \mu w(x) = \eta p \displaystyle\int_{\overline{\Omega}} \Gamma(\alpha,x,y)w(y)\mathrm{d}y, x \in \Omega \\[3mm] Bw(x) = 0, x \in \partial\Omega \end{array}\right\} \quad (9.5.16)$$

一个完全类似于定理 9.5.1 中部分 (i) 的讨论可得, 如果 $\eta p\mathrm{e}^{-\lambda_1\alpha} < \mu + d\lambda_1$, 则边值问题式 (9.5.16) 没有正解。另一方面, 如果 $\eta p\mathrm{e}^{-\lambda_1\alpha} < \mu + d\lambda_1$, 则对任意 $\sigma > 0$, 均有

$$-d\sigma\Delta\varphi_1(x) + \mu\sigma\varphi_1(x) - \eta p\int_{\overline{\Omega}}\Gamma(\alpha,x,y)\sigma\varphi_1(y)\mathrm{d}y =$$
$$\sigma\left(d\lambda_1 + \mu - \eta p\mathrm{e}^{-\lambda_1\alpha}\right)\varphi_1(x) > 0$$

这意味着 $\sigma\varphi_1(x)$ 是边值问题式 (9.5.16) 的一个上解。于是, 由推论 9.2.1, 定理 9.4.1 及文献 [165] 中的引理 3.4 知, 当 $\eta p\mathrm{e}^{-\lambda_1\alpha} < \mu + d\lambda_1$, 方程式 (9.5.15) 和模型式 (9.5.13) 的零解都是全局渐近稳定的。

(iii)　如果 $\mu + d\lambda_1 < \eta p\mathrm{e}^{-\lambda_1\alpha}$, 则对充分小的 σ, 有 $\mu + d\lambda_1 < \eta p\mathrm{e}^{-\lambda_1\alpha-\sigma qh}$, 其中, $h = \max\limits_{x\in\overline{\Omega}}\varphi_1(x)$。令 $\widehat{w}_s(x) = \sigma\varphi_1(x)$, 这里 $\sigma > 0$。则当 σ 充分小时, 则有

$$-d\Delta\widehat{w}_s(x) + \mu\widehat{w}_s(x) - \eta\int_{\overline{\Omega}}\Gamma(\alpha,x,y)b_1(\widehat{w}_s(y))\mathrm{d}y =$$
$$-d\sigma\Delta\varphi_1(x) + \mu\sigma\varphi_1(x) - \eta p\int_{\overline{\Omega}}\Gamma(\alpha,x,y)\sigma\varphi_1(y)\mathrm{e}^{-q\sigma\varphi_1(y)}\mathrm{d}y \leqslant$$
$$\sigma\left(d\lambda_1 + \mu - \eta p\mathrm{e}^{-\lambda_1\alpha-\sigma qh}\right)\varphi_1(x) < 0$$

这意味着 $\widehat{w}_s(x)$ 是如下边值问题:

$$\left.\begin{array}{l}-d\Delta w(x) + \mu w(x) = \eta\int_{\overline{\Omega}}\Gamma(\alpha,x,y)b_1(w(y))\mathrm{d}y, x \in \Omega \\ Bw(x) = 0, x \in \partial\Omega\end{array}\right\} \tag{9.5.17}$$

的一个下解。接下来, 将证明当 $\mu \geqslant \eta p\gamma\mathrm{e}^{-1}$ 时, $\widetilde{w}_s(x) \equiv q^{-1}$ 是边值问题式 (9.5.17) 的一个上解。事实上

$$-d\Delta\widetilde{w}_s(x) + \mu\widetilde{w}_s(x) - \eta\int_{\overline{\Omega}}\Gamma(\alpha,x,y)b_1(\widetilde{w}_s(y))\mathrm{d}y =$$
$$\mu q^{-1} - \eta pq^{-1}\mathrm{e}^{-1}\int_{\overline{\Omega}}\Gamma(\alpha,x,y)\mathrm{d}y \geqslant$$
$$q^{-1}\left(\mu - \eta p\gamma\mathrm{e}^{-1}\right) \geqslant 0$$

由定理 9.2.1 知, 模型式 (9.5.13) 有一个正的平衡态 w^*, 并满足

$$\widehat{w}_s(x) \leqslant w^*(x) \leqslant \widetilde{w}_s(x), \quad \forall x \in \overline{\Omega}$$

由定理 9.4.1, 文献 [165] 中的推论 2 以及一个类似定理 9.5.1 的讨论知, 当 $\mu + d\lambda_1 < \eta p\mathrm{e}^{-\lambda_1\alpha}$ 且 $\mu \geqslant \eta p\gamma\mathrm{e}^{-1}$ 时, 模型式 (9.5.13) 有唯一正平衡态 w^*, 且该正平衡态 w^* 是渐近稳定的。

例 9.5.3　考虑如下非局部时滞反应扩散 Mackey-Glass 模型:

$$\left.\begin{array}{l}\dfrac{\partial w(t,x)}{\partial t}=d\Delta w(t,x)-\mu w(t,x)+\eta\displaystyle\int_{\overline{\Omega}}\Gamma(\alpha,x,y)b_2(w(t-\tau,y))\mathrm{d}y, t>0, x\in\Omega\\[4mm] Bw(t,x)=0, t>0, x\in\partial\Omega\\[2mm] w(t,x)=\phi(t,x), t\in[-\tau,0], x\in\Omega\end{array}\right\}$$

(9.5.18)

其中, d, μ, η, τ, α, B, Ω, Γ 和 ϕ 同例 9.5.1, $b_2(w)=\dfrac{pw}{q+w^l}$, 这里 $l>0$, $p>0$, $q>0$.

非线性函数 $b_2(w)$ 在文献 [85] 中表示血细胞的生产率, 并且该函数此后被广泛应用. 显然, 模型式 (9.5.18) 是方程式 (9.1.1) 取 $f(x,w,u)=-\mu w$, $g(x,y,u)=\eta\Gamma(\alpha,x,y)b_2(u)$ 或者 $f(x,w,u)=-\mu w+\eta b_2(u)$, $g(x,y,u)=0$ 及 $L=d\Delta$ 时的特别情形. 于是, 由推论 9.2.1, 定理 9.2.1, 定理 9.4.1 及定理 9.4.2, 我们有如下定理.

定理 9.5.3　(i) 如果 $q(\mu+d\lambda_1)\geqslant\eta pe^{-\lambda_1\alpha}$, 则模型式 (9.5.18) 没有正平衡态.

(ii) 如果 $q(\mu+d\lambda_1)<\eta pe^{-\lambda_1\alpha}$, 则模型式 (9.5.18) 的零解不稳定; 如果 $q(\mu+d\lambda_1)>\eta pe^{-\lambda_1\alpha}$, 则模型式 (9.5.18) 的零解全局渐近稳定.

(iii) 如果

$$\eta p\gamma(1-l^{-1})+qd\lambda_1<q(\mu+d\lambda_1)<\eta pe^{-\lambda_1\alpha}$$

则模型式 (9.5.18) 有唯一正平衡态 w^*, 并且该正平衡态 w^* 渐近稳定, 这里 γ 由式 (9.5.7) 给出. 进一步, 如果 $l\leqslant 1$, 则该正平衡态 w^* 全局渐近稳定.

证明　对 $l\leqslant 1$ 的情形, 其证明完全类似于定理 9.5.1, 而对 $l>1$ 的情形, 其证明又完全类似于定理 9.5.2. 因此, 证明从略.

第 10 章　总结与展望

10.1　总结

近几年来，由于时滞微分系统的广泛应用，越来越多的学者开始关注这类系统，特别是空间非局部时滞微分系统。本书主要应用上下解方法、波动方法、线性算子半群理论和耗散系统理论等理论方法，对空间非局部时滞微分系统的全局动力学行为进行研究。所获主要结果如下：

第 2 章利用最大值原则及上下解方法讨论了一类空间非局部时滞微分系统的全局动力学行为。运用上下解方法和通过引入放松变量化混拟单调系统为更高维拟单调系统，在拟单调增加和混拟单调的情形下，分别获得了系统平衡态全局吸引的一个充分条件。

第 3 章考虑了一类具有潜伏期和空间非局部影响的传染病模型的全局动力学行为。运用本书第 2 章的结果获得了该模型传染病是否流行的一个阈值结果。

第 4~6 章考虑了一类有界区域上空间非局部时滞种群模型的全局动力学行为。在非单调情形下，运用算子半群理论、耗散理论、上下解方法和波动方法等理论方法，以及对非局部项中核函数的精细分析，获得了该模型正平衡态的不存在性、存在唯一性和全局渐近稳定性。

第 7 章考虑了一类非单调时滞反应扩散方程解的渐近行为。通过发展一种新方法，即综合运用上下解方法、时滞微分方程的常数变易法以及对积分核的仔细估计，获得了方程唯一正平衡态的全局吸引性的一些充分条件。

第 8 章考虑了一类无界区域上具有年龄结构的非局部种群模型解的渐近行为。通过运用波动方法和紧开拓扑方法，获得了一个阈值型结果，并建立了模型正平衡态的全局吸引性。

第 9 章考虑一类空间非局部时滞反应扩散方程解的存在性与稳定性。特别强调单调迭代方法在这类方程解的稳定性研究中的意义。并得到了一个很有趣的结果，即凡是通过运用单调迭代方法获得的该方程的平衡态都是稳定的，且所有该方程的稳定平衡态都可以由单调迭代方法得到。

10.2　展望

空间非局部时滞微分系统的全局动力学行为的研究尚处于起步阶段，其研究方法和理论仍然很单一，研究成果也比较少，而对非单调情形则更少。因此，非局部时滞微分系统的全局动力学行为的研究有一定难度和挑战性，同时，急需研究的问题也很多。例如：

(1) 对于如下一类空间非局部时滞微分系统：

$$
\begin{aligned}
&\frac{\partial u_i}{\partial t} - L_i u_i = f_i(x, \boldsymbol{u}(t,x), \boldsymbol{u}_\tau(t,x)) + \\
&\qquad\qquad \int_\Omega g_i(x, y, \boldsymbol{u}(t,y), \boldsymbol{u}_\tau(t,y)) \mathrm{d}y, t > 0, x \in \Omega \\
&B_i u_i = h_i(t,x), \quad t > 0, \ x \in \partial\Omega \\
&u_i(t,x) = \phi_i(t,x), \quad t \in [-\tau_i, 0], x \in \Omega \\
&i = 1, 2, \cdots, m
\end{aligned}
$$

本书只考虑了拟单调和混拟单调的情形，而非拟单调的情形尚未考虑。事实上，现实生活中的多数空间非局部数学模型是非拟单调的，拟单调和混拟单调只是少部分或理想状态。因此，对非拟单调情形进行研究是非常有意义的。这方面的研究还有待深入。包括是否可以应用本书所介绍的方法将非拟单调系统化为高维混拟单调或拟单调系统，可否运用波动方法处理或其他方法处理等；转化之后，又如何寻找适当的上下解或拟上下解，等等。

(2) 对于一般空间非局部算子 (例如，$-\Delta u + \int_\Omega k(x,y)u(y)\mathrm{d}y$) 的逆算子的正性的研究。本书第 4 章和第 5 章主要是应用热核的性质来处理的。但这个问题是否有较一般的方法？本书作者曾经试图运用扰动理论和谱分析来处理，但没有成功。

参 考 文 献

[1] Agmon S, Douglis A, Nirenberg L. Estimates near the boundary for solutions of elliptic partial differential equations satisfying general boundary cinditions. I Comm Pure Appl Math, 1959(12): 623-727.

[2] Amann H. On the existence of positive solutions of nonlinear elliptic boundary value problems. Indiana Univ Math J, 1971(21): 125-146.

[3] Amann H. Fixed point equations and nonlinear eigenvalue problems in ordered Banach space. SIAM Review, 1976(18): 620-709.

[4] Angelov V G. Lossy transmission lines terminated by R-loads with exponential V-I characteristics. Nonlinear Anal RWA, 2007(8): 579-589.

[5] Brauer F. Absolute stability in delay equations. J Diff Eqns, 1987(69): 185-191.

[6] Brayton R K, Miranker W L. A stability theory for nonlinear mixed initial boundary value problems. Arch Ration Mech Anal, 1964(17): 358-376.

[7] Brayton R K, Moser J K. A theory of nonlinear networks-I. Quart Appl Math, 1964(22): 1-33.

[8] Brayton R K. Bifurcation of periodic solutions in a nonlinear difference-differential equations of neutral type. Quart Appl Math, 1966(24): 215-224.

[9] Brayton R K. Nonlinear oscillations in a distributed network. Quart Appl Math, 1967(24): 289-301.

[10] Burton T A. Perron-type stability theorem for neutral equations. Nonlinear Anal, 2003(55): 285-297.

[11] Cantrell R S, Cosner C. Spatial Ecology via Reaction-Diffusion Equations. Chichester: John Wiley & Sons Ltd, 2003.

[12] Ceron S S, Lopes O. α-contractions and attractors for dissipative semilinear hyperbolic equations and systems. Ann Mat pura ed Appl, (IV), 1991(CLX): 193-206.

[13] 陈兰荪, 孟新柱, 焦建军. 生物动力学. 北京: 科学出版社, 2009.

[14] Chen S, Yu J. Stability and bifurcations in a nonlocal delayed reaction-diffusion population model. Differential Equations, 2016(260): 218-240.

[15] Chen S, Yu J. Stability analysis of a reaction-diffusion equation with spatiotemporal delay and Dirichlet boundary condition. Dyn Diff Equat, 2016(28): 857-866.

[16] Chern I L, Mei M, Yang X, et al. Stability of non-monotone critical traveling waves for reaction-diffusion equations with time-delay. Journal of Differential Equations, 2015(259): 1503-1541.

[17] Collatz L. Funktionalanalysis und Numerische Mathematik. Berlin: Springer, 1964.

[18] Cooke K L, Krumme K W. Differential-difference equations and nonlinear initial-boundary value problems for linear hyperbolic partial differential equations. Math Anal Appl, 1968(24): 372-387.

[19] Cooke K, Driessche van den P, Zou X. Interaction of maturation delay and nonlinear birth in population and epidemic models. Math Biol, 1999(39): 332-352.

[20] Daners D, Medina P K. Abstract Evolution Equations, Periodic Problems and Applications. Harlow: Longman Scientific & Technical, 1992.

[21] Diekmann O, Gils van S A, Lunel S M V, et al. Delay-Equations: Functional, Complex and Nonlinear Analysis. New York: Springer-Verlag, 1995.

[22] Ding L, Li Z. Periodicity and stability in neutral equations by Krasnoselskii's fixed point theorem. Nonlinear Anal RWA, 2010(11): 1220-1228.

[23] Ding T R, Li C. Ordinary Differential Equations Tutorial. Beijing: Higher Education Press, 2004.

[24] Evans L C. Partial Differential Equations. Graduate Studies in Mathematics, 1998, 19.

[25] Faria T. Asymptotic stability for delayed logistic type equations. Math Comput Modelling, 2006(43): 433-445.

[26] Faria T, Huang W, Wu J. Travelling waves for delayed reaction diffusion equations with global response. Proc R Soc Lond Ser A, 2006(462): 229-261.

[27] Feng W, Lu X. Harmless delays for permanence in a class of population models with diffusion effects. Math Anal Appl, 1997(206): 547-566.

[28] Ferreira J M. On the stability of a distributed network. Math Anal, 1986(17): 38-45.

[29] Friedman A. Partial Differential Equations of Parabolic Type. Englewood Cliffs: Prentice Hall, 1964.

[30] Gourley S A. Travelling fronts in the diffusive Nicholson's blowflies equation with distributed delays. Math Comput Modelling, 2000, (32(7-8): 843-853.

[31] Gourley S A, Y Kuang. Wavefronts and global stability in a time-delayed population model with stage structure. Math Phys Eng Sci, 2003(459): 1563-1579.

[32] Gourley S, So J, Wu J. Non-locality of reaction-diffusion equations induced by delay: biological modeling and nonlinear dynamics. Math Sci, 2004, 124(4): 5119-5153.

[33] Gourley S A, Wu J. Delayed non-local diffusive systems in biological invasion and disease spread//H Brunner, X Q Zhao, X Zou. Fields Inst Commun, 2006(48): 137-200.

[34] Guo S. Stability and bifurcation in a reaction-diffusion model with nonlocal delay effect. Differential Equations, 2015(259): 1409-1448.

[35] Guo S, Yan S. Hopf bifurcation in a diffusive Lotka-Volterra type system with nonlocal delay effect. Differential Equations, 2016(260): 781-817.

[36] Guo Z M, Wang F B, Zou X. Threshold dynamics of an infective disease model with a fixed latent period and non-local infections. Math Biol, 2012(65): 1387-1410.

[37] Guo Z, Yang Z, Zou X. Existence and uniqueness of positive solution to a non-local differential equation with homogeneous Dirichlet boundary condition: a non-monotone case. Commun Pure Appl Anal, 2012(11): 1825-1838.

[38] Gurney W S C, Blythe S P, Nisbet R M. Nischolson's blowflies revisited. Nature, 1980(287): 17-21.

[39] Györi I, Trofimchuk S. Global attractivity in $x'(t) = -\delta x(t) + pf(x(t - \tau))$. Dynam Syst Appl, 1999(8): 197-210.

[40] Hale J K. Theory of Functional Differential Equations. New York: Springer-Verlag, 1977.

[41] Hale J K. Asymptotic Behavior of Dissipative Systems. Amer Math Soc,1988, 25: 198.

[42] Hale J K, S M V Lunel. Introduction to Functional Differential Equations. New York: Springer-Verlag, 1993.

[43] Hsu S B, Zhao X Q. Spreading speeds and traveling waves for nonmonotone integrodifference equations. Math Anal, 2008(40): 776-789.

[44] 黄立宏，李雪梅. 细胞神经网络动力学. 北京：科学出版社，2007.

[45] Huang W, Wu Y. A note on monotone iteration method for traveling waves of reaction-diffusion systems with time delay. Appl Anal Comput, 2014(4): 283-294.

[46] Huffaker C B. Experimental studies on predation: Dispersion factors and predator-prey oscillations. Hilgardia, 1958(27): 343-383.

[47] Ivanov A F, Sharkovsky A N. Oscillations in singularly perturbed delay equations. Dynam Reported NS, 1992(1): 164-224.

[48] Jiang J. Asymptotic behavior for systems comparable to quasimonotone systems. Fields Inst Commun, 2006(48): 201-211.

[49] Kato T. Perturbation Theory for Linear Operators. 2nd edition. New York: Springer-Verlag, 1980.

[50] Keller H B. Elliptic boundary value problems suggested by nonlinear diffusion processes. Arch Rat Mech Anal, 1969(35): 363-381.

[51] Kolmanovskii V B, Nosov V R. Stability of Functional Differential Equations. London: Academic Press, 1986.

[52] Krawcewicz W, Wu J, Xia H. Global Hopf bifurcation theory for condensing fields and neutral equations with applications to lossless transmission problems. Can Appl Math Q, 1993(13): 167-220.

[53] Krisztin T, Walther H O, Wu J. Shape, Smoothness and Invariant Stratification of an Attracting Set for Delayed Monotone Positive Feedback. Providence: Amer Math Soc, 1999.

[54] Krisztin T. Global dynamics of delay differential equations. Period Math Hungar, 2008(56): 83-95.

[55] Yang Kuang. Delay Differential Equations with Applications in Population Dynamical Systems. New Yrok: Academic Press, 1993.

[56] Ladde G S, Lakshmikantham V, Vatsala V A. Monotone Iterative Techniques for Nonlinear Differential Equations. Boston: Pittman, 1985.

[57] Ladyzhenskaya O A, Solonnikov V A, Uralćeva N N. Linear and quasilinear equations of parabolic type. Translations of Mathematical Monographs, 1968(23).

[58] Ladyzhenskaya O A, Uraltśeva N N. Linear and quasilinear elliptic equations. New York: Academic Press, 1968.

[59] Li J, Zou X. Generalization of the Kermack-McKendrick SIR model to a patchy environment for a disease with latency. Math Model Nat Phenom, 2009, 4(2): 92-118.

[60] Li J, Zou X. Modeling spatial spread of infectious diseases with a fixed latent period in a spatially continuous domain. Bull Math Bio, 2009(71): 2048-2079.

[61] Li J, Zou X. An epidemic model with non-local infections on a patchy environment. Math Biol, 2010(60): 645-686.

[62] Li P, Yau S T. On the Schrödinger equation and the eigenvalue problem. Commun Math Phys, 1983, 88: 309-318.

[63] 李森林，温立志. 泛函微分方程. 长沙：湖南科学技术出版社，1987.

[64] Li W T, Wang Z C. Traveling fronts in diffusive and cooperative Lotka-Volterra system with nonlocal delays. Math Phys, 2007(58): 571-591.

[65] Li W T, Wang Z C, Wu J. Entire solutions in monostable reaction-diffusion equations with delayed nonlinearity. Differential Equations, 2008(245): 102-129.

[66] Liang D, So J W H, Zhang F, et al. Population dynamic models with nonlocal delay on bounded fields and their numerical computations. Diff Eqns Dynam Syst, 2003(11): 117-139.

[67] Liang X, Zhao X Q. Asymptotic speed of spread and traveling waves for monotone semiflows and applications. Comm Pure Appl Math, 2007, 60(1): 1-40.

[68] Lin Y, Wang Q R, Zhou K. Traveling wave solutions in n-dimensional delayed reaction-diffusion systems with mixed monotonicity. Journal of Computational and Applied Mathematics, 2013(243): 16-27.

[69] Liu Y, Li Z. Krasnoselskii type fixed point theorems and applications. Proc Amer Soc, 2008(136): 1213-1220.

[70] Liu Y, Yu Z, Xia J. Exponential stability of traveling waves for non-monotone delayed reaction-diffusion equations. Electronic Journal of Differential Equations, 2016(2016): 1-15.

[71] Liz E. Four theorems and one conjecture on the global asymptotic stability of delay differential equations. Singapore: World Scientific, 2004: 117-129.

[72] Liz E, Rost G. On the global attractivity of delay differential equations with unimodel feedback. Discrete Contin Dyn Syst, 2009(24): 1215-1224.

[73] Lopes O. Forced oscillations in nonlinear neutral differential equations. Appl Math, 1975(29): 196-201.

[74] Lopes O. Stability and forced oscillations. Math Anal Appl, 1976(55): 686-698.

[75] Lu X. Persistence and extinction in a competition-diffusion system with time delays. Canad Appl Math Quart, 1994(2): 231-246.

[76] Lu X, Feng W. Dynamics and numerical simulations of food-chain populations. Appl Math Comput, 1994(65): 335-344.

[77] Lu S, Ge W. On the existence of periodic solutions for neutral functional differential equation. Nonlinear Anal, 2003(54): 1285-1306.

[78] Ma S W. Traveling wavefronts for delayed reaction-diffusion systems via a fixed point theorem. Differential Equations, 2001(171): 294-314.

[79] Ma S W, Liao X X, Wu J. Traveling wave solutions for planar lattice differential systems with applications to neural networks. Differential Equations, 2002(182): 269-297.

[80] Ma S W, Zou X. Existence, uniqueness and stability of travelling waves in a discrete reaction-diffusion monostable equation with delay. Differential Equations, 2005(217): 54-87.

[81] Ma S W. Traveling waves for non-local delayed diffusion equations via auxiliary equations. Differential Equations, 2007(237): 259-277.

[82] Ma S W, Wu J. Existence, uniqueness and asymptotic stability of traveling wavefronts in a non-local delayed diffusion equation. Journal of Dynamics and Differential Equations, 2007(19): 391-436.

[83] 马知恩. 种群生态学的数学模型与研究. 合肥：安徽教育出版社，1996.

[84] 马知恩，周义仓，吴建宏. 传染病的建模与动力学. 北京：高等教育出版社，2009.

[85] Mackey M C, Glass L. Oscillation and chaos in physiological control systems. Science, 1977(197): 287-289.

[86] Martin R H, Smith H L. Abstract functional differential equations and reaction-diffusion systems. Trans Amer Math Soc, 1990(321): 1-44.

[87] Martin R H, Smith H L. Reaction-diffusion systems with time delays: monotonicity, invariance, comparison and convergence. Reine Angew Math, 1991(413): 1-35.

[88] Mei M, So J W H, Li Y, et al. Asymptotic stability of travelling waves for Nicholson's blowflies equation with diffusion. proc Roy Soc Edinburgh Sect A, 2004(134): 579-594.

[89] Metz J A J, Diekmann O. The Dynamics of Physiologically Structured Populations. New York: Springer-Verlag, 1986.

[90] Miranker W L. Periodic solutions of the wave equation with a nonlinear interface condition. Res Develop, 1961(5): 2-24.

[91] Morrey C B. Multiple integrals in the calculus of variations. New York: Springer, 1966.

[92] Murray J D. Mathematical Biology. Berlin: Springer-Verlag, 2002.

[93] Nicholson A J. An outline of the dynamics of animal populations. Aust J Zool, 1954(2): 9-65.

[94] Pao C V. On a coupled reaction-diffusion system with time delays. Math Anal, 1987(18): 1026-1039.

[95] Pao C V. Numerical methods for coupled systems of nonlinear parabolic boundary value problems. Math Anal Appl, 1990(151): 581-608.

[96] Pao C V. Nonlinear parabolic and elliptic equations. New York: Plenum Press, 1992.

[97] Pao C V. Coupled nonlinear parabolic systems with time delays. Math Anal Appl, 1995(196): 237-265.

[98] Pao C V. Dynamics of nonlinear parabolic systems with time delays. Math Anal Appl, 1996(198): 751-779.

[99] Pazy A. Semigroups of Linear Operators and Applications to Partial Differential Equations. New York: Springer-Verlag, 1983.

[100] Pozio M A. Behavior of solutions of some abstract functional differential equations and applications to predator-prey dynamics. Nonlinear Analysis, 1980(4): 917-938.

[101] Protter M H, Weinberger H F. Maximum Principles in Differential Equations. Englewood Cliffs: Prentice Hall, 1967.

[102] Protter M H, Weinberger H F. Maximum Principle in Differential Equations. New York: Springer-Verlag, 1984.

[103] Raffoul Y N. Stability in neutral nonlinear differential equations with functional delays using fixed point theorem. Math Comput Modeling, 2004(40): 691-700.

[104] Redlinger R. Existence theorem for semilinear parabolic systems with functionals. Nonlinear Analysis, 1984(8): 667-682.

[105] Röst G, Wu J. Domain-decomposition method for the global dynamics of delay differential equations with unimodal feedback. Proc R Soc Lond Ser A, 2007(463): 2655-2669.

[106] Royden H. Real Analysis. New York: MacMillan, 1963.

[107] Ruan S, Xiao D M. Stability of steady state and existence of traveling waves in a vector disease model. Proc Roy Soc Edinburgh Sect A, 2004, 134(5): 991-1011.

[108] Sattinger D H. Monotone methods in nonlinear elliptic and parabolic boundary value problems. Indiana Univ Math J, 1972(21): 979-1000.

[109] Schiaffino A, Tesei A. Monotone methods and attractivity results for Volterra integro-partial differential equations. Proc Roy Soc Edinburgh Sect A, 1981(89): 135-142.

[110] Shu L, Weng P, Tian Y. Traveling wavefronts of a delayed lattice reaction-diffusion model. Appl Anal Comput, 2015(5): 64-76.

[111] Slemrod M. Nonexistence of oscillations in a distributed network. Math Anal Appl, 1971(36): 22-40.

[112] Smart D R. Fixed Point Theorems. London: Cambridge University Press, 1974.

[113] Smith Hal. An Introduction to Delay Differential Equations with Applications to the Life Sciences. New York: Springer, 2010.

[114] Smith H L. Monotone Dynamical Systems: An Introduction to the Theory of Competitive and Cooperative Systems, Mathematical surveys and Monographs 41 Amer. Math. Soc., Providence, 1995.

[115] So J W, Yu J S. Global attractivity and uniform persistence in Nicholson's blowflies. Differ Equ Dyn Syst, 1994, 2(1): 11-18.

[116] So J W, Wu J, Yang Y J. Dirichlet problem for the diffusive Nicholson's blowflies equations. Journal of Differential Equations, 1998(150): 317-348.

[117] So J W, Wu J, Yang Y. Numerical steady state and hopf bifurcation analysis on the diffusive Nicholson's blowflies equation. Appl Math Comput, 2000(111): 33-51.

[118] So J W, Wu J, Zou X. A reaction diffusion model for a single species with age structure-I. Traveling wave fronts on unbounded domains. Proc Royal Soc London A, 2001(457): 1841-1853.

[119] So J W, Zou X. Travelling waves for the diffusive Nicholson's blowflies equation. Appl Math Comput, 2001, 122(3): 385-392.

[120] Thieme H R. Density-dependent regulation of spatially distributed populations and their asymptotic speed of spread. Math Biol, 1979(8): 173-187.

[121] Thieme H R. On a class of Hammerstein integral equations. Manuscripta Math, 1979(29): 49-84.

[122] Thieme H R, Zhao X Q. A non-local delayed and diffusive predator-prey model. Nonlinear Anal RWA, 2001(2): 145-160.

[123] Thieme H R, Zhao X Q. Asymptotic speeds of spread and traveling waves for integral equations and delayed reaction-diffusion models. Diff Eqns, 2003(195): 430-470.

[124] Walther H O. The 2-dimensional attractor of $x'(t) = -x(t) + f(x(t-1))$. Mem Amer Math Soc, 1995(113): 554-554.

[125] Wang Q R, Zhao X Q. Spreading spreading speed and traveling waves for the diffusive logistic equation with a secondary compartment. Dyn Contin Discrete Syst Ser A, 2006(13): 231-246.

[126] Wang Q R, Zhou K. Traveling wave solutions in delayed reaction-diffusion systems with mixed monotonicity. Journal of Computational and Applied Mathematics, 2010(233): 2549-2562.

[127] Wang Z C, Li W T, Ruan S. Travelling wave fronts in reaction-diffusion systems with spatio-temporal delays. Differential Equations, 2006(222): 185-232.

[128] Wang Z C, Li W T, Ruan S. Existence and stability of traveling wave fronts in reaction advection diffusion equations with nonlocal delay. Differential Equations, 2007(238): 153-200.

[129] Wang Z C, Li W T, Ruan S. Entire solution in bistable reaction-diffusion equations with nonlocal delayed nonlinearity. Tran Amer Math Soc, 2009, 361(4): 2047-2084.

[130] Wang Z C, Li W T. Dynamics of a non-local delayed reaction-diffusion equation without quasi-monotonicity. Proceedings of the Royal Society of Edinburgh, 2010(140): 1081-1109.

[131] Wang Z C, Wu J. Periodic traveling curved fronts in reaction-diffusion equation with bistable time-periodic nonlinearity. Differential Equations, 2011(250): 3196-3229.

[132] Wang Z C, Wu J. Traveling waves in a bio-reactor model with stage-structure. Math Anal Appl, 2012(385): 683-692.

[133] Wang Z C, Wu J, Liu R S. Traveling waves of the spread of avian influenza. Proceedings of the American Mathematical Society, 2012(140): 3931-3946.

[134] Wei J, Ruan S. Stability and global Hopf bifurcation for neutral differential equations. Acta Math Sin, 2002(45): 93-104.

[135] Weng P X, Huang H X, Wu J. Asymptotic speed of propagation of wave fronts in a lattice delay differential equation with global interaction. IMA Journal of Applied Mathematics, 2003(68): 409-439.

[136] Weng P X, Wu J. Deformation of traveling waves with different speeds in delayed Cellular Neural Networks. J of Bifurcation and Chaos, 2003(13): 797-813.

[137] Weng P X, Wu J, Huang H X, et al. Asymptotic speed of propagation of wave fronts in a 2D lattice delay differential equation with global interaction. Canadian Applied Mathematics Quraterly, 2003(11): 377-414.

[138] Weng P X, Zhao X Q. Spreading speed and traveling waves for a multi-type SIS epidemic model. Diff Eqns, 2006(229): 270-296.

[139] Weng P X. Extinction, stable pattern and their transition in a diffusive single species population with distributed maturity. European Journal of Applied Mathematics, 2008(19): 285-309.

[140] Weng P X, Wu J. Wavefronts for a nonlocal reaction-diffusion population model with general distributive maturity. IMA Journal of Applied Maths, 2008: 1-19.

[141] Weng P X, Xu Z T. Wavefronts for a global reaction-diffusion population model with infinite distributed delay. J Math Anal Appl, 2008(345): 522-534.

[142] Weng P X. Spreading speed and traveling wavefront of an age-Structured population diffusing in a 2D lattice strip. Discrete and Continuous Dynamical Systems B, 2009(12): 883-904.

[143] Weng P X, Tian Y L. Asymptotic speed of propagation and traveling wave solutions for a lattice integral equation. Nonlinear Analysis TMA, 2009(70): 159-175.

[144] Weng P X, Xiao C T, Zou X. Rich dynamics in a non-local population model over three patches. Nonlinear Dynamics, 2010, 59(1): 161-172.

[145] 翁佩萱, 徐志庭. 某些发展方程的渐近波速和行波解研究简介. 数学进展, 2010(39): 1-22.

[146] Weng P X, Zhao X Q. Spatial dynamics of nonlocal and delay population model in a periodic habitat. Discrete Contin Dyn Syst, 2011, 29(1): 343-366.

[147] Wikipedia: http://en.wikipedia.org/wiki/Barnacle.

[148] Wu J. Theory and Applications of Partial Functional Differential Equations. New York: Springer-Verlag, 1996.

[149] Wu S L, Hsu C H, Xiao Y. Global attractivity, spreading speeds and traveling waves of delayed nonlocal reaction-diffusion systems. Differential Equations, 2015(258): 1058-1105.

[150] Xia D X, Wu Z R, Yan S Z, et al. Real Variable Function and Functional Analysis. Bejing: Higher Education Press, 2010.

[151] Xu D, Zhao X Q. A nonlocal reaction-diffusion population model with stage structure. Canad Appl Math Quart, 2003(11): 303-319.

[152] 徐远通. 泛函微分方程与测度微分方程. 广州：中山大学出版社，1988.

[153] Yamada Y. Asymptotic stability for some systems of semilinear Volterra diffusion equations. Diff Eqns, 1984(52): 295-326.

[154] Yang Y, So J W H. Dynamics of the diffusive Nicholson's blowflies equation//Wenxiong Chen, Shouchuan Hu. Proceedings of the international conference on Dynamical Systems and Differential Equations. 1998: 333-352.

[155] Yau Shing-Tung, Richard Schoen. Lectures on Differential Geometry. Beijing: Higher Education Press, 2004.

[156] 叶其孝，李正元，王明新，等. 反应扩散方程引论. 2 版. 北京：科学出版社，2011.

[157] Yi T, Zou X. Global attractivity of the diffusive Nicholson blowflies equation with Neumann boundary condition: a nonmonotone case. Journal of Differential Equations, 2008(245): 3376-3388.

[158] Yi T, Zou X. Global dynamics of a delay differential equation with spatial non-locality in an unbounded domain. Journal of Differential Equations, 2011(251): 2598-2611.

[159] Yi T, Chen Y, Wu J. Global dynamics of delayed reaction-diffusion equations in unbounded domains. Angew Math Phys, 2012(63): 793-812.

[160] Yi T, Chen Y, Wu J. Unimodal dynamical systems: Comparison principles, spreading speeds and travelling waves. Journal of Differential Equations, 2013(254), 3538-3572.

[161] Yi T, Zou X. On Dirichlet problem for a class of delayed reaction-diffusion equations with spatial non-locality. Dyn Diff Equat, 2013(25): 959-979.

[162] Yi T, Zou X. Dirichlet problem of a delayed reaction-diffusion equation on a semi-infinite interval. Dyn Diff Equat, 2016(28): 1007-1030.

[163] Yuan Y, Guo Z. Global asymptotic stability in a class of reaction-diffusion equations with time delay. Abstract and Applied Analysis, 2014(2014): 1-8.

[164] Yuan Y, Guo Z. Global dynamics of a nonlocal population model with age structure in a bounded domain: A non-monotone case. Sci China Math, 2015(58): 2145-2166.

[165] Yuan Y, Guo Z, Tang M. A nonlocal diffusion population model with age structure and Dirichlet boundry condition. Pure Appl Anal, 2015(14): 2095-2115.

[166] Yuan Y, Chen H. Global dynamics for a class of non-monotone time-delayed reaction-diffusion equations. Advances in Difference Equations, 2018(55): 1-16.

[167] Yuan Y, Guo Z. Monotone methods and stability results for nonlocal reaction-diffusion equations with time delay. Journal of Applied Analysis and Computation, 2018.

[168] Yuan Y, Chen H. Global dynamics of a nonlocal population model with stage structure in an unbounded domain. Applicable Analysis, 2018.

[169] Zhang B. Fixed points and stability in differential equations with variable delays. Nonlinear Anal, 2005(63): 233-242.

[170] Zhang L, Wang Z C, Zhao X Q. Threshold dynamics of a time periodic reaction-diffusion epidemic model with latent period. Differential Equations, 2015(258): 3011-3036.

[171] Zhao X Q. Global attractivity in a class of nonmonotone reaction diffusion equations with time delay. Canad Appl Math Quart, 2009(17): 271-281.

[172] 郑祖庥. 泛函微分方程理论. 合肥：安徽教育出版社，1992.

[173] Zhou K, Wang Q R. Traveling wave solutions in delayed nonlocal diffusion systems with mixed monotonicity. Math Anal Appl, 2010(372): 598-610.